“十四五”职业教育国家规划教材

“双高”建设规划教材

转炉炼钢生产

主　编　黄伟青　韩立浩　曹　磊
副主编　闫炳强　高云飞　石永亮

U0342137

扫一扫获取全书
数字资源

北　京

冶金工业出版社

2024

内 容 提 要

本书为冶金技术专业核心课程"转炉炼钢生产"的配套教材，系统地阐述了炼钢过程的基本理论与工艺。主要内容包括：转炉炼钢生产概述、转炉炼钢基本理论、转炉炼钢生产原材料、铁水预处理、氧气顶吹转炉炼钢工艺、氧气底吹转炉炼钢、顶底复合吹炼转炉炼钢、转炉炉衬与长寿技术、转炉车间主要设备、转炉炼钢的环境保护、安全生产与事故处理。本书内容注重应用性和新颖性，理论与实际相结合，有效地融入信息技术，配有大量的微课视频、生产视频和演示动画，可以帮助读者更好的掌握相关知识和技能。

本书可作为高等职业院校、职业本科冶金技术专业及应用型本科冶金工程专业的教学用书，也可供从事钢铁生产的工程技术人员、管理人员和相关专业的师生参考。

图书在版编目（CIP）数据

转炉炼钢生产/黄伟青，韩立浩，曹磊主编．—北京：冶金工业出版社，2021.3（2024.1重印）

"双高"建设规划教材

ISBN 978-7-5024-8752-2

Ⅰ.①转…　Ⅱ.①黄…　②韩…　③曹…　Ⅲ.①转炉炼钢—教材　Ⅳ.①TF71

中国版本图书馆 CIP 数据核字（2021）第 043179 号

转炉炼钢生产

出版发行	冶金工业出版社	电　话	（010）64027926
地　址	北京市东城区嵩祝院北巷 39 号	邮　编	100009
网　址	www.mip1953.com	电子信箱	service@ mip1953.com

责任编辑　卢　敏　美术编辑　吕欣童　版式设计　郑小利
责任校对　李　娜　责任印制　窦　唯
三河市双峰印刷装订有限公司印刷
2021 年 3 月第 1 版，2024 年 1 月第 4 次印刷
787mm×1092mm　1/16；17 印张；379 千字；259 页
定价 **42.00** 元

投稿电话　（010）64027932　投稿信箱　tougao@cnmip.com.cn
营销中心电话　（010）64044283
冶金工业出版社天猫旗舰店　yjgycbs.tmall.com
（本书如有印装质量问题，本社营销中心负责退换）

"双高"建设规划教材

编 委 会

天津工业职业学院	张秀芳
天津工业职业学院	林　磊
邢台职业技术学院	赵建国
邢台职业技术学院	张海臣
新疆工业职业技术学院	陆宏祖
河钢集团钢研总院	胡启晨
河钢集团钢研总院	郝良元
河钢集团石钢公司	李　杰
河钢集团石钢公司	白雄飞
河钢集团邯钢公司	高　远
河钢集团邯钢公司	侯　健
河钢集团唐钢公司	肖　洪
河钢集团唐钢公司	张文强
河钢集团承钢公司	纪　衡
河钢集团承钢公司	高艳甲
河钢集团宣钢公司	李　洋
河钢集团乐亭钢铁公司	李秀兵
河钢舞钢炼铁部	刘永久
河钢舞钢炼铁部	张　勇
首钢京唐钢炼联合有限责任公司	王国连
河北纵横集团丰南钢铁有限公司	王　力

前　言

21世纪以来，我国钢铁工业已进入一个新的发展时期，炼钢工艺技术取得长足进步，炼钢装备日趋大型化，高效率、低成本洁净钢系统技术取得突破，转炉全自动吹炼和"负能"炼钢、电炉供电优化和强化供氧等技术迅速发展。未来高质量发展将是钢铁企业的主旋律，绿色化、智能化、品牌化将是炼钢工艺技术的主要聚焦点。为了适应钢铁工业的快速发展，更好地满足教学与生产的需要，我们编写了本书。

本书采用模块化编排，以任务引领形式组织教学单元。主要内容包括：走进转炉炼钢、转炉炼钢基本理论、转炉炼钢生产原材料、转炉炼钢工艺与设备、转炉炉衬与长寿技术、转炉炼钢的产品处理六个模块，系统地阐述了炼钢过程的基本理论与工艺，突出创新意识和技术应用能力的培养。

本书坚持以习近平新时代中国特色社会主义思想为指导，弘扬党的二十大精神，落实立德树人根本任务。每个教学模块都融入了课程思政案例，通过引入钢铁工业纪录片、大国工匠等业内典型事件和人物，同时结合习总书记在二十大报告中的讲话精神，激发学生的家国情怀，坚定新时代中国特色社会主义道路，培养学生的专业自豪感和归属感，强化使命感和责任感，爱国报国，践行工匠精神。

为了增强本书的指导性、趣味性，教材有效地融入现代化的信息技术，配有大量的微课讲解视频和现场工艺操作视频，还配有演示动画，可以帮助读者更好的掌握相关知识和技能。

本书由河北工业职业技术大学黄伟青、韩立浩、曹磊任主编，河北工业职业技术大学闫炳强、高云飞、石永亮任副主编。参加编写的有河北工业职业技术大学李跃华、李建朝、刘燕霞、齐素慈、赵晓萍、付菁媛、刘浩，安阳钢铁集团有限公司韩立宁、王璨，河钢集团唐钢公司李秋平，国家环保产品质量监督检验中心肖军、孙智魁，河钢集团邯钢公司王杰、赵康伟，河钢集团石钢公司李航、宋健，包头钢铁职业技术学院王晓丽，吉林电子信息职业技术学院秦绪华。河北工业职业技术大学袁建路审阅了全书。

由于编者水平所限，书中不妥之处恳请同行和读者批评指正。

作 者

2020 年 5 月

目 录

模块一　走进转炉炼钢

学习目标

知识目标：
· 了解转炉炼钢法的发展过程。
· 掌握转炉炼钢的基本任务。
· 熟悉钢的分类方法。
· 掌握转炉炼钢的主要技术经济指标。

技能目标：
· 能够分析钢中元素对钢性能的影响。
· 能够计算并分析炼钢的技术经济指标。

素质目标：
· 明确我国钢铁工业发展历程和发展战略，强化民族自信，专业自信、使命担当。
· 结合炼钢的基本任务，主动磨练自我，树立正确的世界观、人生观、价值观。

任务 1.1　转炉炼钢发展历程

1.1.1　现代炼钢法的发展历程

1740 年，英国人洪兹曼（B. Huntsman）发明了坩埚法，这是最早的熔炼钢水的方法。将生铁和废铁装入石墨和黏土制成的坩埚内用火焰加热熔化炉料，之后将熔化的炉料铸成钢锭，但是此种方法不能去除钢中的有害杂质。

1856 年，英国人贝塞麦（H. Bessemer）发明了底吹酸性空气转炉炼钢法，第一次解决了用铁水直接冶炼钢水这一难题，开创了大规模炼钢的新时代。将空气吹入铁水，可使铁水中硅、锰、碳高速氧化，依靠这些元素氧化放出的热量将液体金属加热到能顺利进行浇注所需的温度。但此种方法不能去磷、硫，且要求铁水有较高的硅含量。

1865 年，法国人马丁（Mar Tin）发明了平炉炼钢法（即马丁法），利用蓄热室原理，以铁水、废钢为原料。1880 年，出现了第一座碱性平炉，碱性平炉适用于各种原料条件，生铁和废钢的比例可以在很宽的范围内变化；但设备庞大，生产率较低，对环境的污染较大，目前已淘汰。

1879 年英国人西德尼·托马斯（S. G. Thomas）发明了碱性底吹空气转炉炼钢

微课-转炉炼钢发展历程

课件-转炉炼钢发展历程

法（即托马斯法），用白云石加少量黏土作黏结剂制成碱性炉衬，在吹炼过程中加入石灰造碱性渣，解决了高磷铁水的脱磷问题。但此方法采用空气底吹，钢水中氮的含量高，转炉寿命比较低。

20 世纪 40 年代初，大型空气分离机问世，可以提供大量廉价的氧气，给氧气炼钢提供了物质条件。1948 年德国人罗伯特·杜勒（Robert Durrer）在瑞士成功地进行了氧气顶吹转炉炼钢试验。1952 年在奥地利林茨（Linz）城，1953 年在多纳维茨（Donawitz）城先后建成了 30t 氧气顶吹转炉车间并投入生产，所以这一方法也被称为 LD 法。而在美国一般称做 BOF（basic oxygen furnace）或 BOP（basic oxygen process），在英国、加拿大等地，称做 BOS（basic oxygen steelmaking）。由于氧气顶吹转炉生产率及热效率高、成本低、钢水质量高、便于实现自动化操作，因此成为冶金史上发展最迅速的新技术。氧气转炉炼钢是目前世界上最主要的炼钢方法。

1967 年联邦德马克希米利安公司与加拿大莱尔奎特公司共同协作试验，成功开发了氧气底吹转炉炼钢法。由于从炉底吹入氧气，因此改善了冶金反应的动力学条件，脱碳能力强，有利于冶炼超低碳钢种，也适用于高磷铁水炼钢。

1978 年法国钢铁研究院（IRSID）在顶吹转炉上进行了底吹惰性气体搅拌的实验并获得成功，1979 年日本住友金属发表了转炉复合吹炼的报告。由于转炉复合吹炼兼有顶吹和底吹转炉炼钢的优点，促进了金属与渣、气体间的平衡，吹炼过程平稳，渣中氧化铁含量少，减少了金属和铁合金的消耗，加之改造容易（对 LD 转炉），因此该炼钢方法在各国得到了迅速推广。目前我国大中型转炉大都采用复吹技术。

1899 年，法国人赫劳尔特（Herout）发明了电弧炉炼钢法。用三根碳电极将三相交流电输入炉内，利用碳电极和金属炉料间产生的电弧将金属炉料熔化并进行熔炼。钢液成分、温度和炉内气氛容易控制，品种适应性大，特别适于冶炼高合金钢。电弧炉炼钢法是当前主要的炼钢法之一，目前由电炉冶炼的钢占世界钢总产量的 30%~40%。当前电炉炼钢普遍采用超高功率（交流、直流）电弧炉技术。

世界上的主要炼钢方法是氧气转炉和电弧炉炼钢法。此外为了冶炼某些特殊用途的钢种和合金，人们还采用感应炉、电渣炉、等离子炉等特种冶金方法。

1.1.2 我国钢铁工业的发展

我国近代钢铁生产开始于 1890 年清末时期，当时的湖广总督张之洞在湖北汉阳开办了汉阳钢铁厂。旧中国钢铁工业非常落后，产量很低，从 1890~1948 年的半个世纪中，累计产钢不到 200 万吨，年产钢量最多的是 1943 年的 92.3 万吨。

新中国成立以来，我国钢铁工业的发展可大致划分为以下两个阶段：

第一个阶段是 1949~1978 年，经过 30 年艰苦创业，钢产量由 1949 年的 16 万吨增加到 3178 万吨，年均增加 105 万吨。

第二阶段是 1978 年至现在，是持续、快速发展的阶段，取得了举世瞩目的辉煌成就，其主要标志是 1995 年我国生铁产量超过 1 亿吨。我国钢产量自 1996 年首次突破 1 亿吨以来，一直位居世界产钢国排名的第一位。

1.1.3　我国钢铁工业的发展战略

当前，面对资源-能源约束、环境-生态约束、市场-品牌竞争力等一系列严峻的挑战，钢铁行业已进入转型升级提质增效的重要阶段，技术创新对产业发展的支撑和引领作用日益突出。根据殷瑞钰院士《战略反思与钢铁业产业升级》主题报告，我国钢铁工业的发展战略要点是：

（1）钢铁工业将向绿色化方向发展。绿色化的根本着眼点是调整企业结构，优化制造流程，提高能源、资源使用效率，节能减排、环境治理、清洁生产，积极推进循环经济。为此，必须重视能量流的行为合理化和能量流网络结构的合理化，充分利用能源，提高使用效率和价值，构建起以工业生态园区为载体的区域循环经济体系。

（2）钢铁工业将向智能化方向发展。实现智能化设计、智能化制造、智能化经营、智能化服务等功能。智能化的重要基础，首先要解决企业活动（包括生产活动、经营活动等）过程中，及时全面获得信息参数（如各类在线精确称重参数、在线温度测量、在线质量测试与调控等），合理分析和全面贯通网络化。钢厂智能化，应该实时控制、协调整个企业活动，预测预报可能遇到的"前景"，并及时制定相应的对策。互联网+钢铁将成为钢铁转型升级的新驱动力。互联网与钢铁的结合，一方面可提升钢铁工业生产流程的绿色化和智能化；另一方面，互联网的应用将进一步降低流程制造业的成本、提高效率、推动技术进步。

（3）钢铁工业将向质量-品牌化方向发展。用钢产业的需求引领钢铁材料的发展，下游行业升级发展对钢铁材料提出了新的要求，高性能、长寿命的新材料开发与应用等重大关键技术将成为钢铁技术发展趋势。

中国钢铁生产中难以解决的一个突出问题是铁钢比太高，目前在 0.9 以上（世界平均铁钢比在 0.7 左右），而我们的环保压力、成本压力又基本在铁前。电炉炼钢冶炼条件易于控制，更适合冶炼高端钢材，应该加快电炉炼钢发展。

今后较长时期，我国钢铁工业将进入转型升级的新常态，钢铁生产和消费难以较大幅度增长。同时，工业化、城镇化、下游行业升级发展对钢铁工业提出了新要求，注重产品的节能、环保和安全，更加需要个性化和差异化的服务。用钢产业对钢铁材料提出的变革需求，将引领钢铁行业科技发展趋势。

🔲 **课程思政**

钢铁工业百年发展的伟大成就

经过百年的披荆斩棘和艰苦奋斗，我国钢铁工业实现了产业规模由小到大、产业技术水平由低到高、产业竞争力由弱到强、产业绿色低碳化发展水平由低到高的历史性大跨越。

（一）产业规模不断壮大

1921 年以来的百年间，我国生铁产量从 22.9 万吨增长到 88752 万吨，增长了

3875 倍；粗钢产量从 7.68 万吨增长到 106477 万吨，增长了 13863 倍。如果以新中国成立的 1949 年为基数，1949~2020 年间，我国钢铁工业的主要产品中，生铁产量从 25 万吨增加到 88752 万吨，增长了 3349.1 倍；粗钢产量从 15.8 万吨增加到 106477 万吨，增长了 6739.1 倍；钢材产量从 14 万吨增加到 132489 万吨，增长了 9462.5 倍。

与此同时，我国钢铁工业在世界钢铁工业的地位明显上升。自 1996 年钢产量超过日本跃居世界第一以来，我国钢铁产量占世界的比重持续攀升。2020 年，我国钢铁产量占世界的比重已上升至 57.1%，比 1996 年上升 43.2 个百分点，比 1978 年上升 52.3 个百分点，比 1949 年上升 57.0 个百分点。目前，在世界钢铁工业中，我国钢铁工业的产业链最完备、产业规模最大、产品品种系列最丰富。

（二）装备与技术水平明显提升

一百年前，我国钢铁工业技术装备十分落后。即使到了新中国成立时的 1949 年，我国最大的高炉，容积仅 690 立方米；最大的平炉，公称吨位只有 150 吨；最大的电炉，容量只有 5 吨；最大的转炉，容量仅 4 吨，而且是酸性侧吹；轧钢设备也十分陈旧落后；许多生产过程靠手工操作。新中国成立以来特别是改革开放以来，通过技术设备引进和自主创新的双管齐下，我国钢铁工业的技术装备日趋大型化、高效化、自动化、连续化、紧凑化、长寿化。截止到 2018 年底，我国大中型钢铁企业拥有的 130 平方米以上烧结机 311 台，生产能力 88858 万吨，占大中型钢铁企业烧结机产能的 87.3%；1000 立方米以上转炉 322 座，生产能力 52245 万吨，占大中型钢铁企业高炉产能的 78.8%；100 吨以上的转炉 342 座，生产能力 51747 万吨，占大中型钢铁企业转炉产能的 75.7%；100 吨以上的电弧炉 21 座，生产能力 2172 万吨，占大中型钢铁企业电弧炉产能的 43.9%。

同时，我国钢铁工业技术水平也明显提高。一百年来特别是 20 世纪 90 年代以来，连铸、高炉长寿、高炉喷煤、转炉溅渣护炉、型线材连轧和综合节能等关键共性技术在全国钢铁企业中得到推广普及。进入 21 世纪以来，一批先进工艺技术得到快速应用，首钢京唐高炉高比例球团冶炼工艺技术、中国宝武一体化智能管控平台技术、300 吨转炉“一键炼钢+全自动出钢”智慧炼钢技术、绿色洁净电炉炼钢技术、连铸凝固末端重压下技术、电渣重熔关键技术、热轧板在线热处理技术、无头轧制技术、棒线材免加热直接轧制技术、无酸酸洗技术等代表世界钢铁先进水平的工艺技术得到推广应用。由于技术进步迅速，“十三五”期间，我国钢铁工业累计获得了国家科技进步奖一等奖 3 项、二等奖 28 项，一大批高质量关键产品自主研发成功，如高速列车轮轴及转向架材料、超薄不锈钢精密带、高强热成型汽车板、新能源汽车电机用高性能硅钢、航母球扁钢等已达到国际先进水平。

（三）产业绿色化取得长足进步

一百年来特别是改革开放 40 多年来，我国钢铁工业不断提升“三废”（废水、废气、废渣）排放标准，推行清洁生产，采用节能环保技术，节能降耗、资源综合利用取得了明显进步。我国早已全面淘汰了落后的平炉炼钢工艺，而且转炉炼钢实现了负能炼钢。

同时，我国钢铁企业通过引进开发、推广应用“三废”综合治理及利用技术，废气处理率和处理废气达标率不断提高，吨钢外排大气污染物大幅减少，水的重复利用率大大提高，外排废水中污染物总量大幅度降低。数据显示，"十三五"期间，我国钢铁工业累计减排粉尘颗粒物 85 万吨、二氧化硫 194 万吨，减排各类废水 5 亿立方米，节约新水 22 亿立方米。2020 年，全国大中型钢铁企业外排废水总量比上年减少 3.85%，二氧化硫排放降低 14.38%，烟尘排放降低 17.68%，工业粉尘降低 10.54%，吨钢耗新水降低 4.34%。一大批花园式工厂、清洁生产环境友好型钢铁工厂相继涌现，宝钢湛江钢铁、河钢邯郸钢铁、安阳钢铁、青岛特殊钢、内蒙古包钢钢联股份等 14 家钢铁企业跻身"清洁生产环境友好企业"，德龙、安钢、三钢等一大批厂区已建设成为 4A、3A 级景区。

（四）产业竞争力持续提高

一百年前，我国钢铁工业技术落后，市场竞争力十分低下。经济建设和人们生活中与钢铁相关的物品大都离不开一个"洋"字，如洋枪、洋炮、洋铁、洋钉。中国共产党领导人民建立新中国以来，随着钢铁工业技术装备水平的提高、工艺流程的优化、产品质量的改善和品种的增多，我国钢铁工业的竞争力不断提高。

在国内市场上，目前我国经济建设和国防发展所需的主要钢材品种已完全可以立足国内生产，绝大多数钢铁产品的国内市场占有率和满足率都已达到 100%。我国经济和国防建设中所有重大项目和重点工程，都得到了国内钢铁企业的强力支持。比如：为国家重点建设工程乌德东水电站发电机提供磁轭钢，为国内首个控制性工程——黑河至长岭段天然气管道工程提供世界上口径最大、管壁最厚、钢级最高的管线钢，为亚洲最大自航绞吸挖泥船——"天鲲号"提供 BMS1400 耐磨蚀钢，为海洋工程领域世界首制的 VOC（挥发性有机物）系统模块提供锰碳低温钢，为国产航母"山东号"提供对称球扁钢，等等。

在国际市场上，一百年来特别是改革开放以来，我国钢铁产品的国际竞争力越来越强。1950 年，我国出口生铁 12.6 万吨、钢材 400 吨，实现了新中国钢铁产品出口零的突破。1982 年，我国出口钢材突破 100 万吨；1995 年，出口钢材突破 500 万吨；2007 年，出口钢材突破 5000 万吨；2015 年，出口钢材突破 1 亿吨。近年来，由于国家钢铁发展战略的调整与国际市场环境的变化，我国钢材出口数量有所回落，产业国际竞争力仍在继续提高。如：2020 年，我国出口钢材 5367 万吨，比上年下降 16.5%；进口钢材 2023 万吨，比上年增长 64.4%；钢材产品出口均价达到 847.2 美元/吨，比上年上涨 1.3%；而进口均价下降至 831.6 美元/吨，比上年下降 27.5%；进出口钢材产品的价格差已从上年的 83.0 美元/吨变为 2020 年的 -15.6 美元/吨。可以看到，钢材产品的进口均价高于出口均价的历史已经翻篇。

钢铁工业百年发展的主要经验

中国共产党成立百年来特别是新中国成立以来，我国钢铁工业发展之所以取得了举世瞩目的巨大成就，是因为在我国钢铁工业的发展进程中，我们始终不渝地坚持党的领导，坚持改革开放，与时俱进，不断调整完善钢铁工业的管理体制，充分利用国内国外两种资源、两个市场，充分发挥科学技术的引领带动作用。

（一）将党的领导始终贯穿钢铁工业发展的进程之中

坚持党的集中统一领导，是我国工业化和经济建设顺利发展的基本经验，也是我国钢铁工业铸就辉煌的根本保障。在我国钢铁工业百年发展史上特别是新中国成立以来的各个时期，我们党始终是推动钢铁工业向前发展的领路人和定海神针。

在新中国成立初期，正是党中央及时建立中央一级和各大行政区领导工业的机构，加强对钢铁工业复产工作的组织领导，派遣大批有领导经验的干部到各企业担任厂矿领导，具体领导厂矿企业的复产工作，号召全体工人、技术人员发扬主人翁精神，全力投入恢复生产、重建工厂和矿山工作，才使得被战争破坏的钢铁厂矿企业迅速复产稳产增产。

在社会主义建设时期，正是我们党带领全国人民自力更生，艰苦创业，重点建设了三个大型钢铁厂、五个中型钢铁厂和十八家小型钢铁厂，新建攀枝花钢铁基地，才极大地改善我国钢铁工业的产业体系和产业布局体系，奠定了我国钢铁工业走向强大的基础。

改革开放以来，正是我们党按照中国特色社会主义本质要求，不断推动钢铁工业的结构调整、技术创新、管理机制变革，才使得我国钢铁工业不断走向强大。

钢铁工业的百年发展历程充分说明，坚持党的正确领导，是我国钢铁工业大起来、强起来的基石。在建设世界钢铁强国的过程中，我们必须始终坚持党的领导。

（二）与时俱进，不断改革调整钢铁工业的管理体制和资源配置方式

与时俱进，不断改进经济体制和社会资源的配置方式以适应生产力的发展，是我国社会主义经济建设取得巨大成就的重要经验，也是我国钢铁工业顺利发展的成功经验。

为了迅速改变钢铁工业底子薄、基础差的落后局面，我国在钢铁工业领域曾实行高度集中统一的计划管理体制，通过国家指令性计划统一调配钢铁生产的原材料供应，统一组织钢铁产品生产和销售，统一钢铁企业的利润分配和固定资产投资。这种高度集中的计划管理体制和资源配置方式，在当时背景下发挥了计划体制"集中力量办大事"的优越性，迅速建立起了铁矿石开采—炼铁—炼钢—轧钢—钢材深加工的完整产业体系，奠定了我国现代钢铁工业发展的基础。

1978 年党的十一届三中全会后，钢铁工业与时俱进，不断通过经济体制改革来改变传统计划经济体制下政企不分、政资不分、政事不分、政府统得过多过死、激励机制缺失等弊端，实行市场化改革，充分发挥市场合理配置资源的积极作用，充分发挥市场机制激励和约束功能，建立以现代产权制度为核心的现代企业制度，充分调动企业和职工的主动性、积极性和创造性，极大地解放和培植了我国钢铁工业生产力，促推世界第一钢铁大国在东方诞生。

（三）坚持对外开放，充分利用国外资源、技术和市场

通过对外开放，引进来，走出去，充分利用国外资源、资金、技术和市场，是我国钢铁工业百年间取得赶超跨越式发展的成功做法。

新中国成立之初，我国充分利用与苏联友好的有利条件，在苏联的设备、资金

和技术的全方位帮助下，改建了鞍山钢铁公司、本溪钢铁公司，新建了武汉钢铁公司、包头钢铁公司、富拉尔基特钢厂、吉林铁合金厂、热河钒钛矿，极大改善了我国工业化和经济发展过程中缺钢少铁的局面。20 世纪 70 年代初，我国利用与西方关系"解冻"的有利时机，支持武钢从国外引进一米七轧机，极大地提高我国钢铁工业的技术装备和工艺水平，极大地改变了钢铁工业板、管稀缺，薄板严重依赖进口的局面，改善了钢铁工业的产品结构。改革开放后，我国又利用与日本关系改善的契机，引进日本的技术装备和先进管理经验，开工建设了宝钢项目，使我国钢铁工业与世界先进水平的差距缩短了 20 多年。

党的十八大以来，利用共建"一带一路"有利机遇，我国钢铁企业一方面积极"走出去"获取国外矿产资源，另一方面积极开展跨国经营和产业布局，河钢收购塞钢、敬业集团收购英钢、建龙重工收购马来西亚东钢，等等。这既极大地缓解了我国国内铁矿石资源不足和钢铁产能过剩的困境，又为我国钢铁工业培育出一批具有全球资源配置能力和经营能力的跨国钢铁企业，可谓一举两得。

（四）坚持技术创新，加强自主创新能力建设

钢铁工业百年发展光辉历程表明，坚持技术创新，加强自主创新能力建设，是我国钢铁由小到大、由弱渐强的重要驱动力。改革开放以来特别是党的十八大以来，我国钢铁工业之所以开发的钢铁新品种不断增多，产品质量不断提高，能源资源消耗强度不断降低，一个重要原因就是坚持走科技创新发展之路，加大了产业研发投入，加强了产业自主创新能力建设。

以高强度汽车钢的自主研发为例，为了打破国外钢铁企业对高强度汽车钢的垄断，满足我国迅速发展的汽车工业对高强度汽车钢的市场需求，在国家有关部门的支持下，宝钢自 2002 年起连续投入巨资研制开发超高强钢。2009 年，宝钢投产了我国首条超高强钢专用生产线。截至目前，宝钢已成功开发多种先进高强钢品种以及生产工艺技术，其重点开发的第三代高强钢 Q&P 钢已实现批量供货，宝钢也因此成为目前世界上唯一一家可以同时工业化生产第一代、第二代和第三代全系列超高强钢的钢铁企业。

党的二十大报告中，习总书记指出，新时代的伟大成就是党和人民一道拼出来、干出来、奋斗出来的。

结合二十大报告和钢铁工业百年发展的伟大成就和经验，思考如何践行年轻一代钢铁人的使命担当。

任务 1.2　炼钢的基本任务

1.2.1　钢与生铁的区别

钢是现代工业中应用最广、用量最大和综合性能最好的金属材料，因此人们认为钢是一切工业的基础。

钢和生铁都是铁基合金，都含有碳、硅、锰、磷、硫 5 种元素，其主要区别见表 1-1。

表 1-1　钢和生铁的主要区别

项　目	钢	生　铁
磷含量（质量分数）/%	≤2.11，一般为 0.04~1.7	>2.11，一般为 2.5~4.3
硅、锰、磷、硫含量	较少	较多
熔点/℃	1450~1530	1100~1150
力学性能	强度好，塑性、韧性好	硬而脆，耐磨性好
可锻性	好	差
焊接性	好	差
热处理性能	好	差
铸造性	好	更好

钢和生铁最根本的区别是碳含量不同，钢中碳含量不大于 2.11%，生铁碳含量大于 2.11%。碳含量的变化会引起铁碳合金质的变化。钢的综合性能，特别是力学性能（抗拉强度、韧性、塑性）比生铁好得多，从而用途也比生铁广泛得多。因此，除约占生铁总量 10% 的铸造生铁用于生产铸件外，约占生铁总量 90% 的炼钢生铁要进一步冶炼成钢，以满足国民经济各产业的需要。

1.2.2　炼钢的基本任务

所谓炼钢，就是将废钢、铁水等炼成具有一定化学成分的钢，并使钢具有一定的物理化学性能和力学性能。为此，必须完成下列基本任务。

1.2.2.1　去除杂质

去除杂质一般是指去除钢中硫、磷、氧、氢、氮和夹杂物。

　　A　脱硫

硫在钢中以 FeS 的形式存在，FeS 的熔点为 1193℃，Fe 与 FeS 组成的共晶体的熔点只有 985℃。液态铁与 FeS 虽然可以无限互溶，但在固溶体中的溶解度很小，仅为 0.015%~0.020%。当钢中的硫含量超过 0.020% 时，钢液在凝固过程中由于偏析使得低熔点 Fe-FeS 共晶体分布于晶界处，在 1150~1200℃ 的热加工过程中，晶界处的共晶体熔化，钢受压时造成晶界破裂，即发生"热脆"现象。如果钢中的氧含量较高则在晶界产生更低熔点的共晶化合物 FeO-FeS（熔点为 940℃），更加剧钢的"热脆"现象的发生。

[Mn] 可在钢凝固温度的范围内生成 MnS，能有效地防止钢在轧制时开裂，因此在冶炼一般钢种时，要求将 $w[Mn]$ 控制在 0.4%~0.8%。但过高的硫会产生较多的 MnS 夹杂物，轧、锻后的硫化物夹杂被拉长，降低钢的强度，使钢的磨损增大，明显地降低钢的横向力学性能，降低钢的深冲压性能。提高 $w[Mn]/w[S]$ 可以提高钢的热延展性，一般 $w[Mn]/w[S] \geq 7$ 时（8~16 即可）不产生热脆。

硫除了使钢的热加工性能变坏外，还会明显降低钢的焊接性能，引起高温龟裂，并在金属焊缝中产生许多气孔和疏松，从而降低焊缝的强度。硫含量超过 0.06% 时，会显著恶化钢的耐蚀性。硫是连铸坯中偏析最为严重的元素，可增加连铸坯内裂纹的产生倾向。

不同钢种对硫含量有着严格的规定：非合金中普通质量级钢要求 $w[S] \leq$ 0.045%、优质级钢 $w[S] \leq 0.035\%$、特殊质量级钢 $w[S] \leq 0.025\%$，有的钢种，如管线钢要求 $w[S] \leq 0.005\%$，甚至更低。但对有些钢种，如易切削钢，[S] 作为产生硫化物的介质加入（在切削过程中车屑易断），要求硫含量为 0.08% ~ 0.20%。易切削钢常作为加工螺钉、螺帽、纺织机零件、耐高压零件等的材料，我国常用的易切削钢有 Y12、Y20、Y30。

B　脱磷

通常认为，磷在钢中以 [Fe₃P] 或 [Fe₂P] 形式存在，为方便起见，均用 [P] 表示。在一般情况下，磷是钢中有害元素之一。通常，磷使钢的韧性降低，磷可略微增加钢的强度。磷的突出危害是产生"冷脆"，即从高温降到 0℃ 以下，钢的塑性和冲击韧性降低，并使钢的焊接性能与冷弯性能变差。在低温下，$w[P]$ 越高，冲击性能降低就越大。磷是降低钢液表面张力的元素，随着其含量的增加表面张力降低显著，从而降低钢的抗热裂纹性能。磷是仅次于硫在钢的连铸坯中偏析度高的元素，在铁固溶体中扩散速率很小、因而磷的偏析很难消除，会严重影响钢的性能。

为减小磷的危害，提高钢质，必须尽量降低磷含量。钢中的磷含量允许范围：非合金钢中普通质量级钢 $w[P] \leq 0.045\%$、优质级钢 $w[P] \leq 0.035\%$、特殊质量级钢 $w[P] \leq 0.025\%$，有的钢种甚至要求 $w[P] \leq 0.010\%$。但有些钢种，如炮弹钢、易切削钢、耐腐蚀钢等，则需要加入磷元素。

C　脱氧

在炼钢过程中向熔池吹入大量的氧气，导致吹炼终点钢水中含有过量的氧，如果不进行脱氧，在出钢、浇注过程中，温度降低，氧溶解度降低，会促使碳氧反应，钢液剧烈沸腾，使浇注困难，得不到合理凝固组织结构的连铸坯；而且在钢的凝固过程中，氧以氧化物的形式大量析出，钢中也将产生氧化物非金属夹杂，降低钢的塑性、冲击切性，使钢变脆。

因此，应根据具体的钢种，将钢中的氧含量降低到所需的水平，以保证钢水在凝固时得到合理的凝固组织结构；使成品钢中非金属夹杂物含量最少，分布合适、形态适宜，以保证钢的各项性能指标。

一般测定的钢中氧含量是全氧，包括氧化物中的氧和溶解的氧；在使用浓差法定氧时才测定钢液中溶解的氧（氧的活度）；在铸坯或钢材中取样是全氧样。

D　去气（氢、氮）

a　钢中氢

炼钢炉料带有水分或由于空气潮湿，都会使钢中的含氢量增加。氢是钢中有害的元素。在钢的热加工过程中，钢中含有氢气的气孔会沿着加工方向被拉长形成发裂，从而引起钢材的强度、塑性以及冲击韧性降低，这种现象称为氢脆（hydrogen embrittlement）。在钢的各类标准中一般不对氢含量作数量上规定，但氢会使钢产生白点（发裂）、硫松和气泡缺陷。

在钢材的纵向断面上，呈现出的圆形或椭圆形的银白色斑点称为白点，其实质为交错的细小裂纹。它产生的主要原因是钢中的氢在小孔隙中析出的压力和钢相变时产生的组织应力的综合力超过了钢的强度，导致产生白点。一般白点产生的温度小于200℃，低温下钢中氢的溶解度很低，相变应力最大。

在高温高压下，氢与钢中的碳形成甲烷并在晶界聚集，产生网络状裂纹，甚至开裂鼓泡，这种现象称为氢蚀。

因此，要特别注意原材料的干燥清洁，冶炼时间要短，应充分发挥炉内脱碳反应的去气作用，甚至采用真空精炼的方法使钢中氢降到很低的水平。

b　钢中氮

氮由炉气进入钢中。氮在奥氏体中的溶解度较大，而在铁素体中的溶解度很小，且随温度的下降而减小。当钢材由高温较快冷却时，过剩的氮由于来不及析出便溶于铁素体中。随后在250~450℃加热，发生氮化物的析出，使钢的强度、硬度上升，塑性大大降低，这种现象称为蓝脆。钢中的氮以氮化物的形式存在，氮化物的析出速度很慢，会逐渐改变钢的性能。氮含量高的钢种，若长时间放置将会变脆，这一现象称为"老化"或"时效"（即时效脆性）。

在低碳钢中增大氮含量会降低冲击韧性，产生老化现象，碳含量越低，影响就越大。氮是表面活性物质，因此可降低钢液的表面张力，降低钢的抗热裂纹的性能。氮含量增加，钢的焊接性能变坏。

降低钢中氮的方法是炉内脱碳沸腾，炉外真空去气。由于氮的原子半径比较大，在铁液中扩散较慢，所以不如 [H] 的去除效果好。钢中残余的氮可用 T、Nb、V、A 结合生成稳定的氮化物，以消除影响（压抑 Fe_4N 的生成和析出）。细小的氮化物有调整晶粒、改善钢质的作用。

氮作为一种"合金元素"应用于开发含氮钢，不仅在生产钒氮合金化的Ⅲ级钢筋时可节省钒铁，也可对不宜控轧控冷的低碳长条钢发挥钒的强化作用。在冶炼铬钢、镍铬系或铬锰系等高合金钢时，加入适量的氮，能够改善钢的塑性和高温加工性能。

E　控制残余有害元素

控制钢中残余有害元素，是当前国际纯净钢发展的要求。钢中有害元素指 Cu、P、As、Sn、Pb、Sb、Bi 等元素，其中 As、Sn、Pb、Sb、Bi 简称五害元素。

铜的熔点较低，钢中铜含量高，钢在加热过程中铜在晶界析出，易造成裂纹缺陷。As、Sn、Pb、Sb、Bi 几种元素易在晶界附近偏聚，导致晶界弱化，降低钢的塑性；还有可能造成钢的表面裂纹缺陷。

国内残余元素控制标准：薄板坯钢材中残余元素总量应控制在 0.20% 以下。不同薄板产品所允许的最大残余元素值（Cu、Ni、Cr、Mo 与 Sn 的总含量）：饮料罐板材为 0.18%，深冲板材为 0.26%，低碳板材为 0.30%，普通板材为 0.315%。

控制钢中残余有害元素要针对钢的具体用途和钢种制定不同标准，合理安排组织生产。在资源条件及成本允许的情况下，可用生铁、DRI 等废钢代用品对钢中残余元素进行稀释处理。在资金允许的前提下，用废钢破碎、分离技术进行固态废钢预处理是明智的选择。钢液脱除技术是最适于大规模生产的处理残余有害元素的方法，可与炼钢过程同步进行，简便易行，但这一方法尚需进一步研究与探讨。

F 控制非金属夹杂

钢中非金属夹杂物来源如下：

（1）脱氧脱硫产物，特别是一些颗粒小或密度大的夹杂物没有及时排除。

（2）随着温度降低，硫、氧、氮等杂质元素的溶解度相应下降，并以非金属夹杂物形式出现。

（3）凝固过程中因溶解度降低、偏析而发生反应的产物。

（4）固态钢相变溶解度变化生成的产物。

（5）带入钢液中的炉渣和耐火材料。

（6）钢液被大气氧化形成的氧化物。

钢中的非金属夹杂物按来源分可以分成内生夹杂和外来夹杂。上述前四类夹杂称为内生夹杂，后两类夹杂称为外来夹杂。外来夹杂系偶然产生，通常颗粒大，呈多角形；成分复杂，氧化物分布也没有规律。内生夹杂物类型和组成取决于冶炼和脱氧方法，对一些合金钢而言，钢成分的变化对夹杂组成的影响十分明显，如铝、锰含量对形成氧化物、硫化物影响很大，T、Xr、Ce、Ca 等元素存在时对夹杂物的影响十分突出。钢中大部分内生夹杂是在脱氧和凝固过程中产生的。

根据化学成分的不同，夹杂物可以分为以下几种：

（1）氧化物夹杂。即 FeO、MnO、SO_2、Al_2O_3、Cr_2O_3 等简单的氧化物，FeO-Fe_2O_3、FeO-Al_2O_3、MgO-Al_2O_3 等尖晶石类和各种钙铝的复杂氧化物，以及 $2FeO$-SiO_2、$2MnO$-SiO_2、$3MnO$-Al_2O_3-$2SiO_2$ 等硅酸盐。

（2）硫化物夹杂。如 FeS、MnS、CaS 等。

（3）氮化物夹杂。如 AlN、TiN、ZrN、VN、BN 等。

按照加工性能区分，夹杂物可分为：

（1）塑性夹杂。它在热加工时沿加工方向延伸成条带状，如 MnS、$(Mn，Fe)S$ 等。

（2）脆性夹杂。它是完全不具有塑性的夹杂物，如尖晶石类型夹杂物、熔点高的氮化物。

（3）点状不变性夹杂。如 SiO_2 含量超过 70% 的硅酸盐、CaS、钙的铝硅酸盐等。

低温下，钢中的氧基本上和元素反应全部生成夹杂物，实际上，除部分硫化物以外，钢中的非金属夹杂物绝大多数为氧化物系夹杂。因此，可以用钢中总氧 $w(T[O])$ 来表示钢的洁净度，也就是钢中夹杂物水平。

由于非金属夹杂对钢的性能会产生严重影响，因此在炼钢、精炼和连铸过程中，应最大限度地降低钢液中夹杂物的含量，控制其成分、形态及尺寸分布。

微课-转炉炼钢的基本任务（钢中的成分）

1.2.2.2 调整钢的成分

为保证钢的物理、化学性能，应将钢的成分调整到规定的范围之内。

A 钢中碳

炼钢过程中要氧化脱除多余的碳，以达到规定的要求。碳被氧化成 CO，CO 气

课件-炼钢的基本任务（钢中的成分）

泡的搅拌作用有利于钢液中气体的排出。从钢的性质看，碳也是重要的合金元素之一，它可增加钢的强度、硬度。在不同的热处理条件下，碳会改变钢中各组织的比例，使强度增加的同时略微降低韧性指标。

B　钢中锰

锰的冶金作用主要是消除硫的热脆倾向，改变硫化物的形态和分布以提高钢质。钢中锰是一种弱脱氧元素，只有在碳含量非常低、氧含量很高时才有脱氧作用，主要是协助硅、铝脱氧，提高它们的脱氧能力和脱氧量。锰可略提高钢的强度，锰含量每增加 1%，可使钢的抗拉强度提高 78.5MPa，并可提高钢的淬透性能。它可稳定并扩大奥氏体区，常作为合金元素制造奥氏体不锈钢（代 Ni）、耐热钢（和氮共同代 Ni）和无磁护环钢（大电机用）。当锰含量为 13%、碳含量为 1% 时，可制造耐磨钢，使用过程中可产生加工硬化，减少钢的磨损。

C　钢中硅

硅是钢中最基本的脱氧元素。普通钢中含硅 0.17%~0.37%，是冶炼镇静钢的合适成分，在 1450℃ 左右钢凝固时，能保证钢中与其平衡的氧量小于与碳平衡的氧量，从而抑制凝固过程中 CO 气泡的产生。硅能提高钢的力学性能，在 $w[Si] \leqslant 1\%$ 时，每增加 0.1% 的 [Si]，抗拉强度约提高 9MPa。硅还能增加钢的电阻和磁导性，是生产硅钢的重要元素。

D　钢中铝

炼钢生产中，铝是强脱氧元素，大部分钢均采用铝或含铝的复合脱氧剂脱氧。铝是强烈缩小 γ 相的元素，它与氮有很大的亲和力，首先表现为固氮作用；其次，当铝加入钢中时，奥氏体晶粒减小，可抑制碳钢的时效，提高钢在低温下的韧性。

加入钢中的铝一部分形成 Al_2O_3 或含有 Al_2O_3 的各种夹杂物，另一部分溶入固态铁中，以后随加热和冷却条件的不同，或者在固态下形成弥散的 AlN，或者继续保留在固溶体（奥氏体、铁素体）中。通常将固溶体中的铝（包括随后析出的 AlN）称作酸溶铝，氧化铝由于以大小不等的颗粒状夹杂形态存在于钢中，故称作酸不溶铝。

$w[Al]$ 控制过低或过高都会引起夹杂总量的增加。$w[Al]$ 控制过低时，会增加溶解氧的含量，造成钢中氧化物的增加，影响钢的组织性能。随着 $w[Al]$ 的提高，一方面可以使溶解氧迅速地降低到较低水平，细化钢的晶粒；另一方面，浇注时较高的 $w[Al]$ 会增加钢液的二次氧化，产生滞留在钢中的 Al_2O_3 夹杂，且生成 AlN，在铸坯凝固时晶界析出易导致裂纹。

生产镇静钢时，$w[Al]$ 多在 0.005%~0.05% 范围内，通常为 0.01%~0.03%。不同钢种对 $w[Al]$ 的要求是有区别的。含锰合金结构钢易产生晶粒粗化，要求钢中残铝大于 0.02%，含 Cr、T、Nb 的合金钢铝含量也可适当高一点，而其他合金元素多的合金结构钢铝含量控制可低一点。对于低碳钢，在能满足连铸要求的前提下，钢中 $w[Al]$ 可控制在 0.010%~0.020% 范围内，中、高碳钢则可适当再低一些，这样可以在有效降低钢中夹杂总量的同时，提高钢材的性能。

炼合金钢时还需要加入其他合金元素，即需要进行合金化操作。

1.2.2.3　调整钢液温度

铁水温度一般只有 1300℃ 左右，而钢水温度必须高于 1500℃ 才不至于凝固。钢水脱碳、脱磷、脱硫、脱氧、去气、去非金属夹杂等过程，都需在液态条件下进行。此外，为了将钢水浇注为铸坯（或钢锭），也要求出钢温度在 1600℃ 以上。为此，在炼钢过程中，需对金属料和其他原料加热升温，使钢液温度达到出钢要求。钢水成分、温度合格后，将钢水铸成一定形状的铸坯（或钢锭），再轧成钢材。还应指出，在完成炼钢基本任务的同时，也应注意维护炉体，提高炉子寿命，全面完成炼钢的各项技术经济指标。

炼钢的基本任务可以归纳为"四脱"（脱碳、脱氧、脱磷和脱硫）、"二去"（去气和去夹杂）、"二调整"（调整成分和调整温度）。采用的主要技术手段为供氧、造渣、升温、加脱氧剂和合金化操作。

📖 课程思政

（一）

《钢铁是怎样炼成的》经典语句摘抄及赏析：

1. 人应该支配习惯，而决不能让习惯支配人。

赏析：作者是希望通过这句话来反应主人公的内心世界和人生观，因为习惯的力量是无穷的，我们千万不能小看。就好比现在有一本优秀的书籍叫做《高效能人士的七个习惯》，就是主要讲述习惯对生活和生命的意义。而我们应该用自己的思考和科学的观点来管理好自己的习性，让习惯为我们服务。

2. 一个人的生命应当这样度过：当他回首往事的时候不会因虚度年华而悔恨，也不会因碌碌无为而羞耻！

赏析：这是《钢铁是怎样炼成的》这本小说中的经典名句了，曾经影响了无数人，如今读之仍然十分爽口，这是作者对主人公人生观的思考，也是小说希望表达出来的意义，用于对革命的认可以及赞颂。

3. 生命中可能会刮风下雨，但我们可以在心中拥有自己的一缕阳光。

赏析：读了这句话，让我们的内心充满了激情，时刻充满着阳光，因为风雨时常有，阳光会再来，何必拘泥于一时的不快呢？人生亦如此，道路上一定会有磕磕碰碰的坎坷出现，但最终我们一定能获得更加美好的明天，在那时候，阳光灿烂，正如"不经历风雨，怎能见彩虹！"我们都要学习保尔的这种乐观的精神，从中获取力量。

结合以上经典语录和赏析及炼钢基本任务，请大家分析面对新时代的使命与担当时该如何抉择"脱、去、调整"，如何锤炼自己的钢铁意志。

（二）

党的二十大指出：必须坚持系统观念。万事万物是相互联系、相互依存的。只有用普遍联系的、全面系统的、发展变化的观点观察事物，才能把握事物发展规律。我国是一个发展中大国，仍处于社会主义初级阶段，正在经历广泛而深刻的社会变革，推进改革发展、调整利益关系往往牵一发而动全身。我们要善于通过历史看现实、透过现象看本质，把握好全局和局部、当前和长远、宏观和微观、主要矛盾和次要矛盾、特殊和一般的关系，不断提高战略思维、历史思维、辩证思维、系统思维、创新思维、法治思维、底线思维能力，为前瞻性思考、全局性谋划、整体性推进党和国家各项事业提供科学思想方法。

唯物辩证法的矛盾观也指出：矛盾是客观的，矛盾存在于一切事物中，且贯穿于每一事物发展过程的始终，即事事有矛盾，时时有矛盾。

主要矛盾和次要矛盾辩证关系：主要矛盾在事物的发展过程中处于支配地位、对事物发展起决定作用，要求我们要善于抓住重点，集中力量解决主要矛盾。主要矛盾和次要矛盾相互依赖、相互影响，并在一定条件下相互转化这就要求我们统筹兼顾，恰当处理好次要矛盾。

矛盾的主要方面和次要方面辩证关系：矛盾的主要方面处于支配地位，起主导作用，事物的性质主要是由主要矛盾的主要方面决定的。这一原理要求我们要着重把握矛盾的主要方面，重视主流，分清主流和支流。矛盾的主要方面与次要方面既相互排斥，又相互依赖，并在一定条件下相互转化。这就要求我们看问题要全面，不忽视矛盾的次要方面，即支流。

主要矛盾和次要矛盾、矛盾的主要方面和次要方面辩证关系的原理要求我们要坚持两点论和重点论相统一的认识方法。

通过以上论述，结合钢中硫、磷、氮等元素对钢性能的双重影响，谈谈如何看待事物的两面性，如何正确看待我们在学习、生活、工作中的对与错、利与害、得与失。如何树立正确的世界观、人生观、价值观。

任务 1.3 钢 的 分 类

课件-转炉
炼钢的分类

生产上使用的钢材品种很多，性能也千差万别，为了便于生产、使用和研究，就需要对钢进行分类。

1.3.1 按用途分类

按用途分类是主要的分类方法，我国合金钢的部颁标准一般都是按用途分类编制的。钢材根据用途可以分为三类。

（1）结构钢。用于制造各种工程结构（船舶、桥梁、车辆、压力容器等）和各种机器零件（轴、齿轮、各种连接件等）的钢种称为结构钢。其中用于制造工程结构的钢又称为工程用钢或构件用钢；机器零件用钢包括渗碳钢、调质钢、弹簧钢、滚动轴承钢等。

（2）工具钢。工具钢是用于制造各种加工工具的钢种。根据工具的不同用途，又可分为刀具钢、模具钢、量具钢。

（3）特殊性能钢。特殊性能钢是指具有某种特殊的物理或化学性能的钢种，包括不锈钢、耐热钢、耐磨钢、电工钢等。

1.3.2　按化学成分分类

钢按化学成分可分为碳素钢和合金钢两大类。碳素钢又分为：（1）低碳钢，$w[C]<0.25\%$；（2）中碳钢，$w[C]=0.25\%\sim0.6\%$；（3）高碳钢，$w[C]>0.6\%$。合金钢也可分为：（1）低合金钢，合金元素总含量 $w<5\%$；（2）中合金钢，合金元素总含量 $w=5\%\sim10\%$；（3）高合金钢，合金元素总含量 $w>10\%$。另外，根据钢中所含主要合金元素种类的不同，也可分为锰钢、铬钢、铬镍钢、硼钢等。

1.3.3　按显微组织分类

（1）按平衡状态或退火状态的组织分类。可分为亚共析钢、共析钢、过共析钢和莱氏体钢。

（2）按正火组织分类。可分为珠光体钢、贝氏体钢、马氏体钢和奥氏体钢。

（3）按室温时的显微组织分类。可分为铁素体钢、奥氏体钢和双相钢。

1.3.4　按品质分类

按品质分类主要以钢中有害杂质 P、S 的含量来分类，可分为普通质量钢、优质钢、高级优质钢和特级优质钢。例如，优质碳素结构钢的优质钢等级 $w(P)$、$w(S)\leqslant0.035\%$，高级优质钢等级 $w(P)$、$w(S)\leqslant0.030\%$；合金结构钢的优质钢等级 $w(P)$、$w(S)\leqslant0.035\%$，高级优质钢等级 $w(P)$、$w(S)\leqslant0.025\%$。

任务 1.4　现代钢铁生产工艺流程

现代炼钢工艺主要的流程有两种（图 1-1），即以氧气转炉炼钢工艺为中心的钢铁联合企业生产流程和以电炉炼钢工艺为中心的小钢厂生产流程。通常习惯上人们把前者称为长流程，把后者称为短流程。

长流程工艺就是从炼铁原燃料准备开始，原料入高炉冶炼得到液态铁水，高炉铁水经过铁水预处理（或不经过）入氧气转炉吹炼，再经二次精炼（或不经过）获得合格钢水，钢水经过凝固成型工序（连铸或模铸）成坯或锭，再经轧制工序最后成为合格钢材。由于这种工艺流程生产单元多、规模庞大、生产周期长，因此称此工艺流程为钢铁生产的长流程工艺。

短流程工艺就是将回收再利用的废钢（或其他代用料），经破碎、分选加工后，经预热或直接加入电炉中，电炉利用电能作为热源进行冶炼，再经炉外精炼，获得合格钢水，后续工序同长流程工序。由于这种工艺流程简捷、高效节能、生产环节少、生产周期短，因此称此工艺流程为钢铁生产的短流程工艺。又称"三位一体"流程（即由电炉—炉外精炼—连铸组成），或者"四个一"流程（即由电炉—炉外精炼—连铸—连轧组成）。

顶吹氧气转炉炼钢生产工艺流程如图 1-2 所示。一炉合格钢水的操作冶炼过程与相应的工艺制度如图 1-3 所示。

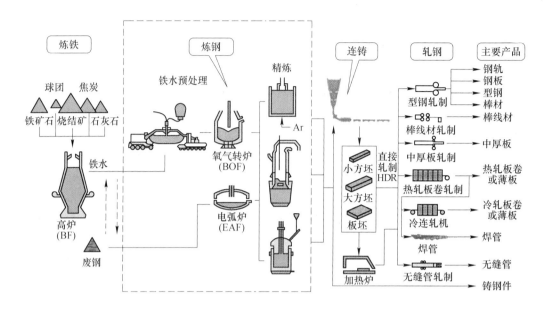

图 1-1　现代炼钢工艺流程

　　上炉钢出完后，根据炉况，加入调渣剂调整熔渣成分，并进行溅渣护炉（必要时补炉），倒完残余炉渣，然后堵出钢口。装入废钢和兑铁水后，摇正炉体。下降氧枪的同时，由炉口上方的辅助料溜槽加入第一批渣料（白云石、石灰、萤石、铁皮）和作冷却剂用的铁矿石等，其量约为总渣料量的 1/2~2/3。当氧枪降至规定枪位时，吹炼正式开始。

　　氧气顶吹转炉炼钢冶炼过程中，根据金属液成分、炉渣成分和熔池温度的变化规律，吹炼期又可大致分为吹炼前期、吹炼中期和吹炼后期。

　　（1）吹炼前期。吹炼初期由于铁水温度不高，硅、锰的氧化速度比 C 快，开吹 2~4min 时，硅、锰已基本上被氧化。因此，也称为硅、锰氧化期。同时，铁也被氧化形成 FeO 进入渣中，石灰逐渐熔解，使磷也氧化进入炉渣中。硅、锰、磷、铁的氧化放出大量热，使熔池迅速升温。吹炼初期炉口出现黄褐色的烟尘，随后燃烧成火焰，这是由于带出的铁尘和小铁珠在空气中燃烧形成。开吹时，由于渣料未熔化，氧气射流直接冲击在金属液面上，产生的冲击噪声较刺耳，随着渣料熔化，炉渣乳化形成，噪声变得温和。

　　（2）吹炼中期。铁水中硅、锰氧化后，熔池温度升高，炉渣也基本化好，碳的氧化速度加快。此时从炉口冒出的浓烟急剧增多，火焰变大，亮度也提高；同时炉渣起泡，炉口有小渣块溅出，这标志着反应进入吹炼中期。吹炼中期是碳氧反应剧烈时期，此间供入熔池中的氧气几乎 100% 与碳发生反应，使脱碳速度达到最大。由于吹炼中期脱碳反应激烈，渣中氧化铁降低，致使炉渣熔点增高和黏度加大，并可能出现稠渣（即"返干"）现象。此时应适当提高枪位，并可分批加入铁矿石和第二批渣料（剩余渣料），以提高渣中氧化铁含量及调整炉渣性能。如果炉内化渣不好，则加入第三批渣料（氧化铁皮等），其加入量视炉内化渣情况决定。

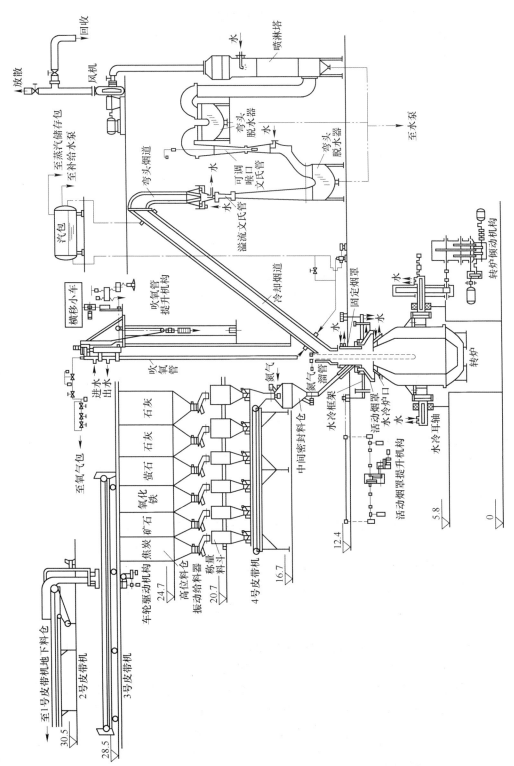

图 1-2　氧气转炉炼钢工艺流程

（3）吹炼末期。吹炼末期，钢液含碳量大大降低，脱碳反应减弱，火焰变短而透明。最后根据火焰状况、供氧数量和吹炼时间等，按所炼钢种的成分和温度要求，确定吹炼终点，并提枪停止供氧（称为拉碳）、倒炉、测温、取样。根据分析结果，决定出钢或补吹时间。

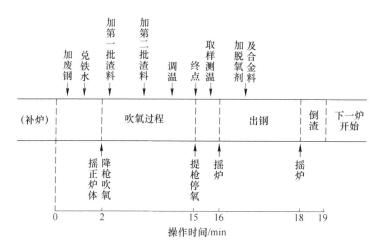

图 1-3　顶吹转炉吹炼操作实例

当钢水成分（主要是碳、硫、磷的含量）和温度合格后，打开出钢口，倒炉挡渣出钢。当钢水流出总量的 1/4 时，向钢包内加入铁合金进行脱氧和合金化。出完钢后，溅渣护炉（或喷补），倒渣之后，便组织下一炉装料，继续炼钢。

通常将相邻两炉钢之间的间隔时间（即从装入钢铁料至倒渣完毕的时间）称为冶炼周期或冶炼一炉钢的时间，一般为 20~40min（或为 30min 左右）。它与炉子吨位大小和工艺的不同有关。其中吹氧过程的时间称为供氧时间或纯吹炼时间，通常为 12~18min。

任务 1.5　转炉炼钢主要技术经济指标

微课-转炉炼钢的主要技术经济指标

（1）转炉日历利用系数。转炉日历利用系数（t/(t·d)）是指转炉在日历工作时间内单位容量（公称吨位）平均每昼夜生产的合格钢产量。其计算公式如下：

$$转炉日历利用系数 = \frac{合格钢产量}{转炉公称吨位 \times 日历昼夜}$$

转炉日历利用系数应按已建成投产的全部转炉座数的总公称吨位计算，即不管是否经常吹炼都应计入，且日历昼夜不扣除大修或中修时间。

课件-转炉炼钢的主要技术经济指标

（2）转炉日历作业率。转炉日历作业率（%）是指各转炉作业总和与全部投产的转炉座数和日历时间的乘积之比。反映转炉设备利用的状况。其计算公式如下：

$$转炉日历作业率 = \frac{各转炉炼钢时间之和(h)}{转炉座数 \times 日历时间(h)} \times 100\%$$

（3）转炉冶炼周期。转炉冶炼周期（min）是指转炉冶炼每一炉钢需要的时间。即两次出钢之间所需的时间。它包括吹炼时间、辅助时间以及耽误时间等三个部分，冶炼周期是决定转炉生产率的量主要因素。计算公式如下：

$$冶炼周期 = \frac{各转炉炼钢时间之和(min)}{各转炉出钢总炉数}$$

（4）转炉每炉产钢量。转炉每炉产钢量（t）是指平均每炼一炉钢的产量。其计算公式为：

$$转炉每炉产钢量 = \frac{合格钢产量(t)}{出钢总炉数}$$

（5）转炉金属料消耗。转炉金属料消耗（kg/t）是指每炼 1t 合格钢消耗的金属料的千克数，它反映对金属料的利用程度。其计算公式如下：

$$金属料消耗 = \frac{入炉全部金属料(kg)}{合格钢产量(t)}$$

（6）转炉炉龄（转炉炉衬寿命）。转炉炉龄（炉）是指转炉每换一次炉衬后能炼钢的总炉数。它反映耐火材料的质量、砌炉衬的质量以及操作水平的好坏。其计算公式如下：

$$转炉炉龄 = \frac{出钢总炉数(炉)}{更换炉衬的次数}$$

（7）氧气喷枪寿命。氧气喷枪寿命（炉）是指氧气转炉每更换一次氧枪所能炼钢的总炉数。其计算公式如下：

$$氧枪寿命 = \frac{出钢总炉数(炉)}{更换喷枪的次数}$$

（8）按计划钢种出钢率。按计划钢种出钢率（%）是指转炉按计划钢种出钢的炉数占转炉出钢总炉数的百分比。它反映了转炉炼钢目标命中的程度。其计算公式如下：

$$按计划钢种出钢率 = \frac{按计划钢种出钢炉数}{出钢总炉数} \times 100\%$$

（9）产量。转炉车间的产量用所生产的合格钢锭量来表示。即有 t/d、t/月、t/a 等表示方法。

年产量

$$年产量 = \frac{24nga}{100T}$$

式中　　n——年内工作日（24h 为一个工作日）；

g——每炉金属料重量；t；

a——合格钢锭收得率；%；

T——每炉平均冶炼时间；h。

（10）质量。转炉车间的质量一般用钢锭合格率（%）来计算，其计算公式为：

$$钢锭合格率 = \frac{合格钢锭数量}{钢锭总量} \times 100\%$$

（11）可比成本降低率（%）：

$$可比成本降低率 = 1 - \frac{\sum(每种品种本期单位成本 \times 本期产量)}{\sum(每种品种上期单位产量 \times 本期产量)} \times 100\%$$

（12）流动资金占用额：

流动资金占用额＝（报告期末储存原料＋辅助原料＋各种备件＋成品＋在产品）

所占用的资金总额（万元）

（13）设备完好率（％）：

$$设备完好率＝\frac{完好设备}{设备总数}×100\%$$

思　考　题

1-1　钢和生铁的区别有哪些？

1-2　炼钢的基本任务是什么？

1-3　钢中的磷、硫对钢性能有哪些危害？

1-4　生产中为什么要将锰硅比作为一个指标进行控制？

1-5　什么是酸溶铝，其含量高低对钢有哪些影响？

1-6　现代钢铁生产工艺流程为哪两种，各自的特点是什么？

1-7　解释：冶炼周期；炉龄。

模块二　　转炉炼钢基本理论

学习目标

知识目标：

· 了解炼钢熔渣的来源。

· 掌握熔渣在炼钢过程中的重要作用和理化性质。

· 掌握钢中硅、锰、碳、磷等元素氧化的特点及影响因素。

· 掌握钢液脱硫的原理及影响因素。

· 掌握钢液脱氧、脱气和夹杂物去除的相关理论和方法。

技能目标：

· 能够分析炉渣氧化性和碱度对炼钢过程中各元素反应的影响。

· 能根据杂质元素的反应特点分析杂质元素去除的有利条件和不利条件，为杂质元素的去除创造有利的热力学和动力学条件。

素质目标：

· 理解条件变化会改变事物的发展方向，学习和工作中要善于创造有利条件为自己服务。

· 养成严谨、认真的工作态度，提高分析、总结归纳能力。

任务 2.1　炼　钢　熔　渣

2.1.1　熔渣的来源

转炉炼钢熔渣的来源主要包括以下几个方面：

（1）冶炼时，生铁、废钢、铁合金等金属原料中各种元素的氧化产物（SiO_2、MnO、P_2O_5、FeO 等）及脱硫产物（CaS）。

（2）人为加入的造渣材料，如石灰（CaO）、萤石（CaF_2）、电石（CaC_2）和氧化剂铁矿石、烧结矿（Fe_2O_3）等。

（3）被侵蚀下来的耐火材料（MgO）。

（4）各种原材料带入的泥砂（SiO_2、Al_2O_3）和铁锈（Fe_2O_3）。

微课-炼钢熔渣
（化学性质）

课件-炼钢熔渣
（化学性质）

2.1.2　熔渣的作用

炼钢过程熔渣的作用主要体现在以下几个方面：

（1）去除铁水和钢水中的磷、硫等有害元素，同时能将铁和其他有用元素的损失控制在最低限度内。

　　（2）保护钢液不过度氧化、不吸收有害气体、保温、减少有益元素烧损。

　　（3）防止热量散失，以保证钢的冶炼温度。

　　（4）吸收钢液中上浮的夹杂物及反应产物。

　　另外，在氧气顶吹转炉中，熔渣、金属液滴和气泡形成高度弥散的乳化相，增大了接触面积，加速了吹炼过程。

　　熔渣在炼钢过程也有不利作用：侵蚀耐火材料，降低炉衬寿命，特别是低碱度熔渣对炉衬的侵蚀更为严重；熔渣中夹带小颗粒金属及未被还原的金属氧化物，降低了金属的收得率。

2.1.3　熔渣的化学性质

2.1.3.1　熔渣的碱度

　　熔渣中碱性氧化物浓度总和与酸性氧化物浓度总和之比称为熔渣碱度，常用符号 R 表示。熔渣碱度的大小直接对渣-钢间的物理化学反应（如脱磷、脱硫、去气等）产生影响。

　　当炉料中 $w[P]$ <0.30%时：

$$R = \frac{w(CaO)}{w(SiO_2)} \tag{2-1}$$

　　当炉料中 0.30% $\leqslant w[P]$ <0.60%时：

$$R = \frac{w(CaO)}{w(SiO_2) + w(P_2O_5)} \tag{2-2}$$

　　当加白云石造渣，渣中（MgO）含量较高时：

$$R = \frac{w(CaO) + w(MgO)}{w(SiO_2)} \tag{2-3}$$

　　当熔渣的 R<1.0 时为酸性渣，高温下可拉成细丝，称为长渣；R>1.0 时为碱性渣，称为短渣。炼钢熔渣 $R \geqslant 3.0$。

　　炼钢熔渣中含有不同数量的碱性、中性和酸性氧化物，它们酸、碱性的强弱可排列如下：

$$CaO>MnO>FeO>MgO>CaF_2>Fe_2O_3>Al_2O_3>TiO_2>SiO_2>P_2O_5$$
$$\leftarrow \quad 碱性 \quad 中性 \quad 酸性 \quad \rightarrow$$

　　也可用过剩碱的概念来表示熔渣的碱度，即认为碱性氧化物全都是等价地确定出酸性氧化物对碱性氧化物的强度，并假定两者是按比例结合，结合以外的碱性氧化物的量为过剩碱（常用 B 表示），表示方法如下：

$$B = x_{CaO} + x_{MgO} + x_{MnO} - 2x_{SiO_2} - 3x_{P_2O_5} - x_{Fe_2O_3} - x_{Al_2O_3} \tag{2-4}$$

　　实际上式（2-4）是用 O^{2-} 的摩尔分数（或物质的量）来表示熔渣的碱度，碱性氧化物离解产生 O^{2-}，酸性氧化物则消耗 O^{2-}。

2.1.3.2　熔渣的氧化性

　　熔渣的氧化性也称熔渣的氧化能力，是指在一定的温度下，单位时间内熔渣向钢液供氧的数量。

熔渣的氧化性通常是用 $w(\sum FeO)$ 表示，包括（FeO）本身和（Fe_2O_3）折合成（FeO）两部分。将（Fe_2O_3）折合成（FeO）有两种方法：

（1）全氧折合法。认为 1mol 的 Fe_2O_3 可以生成 3mol 的 FeO，于是有

$$w(\sum FeO) = w(FeO) + 1.35w(Fe_2O_3) \tag{2-5}$$

式中　1.35——熔渣中 Fe_2O_3 折合成 FeO 时的折合系数，$1.35 = 3 \times 72/160$；

　　$w(FeO)$——FeO 在熔渣中的质量，%；

　　$w(Fe_2O_3)$——Fe_2O_3 在熔渣中的质量分数，%。

（2）全铁折合法。认为 1mol 的 Fe_2O_3 可以生成 2mol 的 FeO，于是有

$$w(\sum FeO) = w(FeO) + 0.9w(Fe_2O_3) \tag{2-6}$$

式中　0.9——熔渣中 Fe_2O_3 折合成 FeO 时的折合系数，$0.9 = 2 \times 72/160$。

熔渣的氧化性用氧化亚铁的活度 $a_{(FeO)}$ 来表示更为精确。设 L_O 为氧在渣-铁间的平衡分配系数，有如下关系式：

$$L_O = \frac{a_{(FeO)}}{w[O]} \tag{2-7}$$

$$\lg L_O = \frac{6320}{T} - 2.734 \tag{2-8}$$

在一定温度下，熔渣中 $a(FeO)$ 升高，铁液中 $w[O]$ 也相应增高；当 $a(FeO)$ 一定时，铁液中 $w[O]$ 也是随着温度升高而提高。

熔渣对钢液的氧化能力，一般是用钢液中与熔渣相平衡的氧含量和钢液中实际氧含量之差表示，即：

$$\Delta w[O] = w[O]_{渣-钢} - w[O]_{实} \tag{2-9}$$

当 $\Delta w[O] > 0$ 时，渣中氧能向钢液扩散，此时的熔渣称氧化渣；当 $\Delta w[O] < 0$ 时，钢液中的氧向渣中转移，此时的熔渣具有脱氧能力，称为还原渣；当 $\Delta w[O] = 0$ 时，此时的渣称为中性渣。

式（2-9）中，$\Delta w[O]_{渣-钢} = a_{(FeO)}/L_O$，$\Delta w[O]_{实}$ 在氧化期末主要与碳含量有关，这样，可以得出如下关系式：

$$\Delta w[O] = f(w(\sum FeO), R, w[C], T) \tag{2-10}$$

即 $\Delta w[O]$ 是熔渣 FeO 的总量、碱度、钢液中的碳含量及温度的函数。

在渣中 FeO 含量一定时，随着炉渣碱度的增大，炉渣的氧化性先增大后减小。1600℃ 下，当碱度等于 1.87 左右时，炉渣的氧化性最强，如图 2-1 所示。

熔渣氧化性在炼钢过程中的作用：

（1）影响化渣速度和熔渣黏度。渣中（FeO）能促进石灰溶解，加速化渣，改善炼钢反应动力学条件，加速传质过程；渣中（Fe_2O_3）和碱性氧化物反应生成铁酸盐，降低熔渣熔点和黏度，避免炼钢熔渣"返干"。

（2）影响熔渣向熔池传氧、脱磷和钢水氧含量。低碳钢水氧含量明显受熔渣氧化性的影响，当钢液碳含量相同时，熔渣氧化性强，则钢液氧含量高，而且有利于脱磷。

（3）影响铁合金和金属收得率及炉衬寿命，熔渣氧化性越强，铁合金和金属收

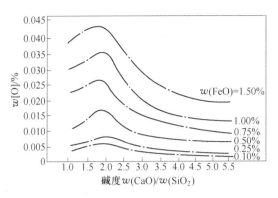

图 2-1　1600℃时炉渣碱度、渣中 FeO 含量与钢液中氧含量的关系

得率越低；熔渣氧化性强，炉衬寿命降低。

2.1.3.3　熔渣的还原性

在平衡条件下，熔渣的还原能力（即还原性，reducibility）主要取决于氧化铁的含量和碱度，在还原性精炼时，常把降低熔渣中氧化铁的含量和选择合理的碱度作为控制钢液中氧含量的重要条件。对传统电炉还原渣和炉外精炼用渣，为达到脱氧、脱硫和减少合金烧损的目的，常把 $w(\sum FeO)$ 降到 0.5% 以下，碱度 R 控制在 3.5~4.0 范围。

2.1.4　熔渣的物理性质

2.1.4.1　熔渣的密度

微课-炼钢熔渣
（物理性质）

熔渣的密度决定熔渣占据的体积大小及钢液液滴在渣中的沉降速度。一般液体碱性渣的密度为 $3000kg/m^3$，固态碱性渣的密度为 $3500kg/m^3$，$w(FeO) > 40\%$ 的强氧化性渣的密度为 $4000kg/m^3$，酸性渣的密度为 $3000kg/m^3$。

2.1.4.2　熔渣的熔点

课件-炼钢熔渣
（物理性质）

熔渣的熔点是指固态渣完全转变为均一液态（即熔渣的熔化温度），或液态渣冷却开始析出固体成分时的温度（即熔渣的凝固温度）。

熔渣的熔点与熔渣的成分及其含量有关。一般来说，熔渣中高熔点组元越多，熔点越高。炼钢过程要求熔渣的熔点低于所炼钢的熔点 50~200℃（即为 1300~1400℃）。除 FeO 和 CaF_2 外，其他简单氧化物的熔点都很高，它们在炼钢温度下难以单独形成熔渣，实际上它们将形成多种低熔点的复杂化合物。熔渣中常见的氧化物的熔点见表 2-1。

表 2-1　熔渣中常见氧化物的熔点

化合物	熔点/℃	化合物	熔点/℃
CaO	2600	$MgO \cdot SiO_2$	1557

化合物	熔点/℃	化合物	熔点/℃
MgO	2800	$2MgO \cdot SiO_2$	1890
SiO_2	1713	$CaO \cdot MgO \cdot SiO_2$	1390
FeO	1370	$3CaO \cdot MgO \cdot 2SiO_2$	1550
Fe_2O_3	1457	$2CaO \cdot MgO \cdot 2SiO_2$	1450
MnO	1783	$2FeO \cdot SiO_2$	1205
Al_2O_3	2050	$MnO \cdot SiO_2$	1285
CaF_2	1418	$2MnO \cdot SiO_2$	1345
$CaO \cdot SiO_2$	1550	$CaO \cdot MnO \cdot SiO_2$	>1700
$2CaO \cdot SiO_2$	2130	$3CaO \cdot P_2O_5$	1800
$3CaO \cdot SiO_2$	>2065	$CaO \cdot Fe_2O_3$	1220
$3CaO \cdot 2SiO_2$	1485	$2CaO \cdot Fe_2O_3$	1420
$CaO \cdot FeO \cdot SiO_2$	1205	$CaO \cdot 2Fe_2O_3$	1240
$Fe_2O_3 \cdot SiO_2$	1217	$CaO \cdot 2FeO \cdot SiO_2$	1205
$MgO \cdot Al_2O_3$	2135	$CaO \cdot CaF_2$	1400

2.1.4.3　熔渣的黏度

黏度是熔渣重要的物理性质，其对元素的扩散、渣钢间反应、气体逸出、热量传递、铁损及炉衬寿命等均有很大的影响。影响熔渣黏度的因素主要有熔渣的成分、熔渣中的固体质点和温度。

一般来讲，在一定的温度下，凡是能降低渣熔点的成分，在一定范围内增加其浓度可使熔渣黏度降低；反之，则使熔渣黏度增大。碱性渣中，CaO 含量超过 40% 后，黏度随 CaO 含量的增加而增加。SiO_2 含量在一定范围内增加，能降低碱性渣的黏度；但 SiO_2 含量超过定值形成 $2CaO \cdot SiO_2$ 时，则使熔渣变稠，原因是 $2CaO \cdot SiO_2$ 的熔点高达 2130℃。FeO（熔点 1370℃）和 Fe_2O_3（熔点 1457℃）有明显降低渣熔点的作用，增加两者含量，渣黏度显著降低。MgO 在碱性渣中对其黏度影响很大，当 MgO 含量超过 10% 时，会破坏渣的均匀性，使熔渣变黏。Al_2O_3 能降低渣的熔点，具有稀释碱性渣的作用。CaF_2 本身熔点较低，所以它也能降低熔渣的黏度。

炼钢过程中，希望造渣材料完全溶解，形成具有均匀相的熔渣；但实际炉渣中往往悬浮着石灰颗粒、MgO 质颗粒熔渣自身析出的 $2CaO \cdot SiO_2$ 和 $3CaO \cdot P_2O_5$ 固体颗粒以及 Cr_2O_3 颗粒等。这些固体颗粒的状态对熔渣的黏度产生不同影响。少量尺寸大的颗粒（直径达几毫米）对熔渣黏度影响不大；尺寸较小、数量较多的固体颗粒呈乳浊液状态，使熔渣黏度增加。

温度升高，熔渣的黏度降低。1600℃炼钢温度下，熔渣黏度在 0.02～0.1Pa · s 之间。

2.1.4.4 熔渣的表面张力

熔渣的表面张力主要影响渣钢间的物理化学反应及熔渣对夹杂物的吸附等。熔渣的表面张力普遍低于钢液。影响熔渣表面张力的因素有温度和成分。熔渣的表面张力一般随温度的升高而降低，但高温冶炼时，温度的变化范围较小，因而影响也就不明显。FeO、SiO_2 和 P_2O_5 具有降低熔体表面张力的功能，而 Al_2O_3 相反。CaO 化渣开始能降低熔渣的表面张力，但后来则是起到提高的作用，原因是复合阴离子在相界面上的吸附量发生了变化。MnO 的作用与 CaO 类似。

微课-熔池
中氧的传输

课件-熔池
中元素的氧化

任务 2.2 炼钢熔池中元素的氧化

2.2.1 杂质元素氧化方式

2.2.1.1 直接氧化

直接氧化是指吹入熔池的氧气直接与钢液中杂质元素作用发生的氧化反应。钢中常见杂质元素的直接氧化反应如下：

$$\{O_2\} + 2[Mn] == 2(MnO) \tag{2-11}$$

$$\{O_2\} + [Si] == (SiO_2) \tag{2-12}$$

$$\{O_2\} + 2[C] == 2\{CO\} \tag{2-13}$$

$$\{O_2\} + [C] == \{CO_2\} \tag{2-14}$$

$$5\{O_2\} + 4[P] == 2(P_2O_5) \tag{2-15}$$

研究发现，杂质元素的直接氧化反应发生在熔池中氧气射流的作用区。当然，此处同时也会发生铁的氧化反应：

$$\{O_2\} + 2[Fe] == 2(FeO) \tag{2-16}$$

2.2.1.2 间接氧化

间接氧化是指吹入熔池的氧气先将钢液中的铁元素氧化成氧化亚铁（FeO），并按分配定律部分扩散进入钢液，然后溶解到钢液中的氧再与其中的杂质元素作用而发生的氧化反应。

杂质元素的间接氧化反应发生在熔池中氧气射流作用区以外的其他区域，其反应过程如下：

（1）氧气射流的作用区铁被氧化：

$$2[Fe] + \{O_2\} == 2(FeO) \tag{2-17}$$

（2）渣中的氧化亚铁扩散进入钢液：

$$(FeO) == [O] + [Fe] \tag{2-18}$$

（3）溶入钢液的氧与杂质元素发生反应：

$$[O] + [Mn] == (MnO) \tag{2-19}$$

$$2[O] + [Si] == (SiO_2) \tag{2-20}$$

$$5[O] + 2[P] = (P_2O_5) \tag{2-21}$$
$$2[O] + [C] = \{CO_2\} \tag{2-22}$$
$$[O] + [C] = \{CO\} \tag{2-23}$$

另外，在熔池内钢液与溶渣两相的界面上，渣相的（FeO）也可以将钢液中的杂质元素氧化。例如，钢液中锰 [Mn] 的氧化反应为：

$$(FeO) + [Mn] = (MnO) + [Fe] \tag{2-24}$$

实际上，式（2-24）也属于间接氧化反应。因为它不是气态的氧与钢液中的杂质元素直接作用，而是以产生氧化亚铁为先决条件，具有间接氧化的典型特征。因此，有人提出了间接氧化的广义概念：间接氧化是指钢中的 [O] 或渣中的（FeO）与钢液中的杂质元素间发生的氧化反应。

关于杂质元素的主要氧化方式问题，一直存在着较大的分歧。不过，目前大多数的研究者认为，炼钢熔池内的杂质元素以间接氧化为主，即使在直接氧化条件十分优越的氧气转炉炼钢中也是如此。

2.2.2　熔池元素氧化次序

熔池中元素被大量氧化的先后次序取决于它们与氧的亲和力的大小。一般用该元素氧化物的分解压来表示该元素与氧的亲和力的强弱。纯氧化物的分解压愈小，该氧化物愈稳定，即该元素愈易被氧化。

当 $t<1400℃$ 时，元素的氧化顺序是 Si、V、Mn、C、P、Fe。

当 $1400℃<t<1530℃$ 时，元素的氧化顺序是 Si、C、V、Mn、P、Fe。

当 $1530℃<t$ 时，元素的氧化顺序是 C、Si、V、Mn、P、Fe。

上述元素氧化顺序是根据纯氧化物分解压的大小来判断的。纯氧化物分解压仅与温度有关，而在实际熔池中，各元素及其氧化物是处于多组元的溶液中，不是纯物质。因此，溶液中的氧化物的分解压不仅与温度有关，还与元素的浓度和炉渣的成分有关。利用纯氧化物分解压的大小，只能定性说明各元素与氧结合能力的大小及其随温度变化的趋势，而在炼钢的实际过程中，情况要复杂得多。可利用改变温度、浓度、分压、造渣剂等因素来创造条件，促使反应按所需的方向进行，实现选择氧化或还原的目的。

任务 2.3　硅和锰的氧化

微课-硅
锰的氧化

2.3.1　硅的氧化

（1）硅的氧化反应可由以下反应式来表达：

$$[Si] + O_2(g) = (SiO_2)(s)，\Delta G^{\ominus} = -824470 + 219.42T(J/mol) \tag{2-25}$$
$$[Si] + [O] = SiO(g)，\Delta G^{\ominus} = -97267 + 27.95T(J/mol) \tag{2-26}$$
$$[Si] + 2[O] = (SiO_2)，\Delta G^{\ominus} = -594285 + 229.76T(J/mol) \tag{2-27}$$
$$[Si] + 2(FeO) = (SiO_2) + 2[Fe]，\Delta G^{\ominus} = -386769 + 202.3T(J/mol) \tag{2-28}$$

反应式（2-25）能形成覆盖在铁液表面的高熔点 SiO_2 固体膜，阻碍 [Si] 氧

课件-硅
锰的氧化

化的继续进行；反应式（2-26）仅发生在 1700℃ 高温的铁水液面上；只有反应式（2-27）及式（2-28）在铁液与熔渣界面上正常进行。

在碱性熔渣的情况下，可发生如下反应：

$$[Si] + 2(FeO) + 2(CaO) \Longrightarrow Ca_2SiO_4 + 2[Fe] \qquad (2-29)$$

（2）影响硅的氧化和还原反应的因素。温度低有利于硅的氧化；降低炉渣中 SiO_2 的含量，有利于硅的氧化。炉渣氧化能力越强，如增加 CaO、FeO 含量，越有利硅的氧化；金属液中增加硅元素的含量有利于硅的氧化；炉气氧分压越高越有利于硅的氧化。

硅氧化反应产物影响熔渣成分，如 SiO_2 降低熔渣碱度，不利于钢液脱磷、脱硫，增加渣料消耗；也对炉衬耐火材料不利。

2.3.2 锰的氧化

和硅一样，冶炼初期锰便迅速被大量氧化，但氧化程度要低于硅，这是由于锰与氧的结合能力低于硅与氧的结合能力。

可能发生的锰的氧化反应如下：

$$[Mn] + \frac{1}{2}O_2 \Longrightarrow (MnO)，\Delta G^{\ominus} = -361495 + 111.36T(J/mol) \qquad (2-30)$$

$$[Mn] + [O] \Longrightarrow (MnO)，\Delta G^{\ominus} = -244316 + 106.84T(J/mol) \qquad (2-31)$$

$$[Mn] + (FeO) \Longrightarrow (MnO) + [Fe]，\Delta G^{\ominus} = -123307 + 56.48T(J/mol) \qquad (2-32)$$

和硅的氧化一样，影响锰氧化强度的主要因素为温度、熔渣成分、金属液成分和炉气氧分压。

（1）温度。[Mn] 的氧化也是放热反应，但反应热相对 [Si] 的氧化要小。温度低有利于锰的氧化。

（2）炉渣氧化性强，有利于锰的氧化。

（3）熔渣碱度。（MnO）为碱性氧化物，在炼钢的高碱度渣中，存在以下反应：

$$(MnO \cdot SiO_2) + 2(CaO) \longrightarrow 2(MnO) + 2(CaO \cdot SiO_2) \qquad (2-33)$$

（MnO）基本以游离态存在，如果 MnO 的活度大于 1，不利于锰的氧化，熔渣中的锰将发生还原。比如，转炉冶炼中期，由于温度升高，（MnO）将被 [C] 还原，而产生的回锰现象。

$$(MnO) + [C] \Longrightarrow [Mn] + \{CO\} \qquad (2-34)$$

（4）能增加 Mn 元素活度的元素，其含量增加有利于锰的氧化。

（5）炉气氧分压越高，越有利于锰的氧化。

锰的氧化也是吹氧炼钢热源之一，但不是主要的。在转炉吹炼初期，锰氧化生成 MnO 可帮助化渣，并减轻初期渣中 SiO_2 对炉衬耐火材料的侵蚀。在炼钢过程中，应尽量控制锰的氧化，以提高钢水残（余）锰量，发挥残锰的作用。

任务 2.4　碳 的 氧 化

2.4.1 碳氧反应的作用

碳的氧化反应又叫做碳-氧反应或脱碳反应，它是贯穿整个炼钢过程的一个最重要的反应。通过这一反应，一方面将金属中的碳含量降低到所炼钢号的规格范围；另一方面，同样重要地，它被作为一种有效手段达到以下的冶炼目的：

（1）反应产物 CO 气体逸出时引起的沸腾对熔池具有强烈的搅拌作用，可强化熔池的传质与传热过程，促进钢液、熔渣的成分和温度的均匀；

（2）碳氧反应对熔池的搅拌可加快反应物和生成物的扩散，并增大熔渣和金属的反应界面，能加速熔池内的物理化学反应；

（3）上浮的 CO 气体可携带和促进钢中的气体和非金属夹杂物上浮，有利于提高钢的质量；

（4）大量 CO 气体通过渣层使炉渣泡沫化和熔池中的气体、炉渣、金属三相乳化，可大大加速炼钢反应。

应指出的是，在氧气顶吹转炉中，脱碳反应速度极快，如果熔炼过程中的成渣过程和温度控制等不能和脱碳速度紧密配合，将会使操作陷于被动。此外，大量 CO 的生成和排出的不均匀性，是生成严重泡沫渣和造成熔池上涨并导致剧烈喷溅的主要原因。

2.4.2　碳氧反应的热力学

2.4.2.1　熔池中的脱碳反应

综合熔池中的脱碳反应、碳氧反应存在如下三种基本形式：在吹氧炼钢过程中，金属液中的一部分碳在反应区被气体氧化；一部分碳与溶解在金属液中的氧进行氧化反应；还有一部分碳与炉渣中（FeO）反应，生成 CO。

在高温下，[C] 主要氧化为 CO。[C] 与氧的反应有：

（1）一部分在气-金界面上的反应区被直接氧化。

$$[C] + \frac{1}{2}\{O_2\} = \{CO\}, \quad \Delta G^{\ominus} = -139394 - 41.274T \tag{2-35}$$

当熔池中碳含量高时，CO_2 也是碳的氧化剂，发生下列反应：

$$[C] + \{CO_2\} = 2\{CO\}, \quad \Delta G^{\ominus} = -144752 - 129.577T \tag{2-36}$$

（2）一部分碳同金属中溶解的氧或渣中的氧发生反应，主要在渣-金界面上发生。

$$[C] + (FeO) = \{CO\} + [Fe], \quad \Delta G^{\ominus} = 98799 - 90.76T \tag{2-37}$$

$$[C] + [O] = \{CO\}, \quad \Delta G^{\ominus} = -139394 - 41.274T \tag{2-38}$$

微课-脱碳
热力学

课件-脱碳
热力学

从上述反应式 1873K 时的 $\Delta G^{\ominus}$ 负值可以看出，反应式（2-35）的氧化能力最大，因此，在需要弱氧化的熔池中是不适宜的，对需要强氧化的熔池是有利的；反应式（2-36）较反应式（2-37）、式（2-38）氧化能力稍大一点，即 CO_2 的氧化能力比 [O] 大，但是脱碳反应（2-32）产生 2 个 CO，如果向钢液吹入 CO_2，气泡中 CO_2 不仅与 [C] 反应减少，而且还被产物 CO 稀释，浓度降低比较快。CO_2 是一个弱氧化剂，对钢液搅拌能力大，用 CO_2 脱碳时可减少易氧化元素铬、锰的损失（比吹入 O_2），起到脱碳保铬的作用。

综合以上分析，从热力学条件考虑，影响脱碳反应的因素有如下几个：

（1）温度。[C] 的直接氧化反应是放热反应，[C] 与（FeO）的间接氧化反应是吸热反应。当采用矿石脱碳时，由于矿石分解吸热和反应吸热，要在高温下加入矿石脱碳，即在 1480℃ 以上才可加入矿石。而吹氧脱碳对温度不做特殊要求。

（2）气相中 CO 的分压。降低气相中 CO 的分压有利于 [C] 的进一步氧化，钢液的真空脱碳就是依据这一原理进行的。

（3）氧化性。强的氧化性可以给脱碳反应提供氧源，有利于脱碳反应的进行。

2.4.2.2　碳氧浓度积

熔池的脱碳反应中生成 CO 产物是主流，即脱碳的氧化以间接氧化为主，主要反应式为：

$$[C] + [O] \rightleftharpoons \{CO\} \tag{2-39}$$

$$K_P = \frac{P_{CO}}{a_{[C]} a_{[O]}} \tag{2-40}$$

当碳的浓度不高，$t = 1600℃$，$P_{CO} = 1atm$（101.325kPa）时，可得：

$$K_P = \frac{1}{a_{[C]} a_{[O]}} = \frac{1}{f_C f_O w[C] w[O]} \tag{2-41}$$

在标准状态下，由 [C]-[O] 之间的反应，在 [C]、[O] 浓度不高时（如炼钢过程，活度系数近似为 1.0），平衡常数与温度的关系如下：

$$\lg(w[C] \cdot w[O]) = -1159/T - 2.005 \tag{2-42}$$

温度一定，K_P 是定值，若令 $m = w[C] w[O]$，$f_C f_O = 1$，则 $m = 1/K_P$，m 即为碳氧浓度积。此时，m 值也具有化学反应平衡常数的性质，当达到平衡时，在一定温度和压力下，m 为一常数，而与反应物和生成物的浓度无关。1600℃ 时，$P_{CO} = 100kPa$，$K_P \approx 400$，$f_C f_O = 1$，$m = 0.0025$。

根据上述讨论，可以作出某一温度下 $w[C]$ 和 $w[O]$ 之间的关系曲线，如图2-2 所示。

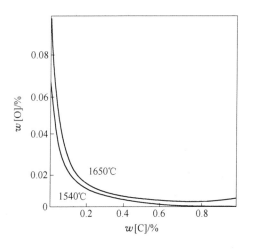

图 2-2　常压下碳、氧浓度之间的关系

（1）$w[C]$ 和 $w[O]$ 之间呈双曲线关系。温度一定时，当钢中的碳含量高时，与之相平衡的氧含量就低；反之，当钢中碳含量低时，与之相平衡的氧含量就高。当 $w[C] \leqslant 0.4\%$ 时，随着钢中碳含量的降低，氧含量升高得越来越快，尤其是当 $w[C] < 0.19\%$ 时，与之相平衡的氧含量急剧增高。

（2）温度对钢液中的碳氧关系影响不大，图 2-2 中 1540℃ 和 1650℃ 两条不同温度的碳氧关系曲线的位置十分接近，说明当钢中碳含量一定时，与其相平衡的氧含量受温度的影响很小。

实际上 m 值并非一个常数，也不是真正的平衡常数，因为碳和氧的浓度并不等于它们的活度。只有当 $w[C] \to 0$ 时，$f_C f_O = 1$，此时 m 才接近平衡态。$w[C]$ 提高时，因 $f_C f_O$ 减小，m 值增加，例如，$w[C] = 1$ 时，$m = 0.0036$；$w[C] = 2$ 时，$m = 0.0064$。

钢水终点的碳氧积是评价转炉终点控制效果的各重要指标，在碳含量一定时，它的高低是衡量钢中氧含量的重要依据。终点碳氧积低有利于降低合金消耗，减少脱氧过程中形成的夹杂物，提高钢水质量。

2.4.2.3　熔池中的实际碳氧关系

由于碳氧反应是放热反应，随温度升高，K_c 减小，m 值升高，曲线向右角移动。由于在炼钢过程中存在着：$[Fe] + [O] = (FeO)$，所以钢中实际氧含量比碳氧平衡时氧含量高。如果将与 (FeO) 平衡的氧含量记作 $w[O]_{FeO}$，则钢中氧含量高于碳氧平衡的氧含量，但低于 $w[O]_{FeO}$。具体的差距要视炼钢的方法、炉子的类型及操作工艺而定。

一般将炼钢熔池中实际的氧含量与碳氧平衡的理论氧含量之间的差，称为过剩氧。炼钢熔池中出现过剩氧，m 值高于理论值的原因有以下几种：

（1）炼钢熔池过剩氧与脱碳速度有关，脱碳速度大，过剩氧小。

（2）碳氧平衡的理论氧含量是在 $P_{CO} = 100\text{kPa}$ 的条件下得出的，而实际炉中 P_{CO} 大于或小于 100kPa。如 LD 炉中 P_{CO} 约为 120kPa，而顶底复吹转炉中 P_{CO} 约为 70kPa。

（3）熔池中碳含量较低时，钢液的 $w[O]$ 还受 $a_{(FeO)}$ 和温度的影响。当钢水中碳含量一定时，氧含量随温度的增加而略有增加。

加快脱碳速率，降低过剩氧，可改善钢液的脱氧条件，减少后序工艺中脱氧剂的用量及脱氧时形成的夹杂物量，从而提高钢的质量。

微课-脱碳
动力学

2.4.3　碳氧反应的动力学

碳氧反应的动力学主要研究碳氧反应机理和生产中最为关心的脱碳速度问题。

熔池中的碳氧反应是一个多相反应，为了实现这个反应，必须一方面向反应区及时供氧和供碳，另一方面反应产物 CO 必须及时排出。在炼钢炉内，金属与炉气之间隔有一层炉渣，反应产物 CO 不可能直接进入气相，而只能在熔池内部以气泡的形式析出，使整个反应机理变得极为复杂。一般认为脱碳过程要经过以下 3 个步骤：

课件-脱碳
动力学

（1）熔池内的［C］和［O］向反应区即金属液气泡界面扩散。

（2）［C］和［O］在气泡表面吸附并进行化学反应，生成 CO 气体。

（3）生成的 CO 进入气泡，气泡长大并上浮排出。

可见，熔池中碳的氧化反应是个复杂的多相反应，包括传质、化学反应及新相生成等几个环节。

2.4.3.1　CO 气泡的生成

碳氧反应产物 CO 在金属中溶解度很小，只有以 CO 气泡形式析出，才能使碳氧反应顺利进行。

在均匀的钢液中能否生成 CO 气泡？

首先，由溶液的基本理论可知，要在一个均匀的钢液中生成一个 CO 气泡新相，一个首要的条件是要求生成新相的物质 CO 在钢液中有一定的过饱和度。因为物质在溶液中以过饱和状态存在时，其自由能要大于它纯态时的自由能。因此 CO 从一个新相面析出的过程中自由能的变化量为负值时，该过程才能自发进行。

其次，在一个均匀的液相中要析出一个新相，而且这个新相能够长大，还要求最早生成的种核能够达到一定的尺寸，即要达到"临界半径"。大于临界半径的种核长大过程中的自由能 ΔG 变化为负值，小于临界半径的种核长大过程中的自由能变化为正值。后者即使种核能够生成，也将重新溶化于溶液中。

过饱和度和临界半径之间存在着一定关系，如果析出物质在溶液中的过饱和度很大，那么新相析出时要求的临界半径就比较小；反之，就要求种核具有比较大的临界半径。在冶炼过程中，钢液中的 CO 不可能达到很大的过饱和度，这就要求 CO 在析出时先要形成半径较大的种核，也就是说，在溶液中的某些地方，在某一瞬间，在一个很小的体积内聚集大量的形核质点。显然，该现象出现的几率是非常小的。

在炼钢熔池中如果要有气泡生成，则气泡内的气体必须克服作用于气泡的外部压力才能形成。假设由于某些条件，在钢液中形成了半径达到临界尺寸的 CO 种核，则生成的 CO 种核所受到的压力是：

$$P'_{CO} \geqslant P_{气} + \rho_{钢} g h_{钢} + \rho_{渣} g h_{渣} + (2\sigma_{钢})/r \tag{2-43}$$

式中　　P'_{CO}——CO 气泡所受到的压力，MPa；

　　　　$P_{气}$——炉气压力，约为 0.1MPa；

　　$\rho_{钢}$，$\rho_{渣}$——分别为钢液和炉渣的密度，$\rho_{钢} = 7 \times 10^3 \text{kg/m}^3$、$\rho_{渣} = 3 \times 10^3 \text{kg/m}^3$；

　　$h_{钢}$，$h_{渣}$——分别为气泡上方钢液和渣层的厚度，m；

　　　　$\sigma_{钢}$——钢液的表面张力，$\sigma_{钢} = 1.5\text{N/m}$；

　　　　　r——CO 气泡的半径，钢液中 CO 气泡的临界半径约为 10^{-9}m。

在式（2-43）中，由表面张力引起的附加压力一项即为：

$$(2\sigma_{钢})/r = 2 \times 1.5 \times 10^{-3} \times 10^{-3}/10^{-9} = 3.0 \times 10^3 \text{MPa}$$

CO 气泡析出时需要克服的压力如此巨大，可见，在均匀的钢液内部形成 CO 气泡是不可能的，碳氧反应只可能在现成的气泡表面进行。

实际生产中发现，熔池内 CO 气泡的生成并不困难。那么，不同的炼钢炉内碳氧反应究竟在什么地方进行，CO 气泡到底在何处生成？现简要分析如下。

氧气顶吹转炉的碳氧反应形式及 CO 气泡的生成地点，大致可分为高速氧射流作用区、金属与炉渣的相界面、金属-炉渣-气体三相乳浊液中、炉衬耐火材料的孔隙中及 CO 气泡表面五种情况，如图 2-3 所示。

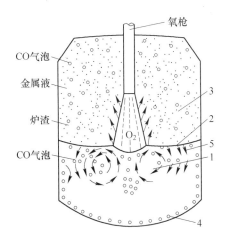

图 2-3　氧气顶吹转炉内 CO 气泡可能形成的地点
1—氧射流作用区；2—炉渣-金属界面；3—金属-炉渣-气体乳浊液；
4—炉底和炉膛的粗糙表面；5—沸腾熔池中的气泡表面

第一，在高速氧射流作用区，氧射流末端被弥散成小气泡，它是生成 CO 的现成表面，所以该区域能发生碳氧反应产生 CO 气泡。其间接氧化反应式为：

$$1/2\{O_2\} === [O]$$
$$[C] + [O] === \{CO\}$$

或有少量的碳直接氧化，其反应式为：

$$[C] + 1/2\{O_2\} === \{CO\}$$

吹炼条件下，由于金属熔池的循环运动，不断更新金属液表面层，形成连续地供氧，使得碳氧反应连续不断进行，对于整个熔池来说，在氧流作用区碳的氧化占 10% ~ 30%。

第二，在氧射流冲击不到的地方，仍有炉渣与金属的界面存在，特别在冶炼初期，当矿石、石灰以及其他渣中未熔弥散质点与金属液接触时，接触界面上的微孔中存有少量气体。该处是碳氧反应的现成表面，有部分碳在此被氧化，其反应式为：

$$(FeO) + [C] === [Fe] + \{CO\}$$

由于液态炉渣迅速形成，固体小颗粒的消失，炉渣金属界面上再难以出现新的气泡种核，所以该区域脱碳时间短暂，脱碳量极少。

第三，高压氧气流股冲击熔池时，从熔池中飞溅出大量的金属液滴，其中很大一部分从氧射流作用区飞出，直接散落在炉渣中，形成金属-炉渣-气体三相乳浊液。由于金属液滴高度弥散在炉渣中呈乳浊状态，其接触面相当大，供氧和供碳条件极为有利，加之乳浊液中又有现成的气泡表面，所以乳油液内碳氧反应十分迅速。研究表明、乳浊液中金属液滴含量最高可达 70%，一般平均达到 30% 左右，即在吹炼过程的任何时刻都约有 30% 的金属被乳化；在整个吹炼过程中，几乎全部金属都要经过乳化，金属液中的碳约有 2/3 是在乳浊液中被氧化的。所以，氧气顶吹转炉中的碳氧反应主要发生在乳浊液中。

第四，炉衬耐火材料的粗糙表面也是较好的生成 CO 气泡种核的地方，该处以下列反应形式进行碳的氧化：

$$[C] + [O] \Longrightarrow \{CO\}$$

但此处的供氧条件比氧射流作用区和金属-炉渣-气体三相乳浊液中的供氧条件要差。

第五，氧流作用区飞出的大颗粒金属液滴，能穿过乳浊液重新落入熔池，参与熔池中钢液的循环运动。由于这些液滴表面被氧化形成一层铁质氧化渣膜，而在内部碳氧反应已有 CO 析出，所以这些金属液滴实际上已转变成为含 CO 的空心球体。这些球体在参与熔池的循环运动过程中，其氧化膜熔于熔池或受冲刷而剥落，于是留下的就是一个 CO 气泡。由于金属液滴的数量很多，这样形成的 CO 气泡也很多，加上熔池中来自其他区域的 CO 气泡，新的碳氧反应会在这些气泡表面继续进行，引起熔池的更强烈的沸腾。

2.4.3.2　碳氧反应的控制环节

理论研究认为，对于新相生成顺利的反应，其限制性环节可由反应的表现活化能来判断。

当表现活化能 $E > 400\text{kJ/mol}$ 时，吸附和化学反应是控制环节，整个过程处于化学动力学阶段；当表现活化能 $E \leqslant 150\text{kJ/mol}$ 时，过程受扩散控制，整个过程处于扩散阶段；而当表现活化能处于 $150\text{kJ/mol} < E < 400\text{kJ/mol}$ 时，过程同时受扩散和化学反应控制，整个过程处于扩散与化学动力学混合阶段。

根据有关文献报道，碳氧反应的表观活化能 E 在 $63 \sim 96\text{kJ/mol}$ 之间波动（或小于 120kJ/mol），因此可以认为碳氧反应过程处在扩散阶段，即钢液中的碳或氧向反应区扩散是整个反应的控制环节。实际上，高温下碳氧反应是非常迅速的，是瞬时反应。

由于 [C] 和 [O] 在气泡和金属界面上的化学反应进行得很迅速，可以认为在气泡和金属界面上二者接近于平衡。但是，在远离相界面处的 [C] 和 [O] 的浓度比气泡表面上的浓度大很多，于是形成浓度梯度，使 [C] 和 [O] 不断地向气泡界面扩散。在碳和氧的扩散中，究竟哪一个更慢而对碳氧反应起控制作用？研究表明，二者的扩散速度比为：

$$a = \frac{v_{C\max}}{v_{O\max}} \approx \frac{w[C]}{w[O]} \frac{\sqrt{D_C}}{\sqrt{D_O}} \tag{2-44}$$

式中　$v_{C\max}$，$v_{O\max}$——分别为碳和氧在钢液中的扩散速度，m/s；

　　　　D_C，D_O——分别为碳和氧在钢液中的扩散系数，均属于 $10^{-9} \sim 10^{-8}\text{m}^2/\text{s}$
　　　　　　　　　数量级，但 $D_C > D_O$。

另外，根据钢液中的碳氧平衡关系，只要 $w[C] > 0.05\%$（实际生产中碳氧反应未达到平衡，临界含碳量要高于 0.05%），钢液中的碳含量便大于氧含量，因此有 $v_C > v_O$。

由以上分析可以得出，在炼钢的大部分时间内，[O] 的扩散为碳氧反应的控制步骤，而当含碳量过低时，[C] 的扩散将成为碳氧反应的控制步骤。

2.4.4　氧气转炉炼钢的脱碳速度曲线

根据氧气顶吹转炉内脱碳反应速度的变化，将炼钢过程分为前、中、后三个阶段。

前期（Ⅰ期）因钢水中的硅含量很高，而钢水温度较低，所以以硅的氧化为主，脱碳反应受到抑制。硅的氧化速度由快变慢，脱碳速度由慢到快，最后达到最大值。

中期（Ⅱ期）钢水温度上升，钢水中的碳以极大速度转移到点火区，供给的氧气几乎 100% 消耗于脱碳，因此，脱碳速度始终保持最高水平，几乎为定值，此时钢水中的溶解氧降低到最低水平。此期脱碳速度几乎只取决于供氧强度。

后期（Ⅲ期）脱碳反应继续进行，但钢水中碳的浓度已很低，脱碳速度随着钢中碳含量的减少不断下降。所以，可将整个脱碳过程中脱碳速度变化的曲线称为"台阶形曲线"。为进行计算可以将曲线模型化，如图 2-4 所示。

（1）第Ⅰ期脱碳速度为：

$$v_C = dw[C]/dt = K_1 t \tag{2-45}$$

式中　　t——吹炼时间；

K_1——由钢中总硅量、熔池温度和供氧强度等因素所确定的非常数（图 2-5）。

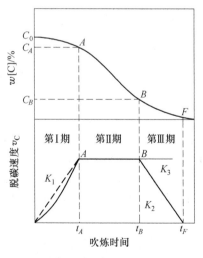

图 2-4　脱碳速度和吹炼时间的关系

第Ⅰ期中，脱碳反应受金属中的硅、锰优先氧化的影响很大。由图可以看出，钢中总硅量 $w[Si]+0.25w[Mn]>1.5\%$ 时，初始脱碳速度趋近于零。

（2）第Ⅱ期是碳激烈氧化的阶段，脱碳速度为：

$$v_C = -\mathrm{d}w[C]/\mathrm{d}t = K_2 \qquad (2\text{-}46)$$

式中　K_2——高度脱碳阶段由氧气流量确定的常数，氧流量 F_{O_2} 变化时，K_2 与氧流量 F_{O_2} 线性相关。

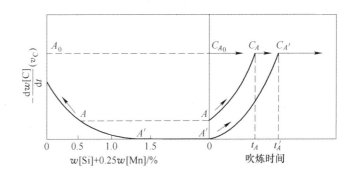

图 2-5　[Si]、[Mn] 对脱碳速度的影响

由全铁水吹炼操作的试验可以得出：

$$K_2 = (1.89 v_{O_2} - 0.048H - 28.5) \times 10^{-3} \qquad (2\text{-}47)$$

式中　v_{O_2}——供氧强度（标态），$\mathrm{m}^3/(\mathrm{h \cdot t})$；

　　　H——枪位，cm。

因此，第Ⅱ期脱碳速度主要取决于供氧强度，但氧的利用率将随枪位变化而不同。

（3）第Ⅲ期脱碳速度为：

$$v_C = -\mathrm{d}w[C]/\mathrm{d}t = K_3[C] \qquad (2\text{-}48)$$

式中　K_3——由供氧强度和枪位决定的常数。

当碳含量降低到一定程度时，碳的扩散速度减小了，成为反应的控制环节，所以脱碳速度和含碳量成正比。

关于第二阶段向第三阶段过渡时的碳含量 $w[C]_临$ 的问题，有种种研究和观点，差别很大。通常在实验室条件下得出 $w[C]_临$ 为 0.1%~0.2% 或 0.07%~0.1%；而在实际生产中则为 0.1%~0.2% 或 0.2%~0.3%，甚至高达 1.0%~1.2%。$w[C]_临$ 依据供氧速度和供氧方式、熔池搅拌强弱和传质系数的大小而定。川合保治指出，随着单位面积的供氧强度的加大或熔池搅拌的减弱，$w[C]_临$ 有所增高。

任务 2.5　钢 液 脱 磷

在炼钢过程中磷是一个多变的元素，在转炉和电弧炉炼钢过程中主要采用氧化性脱磷，但在冶炼不锈钢过程中也可采用还原性脱磷。

2.5.1　氧化性脱磷反应

炼钢过程的脱磷反应是在金属液与熔渣界面进行的，首先是 [P] 被氧化成（P_2O_5），而后与（CaO）结合成稳定的磷酸钙。

$$2[P] + 5(FeO) =\!=\!= (P_2O_5) + 5Fe \tag{2-49}$$

$$(P_2O_5) + n(CaO) =\!=\!= (nCaO \cdot P_2O_5) \tag{2-50}$$

从 $CaO\text{-}P_2O_5$ 相图中可以看出 $3CaO \cdot P_2O_5$ 为最稳定，$4CaO \cdot P_2O_5$ 次之，可以认为存在于碱性渣中的应是 $3CaO \cdot P_2O_5$；而在实验室条件下，达到平衡时的反应产物通常是 $4CaO \cdot P_2O_5$。由于 $3CaO \cdot P_2O_5$ 和 $4CaO \cdot P_2O_5$ 的反应生成自由能值很相近，在热力学分析时，这两种磷酸盐得出的结论基本上是一致的。其反应式可表示为：

$$2[P] + 5(FeO) + 4(CaO) =\!=\!= (4CaO \cdot P_2O_5) + 5[Fe] \tag{2-51}$$

$$2[P] + 5(FeO) + 3(CaO) =\!=\!= (3CaO \cdot P_2O_5) + 5[Fe] \tag{2-52}$$

当生成产物为 $4CaO \cdot P_2O_5$ 时，脱磷反应平衡常数可表示为：

$$K_P = \frac{a_{(4CaO \cdot P_2O_5)}}{a_{[P]}^2 a_{(FeO)}^5 a_{(CaO)}^5} = \frac{\gamma_{(4CaO \cdot P_2O_5)} x_{(4CaO \cdot P_2O_5)}}{w[P]^2 f_P^2 x_{FeO}^5 \gamma_{FeO}^5 x_{CaO}^4 \gamma_{CaO}^4} \tag{2-53}$$

磷在渣钢间的分配系数可采用 $L_P = \dfrac{w(P)}{w[P]}$，$L_P = \dfrac{w(P_2O_5)}{w[P]^2}$ 或 $L_P = \dfrac{w(4CaO \cdot P_2O_5)}{w[P]^2}$（又称为脱磷指数）之一进行表示。主要取决于熔渣成分和温度。不管采用何种表达，均表明了熔渣的脱磷能力，P 越大说明脱能力越强，脱磷越完全。

由于实际测定熔渣中磷的活度会遇到很大困难，为了避免这种困难，并着眼于熔渣中的磷具有离子性的特点，因此，Wagner 提出了熔渣磷容量这个概念。

从离子理论脱磷来看，磷在熔渣中以磷氧配离子 PO_4^{3-} 存在，其离子模型表达式为：

$$2[P] + 5(Fe^{2+}) + 8(O^{2-}) =\!=\!= 2(PO_4^{3-}) + 5[Fe] \tag{2-54}$$

或写为：

$$2[P] + 5(O) + 3(O^{2-}) =\!=\!= 2(PO_4^{3-}) \tag{2-55}$$

$$K_P = \frac{a_{PO_4^{3-}}^2}{a_{[P]}^2 a_{[O]}^5 a_{(O^{2-})}^3} = \frac{f_{PO_4^{3-}}^2 w[PO_4^{3-}]^2}{f_{[P]}^2 w[P] a_{[O]}^5 a_{(O^{2-})}^3} = L_P \frac{f_{PO_4^{3-}}^2}{f_{[P]}^2 a_{[O]}^5 a_{(O^{2-})}^3} \tag{2-56}$$

定义 C_P 为磷容量，即 $C_P = K_P \dfrac{a_{(O^{2-})}^3}{f_{PO_4^{3-}}^2}$，则：

$$C_P = L_P \frac{1}{f_{[P]}^2 \cdot a_{[O]}^5} \tag{2-57}$$

取样分析炉渣和钢水中的磷含量，可得到 L_P，应用氧浓度电池直接测定 $a[O]$，再根据钢水成分和相互作用系数 e_P^i，可求出 f_P，从而最终得到 C_P，这样就简化了热力学的计算，用 C_P 进行定量讨论。因此，C_P 也可以理解为熔渣容纳磷的能力，其大小表示该渣脱磷能力的强弱。

通过前面对脱磷反应的分析，可得出影响脱磷反应强度的因素：

（1）炼钢温度的影响。脱磷反应是强放热反应，如熔池温度降低，脱磷反应的平衡常数 K_P 增大，L_P 增大。因此，从热力学角度来看，低温脱磷比较有利。但是，低温不利于获得流动性良好的高碱度炉渣。

（2）熔渣成分的影响。主要表现为熔渣碱度和熔渣氧化性的影响。P_2O_5属于酸性氧化物，CaO、MgO等碱性氧化物能降低它的活度，碱度越高，渣中CaO的有效浓度越高，L_p越大，脱磷越完全（图2-6）。但是，碱度并非越高越好，加入过多的石灰，化渣不好，炉渣变黏影响流动性，对脱磷反而不利。

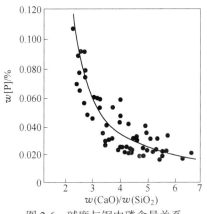

图2-6 碱度与钢中磷含量关系

熔渣中（FeO）含量对脱磷反应具有重要作用，渣中（FeO）是脱磷的首要因素。不同碱度条件下，$w(FeO)$对磷分配系数的影响如图2-7所示。由于磷首先氧化生成P_2O_5，然后再与CaO作用生成$3CaO \cdot P_2O_5$或$4CaO \cdot P_2O_5$。作为磷的氧化剂，（FeO）可增大$a(FeO)$，而作为碱性氧化物可降低$\gamma_{P_2O_5}$。因此，随着渣中（FeO）含量增加，L_p增大，促进了脱磷，但作为渣中的碱性氧化物（FeO）脱磷能力远不及（CaO），当熔渣中的（FeO）含量高到一定程度后，相当于稀释了熔渣中（CaO）的浓度，这样会使熔渣的脱磷能力下降。

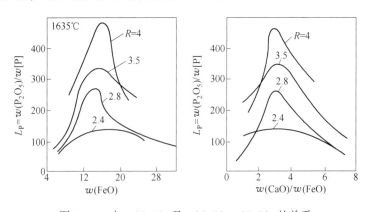

图2-7 L_p与$w(FeO)$及$w(CaO)/w(FeO)$的关系

（3）金属成分的影响。首先钢液中应有较高的［O］，同时，如果钢液中［Si］、［Mn］、［Cr］、［C］含量高，则不利于脱磷，因此，只有与氧结合能力强的元素含量降低时，脱磷才能顺利进行。此外，钢液中各元素含量对［P］的活度有影响，但通常影响不太大。

（4）渣量的影响。当钢渣成分一定时（L_P 值一定），增加渣量意味着稀释了炉渣中（P_2O_5）的含量，从而增大脱磷量，因此，多次扒渣对脱磷有利。

在采用溅渣护炉技术时，由于熔渣中（MgO）含量较高，要注意调整好熔渣流动性，否则对脱磷产生不利影响。

总之，脱磷的条件为：高碱度、高（FeO）含量（氧化性）、流动性良好的熔渣，充分的熔池搅动，适当的温度和大渣量。

2.5.2　脱磷动力学

炼钢过程的脱磷反应是渣-金界面反应，对于脱磷反应的效果而言，除了磷容量、磷分配系数表述外，还有一个时间的概念，即脱磷速率。脱磷速率主要取决于［P］向反应界面的传质和产物由界面向渣中的传质。在炼钢生产中影响脱磷的因素很多，工艺因素是影响速度的关键。炼钢过程中，磷、硫等元素的反应主要在熔渣金属液之间进行，可用双膜传质理论来表示脱磷过程的速率方程，即：

$$-\frac{dw[P]}{dt} = \frac{A}{V_m}\frac{1}{1/k_m + 1/(k_s K)}\left(w[P] - \frac{w(P)}{L_P}\right) \qquad (2\text{-}58)$$

式中　k_m，k_s——分别是磷在金属和熔渣中的传质系数，Oeter 计算出 $k_m = 3.9 \times 10^{-5}\,\text{m/s}$，$k_s = 1.15 \times 10^{-5}\,\text{m/s}$；

　　　A——反应界面面积；

　　　V_m——钢液体积；

　　　K——以物质浓度（mol/m^3）表示的磷的分配系数，即 $K = c_{(P)}/c_{[P]}$；

　　　L_P——以质量百分数表示的磷的分配系数，即 $L_P = w(P)/w[P]_{平}$。

若取 $K = 300$，则 $k_m \ll k_s K$，式（2-58）可简化为：

$$-\frac{dw[P]}{dt} = \frac{A}{V_m}k_m \cdot (w[P] - w[P]_{平}) \qquad (2\text{-}59)$$

在氧气顶吹转炉炼钢初期，用统计方法分析脱磷过程得到的脱磷速率方程：

$$-\frac{dw[P]}{dt} = R_P w[P] \qquad (2\text{-}60)$$

式中　R_P——脱磷速率常数，与脱碳速度、氧枪位置、供氧强度等因素有关，一般由实验测定获得。

2.5.3　回磷现象

要保证钢水脱磷效果，必须防止回磷现象。回磷是磷从熔渣中又返回到钢中的现象。成品钢中磷含量高于冶炼终点磷含量也属回磷现象。熔渣的碱度或氧化铁含量降低，或石灰化渣不好，或温度过高等均会引起回磷现象。出钢过程中由于脱氧合金加入不当、出钢下渣量过大以及合金中磷含量较高等因素，也会导致成品钢中磷高于终点［P］含量。

由于脱氧不当，使得炉渣碱度和（FeO）含量降低，钢包内有回磷现象，其主要反应式如下：

$$2(\text{FeO}) + [\text{Si}] == (\text{SiO}_2) + 2[\text{Fe}] \qquad (2\text{-}61)$$

微课-
钢液回磷

课件-
钢液回磷

$$(FeO) + [Mn] = (MnO) + [Fe] \tag{2-62}$$

$$2(P_2O_5) + 5[Si] = 5(SiO_2) + 4[P] \tag{2-63}$$

$$(P_2O_5) + 5[Mn] = 5(MnO) + 2[P] \tag{2-64}$$

$$3(P_2O_5) + 10[Al] = 5(Al_2O_3) + 6[P] \tag{2-65}$$

避免钢水回磷的主要措施有以下几种：

（1）吹炼中期，要保持渣中的 $\sum(FeO)$ 含量大于 10% 以上，防止因炉渣"返干"而产生回磷。

（2）控制终点温度不要过高，并调整好炉渣成分，使炉渣碱度保持在较高的水平。

（3）尽量避免在炉内进行脱氧和合金化操作，防止渣中的氧化铁含量下降；如果改在钢水包内进行脱氧和合金化操作，希望脱氧剂和合金料在出钢至 2/3 前加完。

（4）采取挡渣出钢等措施，尽量减少出钢时的下渣量。

（5）采用碱性包衬。

（6）出钢时向包内投入少量小块石灰提高钢包内渣层的碱度，一方面抵消包衬黏土砖被侵蚀造成的炉渣碱度下降；另一方面可以稠化炉渣，降低炉渣的反应能力，阻止钢渣接触时发生回磷反应。

2.5.4　还原脱磷

在还原条件下进行脱磷是近些年提出的课题，一般是在金属不宜用氧化脱磷的情况下才使用，如含铬高的不锈钢，采用氧化脱磷会引起铬的大量氧化。要实现还原脱磷，必须加入比铝更强的脱氧剂，使钢液达到深度还原。通常加入 Ca、Ba 或 CaC_2 等强还原剂，其反应式如下：

$$3[Ca] + 2[P] = 3(Ca^{2+}) + 2(P^{3-}) \tag{2-66}$$

$$3[Ba] + 2[P] = 3(Ba^{2+}) + 2(P^{3-}) \tag{2-67}$$

$$3CaC_2(s) + 2[P] = 3(Ca^{2+}) + 2(P^{3-}) + 6[C] \tag{2-68}$$

CaC_2 在分解过程中产生的 $[C]$ 会影响它的分解速率。当 $w[C]$ 小于 0.5% 时，CaC_2 的分解很快，钙的挥发损失比例大，而 $w[C]$ 大于 1.0% 时，CaC_2 的分解又较慢，影响到脱磷速率，且分解出来的碳对金属也有增碳作用，对不锈钢的冶炼存在一定的影响。

同样，CaSi 也可用作强还原剂进行脱磷，其反应式如下：

$$3CaSi(s) + 2[P] = 3(Ca^{2+}) + 2(P^{3-}) + 3[Si] \tag{2-69}$$

CaSi 分解出来的 $[Si]$ 达到最高值后，基本保持不变，从而有利于反应向右进行，但其分解出来的 Ca 也可与 $[C]$ 结合，消耗用于脱磷的钙。

还原脱磷加入强还原剂的同时，还需加入 CaF_2、CaO 等熔剂造渣。CaF_2 能溶解 Ca 及 CaC_2，降低钙的蒸气压，减少钙的挥发损失，并且能降低 $a_{(Ca_3P_2)}$，促使 CaC_2 的分解，有利于脱磷反应进行。还原脱磷后的渣应立即去除，否则渣中的 P 又会重新氧化成 PO_4^{3-} 而造成回磷。

任务 2.6　钢 液 脱 硫

钢液的脱硫主要是通过两种途径来实现，即炉渣脱硫和气化脱硫。在一般炼钢操作条件下，熔渣脱硫占主导。从氧气转炉硫的衡算可以得出，熔渣脱硫占总脱硫量的 90% 左右，气化脱硫占 10% 左右。

微课-
钢液脱硫

2.6.1　渣-钢间的脱硫反应

硫在金属液中存在三种形式，即 [FeS]、[S] 和 [S²⁻]，FeS 既溶于钢液，也溶于熔渣。通常以附加不同标记的 [S] 和 S²⁻ 或 (S) 分别代表炼钢中参加反应的金属液中和熔渣中的硫。

课件-
钢液脱硫

根据熔渣的分子理论，碱性氧化渣与金属间的脱硫反应为：

$$[S] + (CaO) = (CaS) + [O] \tag{2-70}$$

$$[S] + (MnO) = (MnS) + [O] \tag{2-71}$$

渣-钢间的脱硫反应可以认为是这样进行的：钢液中的硫扩散至熔渣中，即 [FeS] → (FeS)，进入熔渣中的 (FeS) 与游离的 CaO（或 MnO）结合成稳定的 CaS 或 MnS。

根据熔渣的离子理论，脱硫反应可表示为：

$$[S] + (O^{2-}) = (S^{2-}) + [O] \tag{2-72}$$

在酸性渣中几乎没有自由的 O^{2-}，因此酸性渣脱硫作用很小，而碱性渣则不同，具有较强的脱硫能力。反应式（2-72）的平衡常数可写为：

$$K_S = \frac{a_{(S^{2-})} a_{[O]}}{a_{[S]} a_{(O^{2-})}} = \frac{w(S) f_{S^{2-}} a_{[O]}}{w[S] f_S a_{(O^{2-})}} \tag{2-73}$$

式中　f_S，$f_{S^{2-}}$ ——分别为金属和熔渣中的硫的活度系数；

$a_{[O]}$，$a_{(O^{2-})}$ ——分别为金属和熔渣中氧的活度。

硫的分配系数 L_S 定义为：

$$L_S = \frac{w(S)}{w[S]} = K_S \frac{a_{(O^{2-})}}{f_{S^{2-}}} \frac{f_S}{a_{[O]}} \tag{2-74}$$

为了更直观地表示熔渣容纳或吸收硫的能力大小，里查森（Richardson）引入硫容量的概念，定义 C_S 为：

$$C_S = K_S \frac{a_{(O^{2-})}}{f_{S^{2-}}} \tag{2-75}$$

C_S 仅与熔渣成分和温度有关，将 C_S 代入式（2-74）中，可得到：

$$L_S = \frac{w(S)}{w[S]} = C_S \frac{f_S}{a_{[O]}} \tag{2-76}$$

由式（2-76）可知，硫在渣钢间的分配系数主要取决于硫容量、硫的活度系数、氧活度和熔池温度。

取样分析熔渣中和钢液中的硫含量，可求出 L_S，应用氧浓度电池可直接测定

$a_{[O]}$，根据钢液成分和相互作用系数 e_S^i 可算出 f_S，从而可以定量确定 C_S。

从热力学角度可知，影响脱硫反应进行的主要因素有以下几个：

（1）炼钢温度的影响。渣-钢间的脱硫反应属于吸热反应，吸热在 108.2 ~ 128kJ/mol 之间，因此，高温有利于脱硫反应进行。而温度的重要影响主要体现在能促进石溶解和提高炉渣流动性。

（2）炉渣碱度的影响。炉渣碱度高，游离 CaO 多，或 $a_{(O^{2-})}$ 增大，有利于脱硫；但过高的碱度，常出现炉渣黏度增加，反而降低脱硫效果。

（3）炉渣中（FeO）的影响。从热力学角度可以看出，（FeO）高不利于脱硫。当炉渣碱度高、流动性差时，炉渣中有一定量的（FeO）可助熔化渣。

（4）金属液成分的影响。金属液中 ［C］、［Si］ 能增加硫的活度系数 f_S，降低氧活度 $a_{[O]}$，有利于脱硫。

总之，脱硫的有利条件为高温、高碱度、低（FeO）含量、大渣量、良好的流动性。

2.6.2　气化脱硫

气化脱硫是指金属液中 ［S］ 以气态 SO_2 的方式被去除，反应式可表示为：

$$[S] + 2[O] \Longrightarrow \{SO_2\} \tag{2-77}$$

在炼钢温度下，从热力学角度来讲，上述反应理应能进行。但在钢水中含有 ［C］、［Si］、［Mn］ 的条件下，则直接气化脱硫是不可能实现的。只有在钢水中没有 ［Si］、［Mn］ 或含 ［C］ 很少时，在氧化性气流强烈流动并能顺利排出的条件下，才有可能气化脱硫。因此，钢水气化脱硫的最大可能是钢水中 ［S］ 进入炉渣后，再被气化去除，即：

$$(S^{2-}) + \frac{3}{2}O_2 \Longrightarrow SO_2 \uparrow + (O^{2-}) \tag{2-78}$$

但是，在炼钢过程中，炉气的氧势不高，以氧气顶吹转炉而言，炉气的成分范围为 $\varphi(CO_2) = 8\% \sim 18\%$、$\varphi(CO) = 81\% \sim 91\%$、$\varphi(H_2O) = 1.5\% \sim 5\%$。这种混合气体的氧势比较低，实际上不能使钢液的硫氧化。因此，氧气顶吹转炉内，仅在吹炼初期氧枪的最初反应区内，才出现气化脱硫，而气化脱硫的比例未超过 10% ~ 20%。

2.6.3　脱硫反应动力学

在炼钢过程中，脱硫反应主要在渣-钢界面进行反应，钢液的硫传输到熔渣中，渣中的硫增加，脱硫反应的速率方程可表示为：

$$-\frac{dw[S]}{dt} = \frac{A}{W_m}\left[\frac{L_S w[S] - w(S)}{L_S/(\rho_m k_m) + 1/(\rho_s k_s)}\right] \tag{2-79}$$

式中　W_m——钢液质量；

　　　A——反应界面面积；

　　　ρ_m，ρ_s——分别为钢液和熔渣的密度；

　　　k_m，k_s——分别为硫在钢液和熔渣中的传质系数。

当钢水中硫的传质系数 k_m 很大时，$L_S/(\rho_m k_m) \to 0$，此时硫的传质阻力集中于熔渣，则脱硫速率方程为：

$$-\frac{dw[S]}{dt} = \frac{A}{W_m}\rho_s k_s (L_S w[S] - w(S)) \tag{2-80}$$

当 L_S 一定，k_s 很大，即硫的传质阻力集中于钢液，亦即 $1/(\rho_s k_s) \to 0$ 时，脱硫速率方程变为：

$$-\frac{dw[S]}{dt} = \frac{A}{W_m}\rho_m k_m \left(w[S] - \frac{w(S)}{L_S} \right) \tag{2-81}$$

从上面的分析来看，为加快脱硫应采取的措施如下：

（1）增大熔渣的碱度，可使 L_S 增大，且在一定范围内提高脱硫的传质系数。

（2）提高温度以提高硫在熔渣中的扩散系数。

（3）反应界面面积 A 越大，脱硫速率就越快。熔池沸腾程度、渣-钢间的乳化状况、喷吹搅拌的程度等均对渣-钢界面的大小产生影响。

（4）高碱度及脱氧良好的条件下，可加速脱硫反应的进行。

应该指出，前面的讨论仅仅是单一脱硫反应的动力学，而在实际生产中，脱硫反应进行时，还伴随着其他反应的发生，这些反应之间是相互影响的。

任务 2.7　钢液脱氧与非金属夹杂物

2.7.1　脱氧的目的和任务

微课-
钢液脱氧

为了去除炉料中的各种杂质元素以及脱碳去气、去夹杂，许多炼钢方法都选择了向熔池供氧池，即通过氧化的方式来达到目的。氧化结束后，钢液中势必溶有大量的氧，会对钢的质量产生很大的危害。因此，在完成氧化任务后，应设法降低钢液中的含氧量。这种减少钢中含氧量的操作叫做脱氧。

课件-
钢液脱氧

2.7.1.1　钢中氧的危害性

钢中氧的危害性主要表现在以下 3 个方面：

（1）产生夹杂。氧在铁液中的溶解度不大，1600℃ 时的最大溶解量为 0.23%；而在固态钢中的溶解度则更小，例如，在 γ-Fe 中氧的溶解度低于 0.003%。钢液凝固时，其中多余的氧将会与钢中的其他元素结合以化合物的形式析出，形成钢中的非金属夹杂物。非金属夹杂物的存在，破坏了钢基体的连续性，会降低钢的强度极限、冲击韧性、伸长率等力学性能和导磁、焊接性能等。

（2）形成气泡。如果钢液中的氧含量过高，在随后的浇注过程中，会因温度下降和选择结晶与钢中碳再次发生反应，产生 CO 气体。这些 CO 气体若不能及时排除，则会使钢锭（坯）产生气孔、疏松，甚至上涨等缺陷，严重时会导致钢锭（坯）报废。

（3）加剧硫的危害。氧能使硫在钢中的溶解度降低，同时钢液凝固时 FeO 会与 FeS 以熔点仅为 940℃ 的共晶物在晶界析出，加剧硫的有害作用，使钢的热脆倾向更加严重。

2.7.1.2　脱氧的目的和任务

综上所述，氧在钢中是有害元素，脱氧好坏是决定钢质量的关键。因此，脱氧的目的就是要降低钢中的氧含量，改善钢的性能，保证钢锭（坯）的质量。

所有钢种在冶炼最后阶段都必须进行脱氧操作，其具体任务如下：

（1）按钢种要求降低钢液中溶解的氧。不同的钢种对含氧量的要求不同，比如，沸腾钢一般规定 $w[O] = 0.035\% \sim 0.045\%$，而镇静钢则要求 $w[O] \leqslant 0.003\% \sim 0.004\%$，半镇静钢的氧含量介于两者之间，通常为 $w[O] = 0.015\% \sim 0.020\%$。因此，脱氧的第一步是要把钢液中溶解的氧降低到钢种所要求的水平。通常采取的方法是向钢液中加入与氧亲和力大的元素，即脱氧剂，使其中的溶解氧转换成不溶于钢液的氧化物，保证钢液凝固时能得到正常的表面和不同结构类型的钢锭（坯）。

（2）排除脱氧产物。脱氧的第二步是要最大限度地排除钢液中的脱氧产物。否则，不过是以另一种氧化物代替了钢液中的 FeO，或者说只是把钢中的溶解态的氧转换成了化合态的氧，即以夹杂物的形式存在，钢中的总氧量并没有降低。实际生产中，常采取复合脱氧、注意合金的加入顺序、加强搅拌等措施促使脱氧产物上浮。总之，脱氧是要从钢液中除去以各种形式存在的氧。

（3）控制残留夹杂的形态和分布。尽管采取了各种有效的脱氧措施，但最后钢中仍然会残留一定数量的氧和未能上浮的脱氧产物，而且这部分残留的氧在钢液结晶时还会形成夹杂物。随着钢材使用条件越来越苛刻和钢材成品越来越精细，允许非金属夹杂物的尺寸越来越小，对非金属夹杂物形态的要求也越来越严格。因此，生产中常通过向钢中添加变质剂等方法，使成品钢中的非金属夹杂物分布合适、形态适宜，以保证钢的各项性能。

（4）调整钢液成分。在对钢液进行脱氧时，总有一部分脱氧剂未能参与脱氧反应而残留并溶解在钢液中。因此，生产中尤其是生产碳素钢时，通常是依据合金元素回收率，通过控制合金加入量的方法达到脱氧的同时调整钢液成分的目的。

2.7.2　各元素的脱氧能力和特点

由于各元素与氧的亲和力不同，因而其脱氧能力就存在一定差异，同时各元素脱氧时的产物形态、放热多少等也不尽相同。为此，应了解各元素的脱氧能力和特点，为选用合适的脱氧剂、制定合理的脱氧方案提供理论依据。

2.7.2.1　元素的脱氧能力

A　元素脱氧能力的定义

在温度、压力一定的条件下，与一定浓度的脱氧元素相平衡时，钢液中氧含量的高低称为元素的脱氧能力。显然和一定浓度的脱氧元素平衡存在的氧含量越低，该元素的脱氧能力越强。

若用 M 代表任意脱氧元素，则脱氧反应通式为：

$$x[M] + y[O] = M_xO_y \qquad\qquad (2\text{-}82)$$

式中，氧化物 M_xO_y 称为脱氧产物。

B　对脱氧元素的要求

由脱氧的目的与任务可知，脱氧元素应满足以下基本条件：

（1）与氧的亲和力要大。脱氧元素与氧的亲和力要大，这是其进行脱氧的必要条件。由于溶解于钢液中的氧的周围存在着大量的铁原子，因此，脱氧元素与氧的亲和力起码要大于铁。

此外，为了防止浇注中发生碳氧反应，产生气泡，冶炼镇静钢时脱氧元素与氧的亲和力还要大于碳。

（2）脱氧产物应不溶于钢液而且密度小、熔点低。如果脱氧产物能溶于钢液，则钢中的氧仅是换了一种存在形式而已；而较小的密度有助于脱氧产物迅速上浮入渣。低熔点的脱氧产物在炼钢温度下以液体状态存在，当它们在钢液中相互碰撞时易于黏聚成大块而迅速上浮。为此，当单一元素的脱氧产物不能满足这一要求时，可以同时使用两种或两种以上脱氧元素，其脱氧产物为复杂化合物，熔点较低。

（3）残留的脱氧元素对钢无害。在对钢液进行脱氧时，或多或少会有一部分脱氧元素残留在钢中，这些残留元素应能改善钢的性能，起码应对钢无害。

（4）价钱便宜。在满足上述条件的前提下，尽量选用价格低的脱氧元素，以降低生产成本。

C　各元素脱氧能力的比较

为了确定各元素单独存在时的脱氧能力及其次序，各国学者曾经进行了大量的测定、分析和计算，有关的热力学数据如图 2-8 所示。

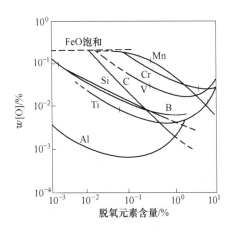

图 2-8　钢液中各元素的脱氧能力

由图 2-8 可以看出：

（1）各条曲线的相对位置表明了各元素脱氧能力的相对大小。图中曲线位置越低，其脱氧能力越强。例如，从图 2-8 可以知道，一般情况下铝的脱氧能力比硅强，而硅的脱氧能力又比锰强等。

由元素脱氧能力的定义可知，比较元素的脱氧能力必须注意三点：温度相同、元素在钢中的含量相同、脱氧反应达到平衡。在 1600℃ 的温度条件下，元素在钢中的含量为 0.1% 时，一些常见元素的脱氧能力由强到弱的排列顺序为：Re>Zr>Ca> Al>Ti>B>Si>C>P>Nb>V>Mn>Cr>W，Fe、Mo>Co>Ni>Cu。

（2）曲线的拐点表明了元素的脱氧能力随其含量增加反而下降的临界含量。由图 2-8 可见，随着各元素含量的增加，与之平衡的金属的含氧量下降，但当元素的含量达到一定数值之后，再增加脱氧元素的含量时，与之平衡的氧含量反而增大，而且脱氧能力越强的元素，其平衡氧含量增高的临界含量就越低。例如，铝的临界含量是 0.1% 左右，硅的临界含量为 2.5%，而锰的临界含量则高达 10%。

必须指出，图中的元素脱氧能力是假定脱氧产物以纯固相存在的。事实上，脱氧产物的形态随脱氧时的具体条件不同而异，它可能是纯态，也可能是复杂化合物，这将改变脱氧元素的脱氧能力。

此外，脱氧反应都是放热反应，元素的脱氧能力随温度的降低而增强。所以，从脱氧剂加入开始到完全凝固为止，钢液中一直进行着脱氧过程，使钢中溶解态的氧不断地降低。

2.7.2.2　各元素的脱氧特点

A　锰

锰的脱氧反应为：

$$[Mn] + [O] \Longrightarrow (MnO)，\quad \Delta G^{\ominus} = -244.53 + 0.109T(kJ/mol) \tag{2-83}$$

$$\lg K_{Mn} = \lg \frac{a_{(MnO)}}{w[Mn]w[O]} = \frac{12760}{T} - 5.68 \tag{2-84}$$

由式（2-83）、式（2-84）可知，锰的脱氧反应是一个放热反应，其脱氧能力随温度的升高而下降。但是，即使在较低的温度下，锰的脱氧能力仍较弱。例如，从图 2-8 可以看出，1600℃ 时与 0.5% 的锰相平衡的钢液的氧含量还高达 0.06%。不过，在炼钢生产中，锰却是最常用的脱氧元素。这是因为：

（1）锰能提高硅和铝的脱氧能力。当钢液中有其他酸性氧化物（如 SiO_2、Al_2O_3 等）存在时，锰的脱氧产物可以和它们结合成熔点较低的复杂化合物，使之活度降低。图 2-9 所示为锰对硅、铝脱氧能力的影响。

由图 2-9 可以看出，当钢液含锰量为 0.5% 时，可使硅的脱氧能力提高 30% ~ 50%，使铝的脱氧能力提高 1 ~ 2 倍。另外有实验得出，当钢液含 0.66% 锰、含 0.27% 硅时，能使铝的脱氧能力提高 5 ~ 10 倍。

（2）锰是沸腾钢无可替代的脱氧元素。沸腾钢属于不完全脱氧的钢，要求钢液含氧 0.035% ~ 0.045%，以保证浇注时模内能维持正常的沸腾。只用锰脱氧而且钢液中的含锰量处于一般钢种含锰规格之内时（约低于 0.8%），不会抑制碳氧反应，浇注到锭模中之后，随着温度的下降和碳、氧的富集，钢液将长时间保持一定强度的沸腾，从而获得良好的沸腾钢钢锭组织；反之，如果用硅或铝脱氧，哪怕是少量的也会使钢液脱氧过度而不能在浇注中维持正常的沸腾。所以，锰是冶炼沸腾钢时无可替代的脱氧元素。

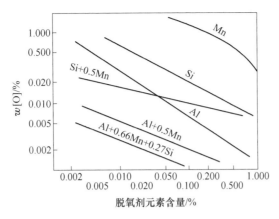

图 2-9　锰对硅、铝脱氧能力的影响

（3）锰可以减轻硫的危害。脱氧后残留在钢中的锰可与硫生成高熔点的（1620℃）塑性夹杂物 MnS，降低钢的热脆倾向，减轻硫的危害作用。

应指出的是，单独使用锰对钢液进行脱氧时，脱氧产物是 $A(MnO) \cdot (1-A)$ (FeO) 型的化合物，而且随着钢液中的含锰量增加，化合物中 MnO 所占比例逐渐增大（A 为 MnO 在脱氧产物中的占比）。有关研究指出，钢液的含锰量为 0.5% 时，脱氧产物是 $0.43MnO \cdot 0.57FeO$；当钢液中的含锰量等于或超过 1.8% 时，脱氧产物（在炼钢温度下）为纯 MnO(s)。含有一定量的 FeO 时，脱氧产物的熔点较低，有利于其从钢液中上浮而排除。

B　硅

硅的脱氧反应为：

$$[Si] + 2[O] === (SiO_2)，\quad \Delta G^{\ominus} = -593.84 + 0.233T(kJ/mol) \quad (2-85)$$

$$\lg K_{Si} = \lg \frac{a_{(SiO_2)}}{w[Si]w[O]^2} = \frac{31000}{T} - 12.15 \quad (2-86)$$

硅是镇静钢最常用的脱氧元素。硅的脱氧能力较强，与硅平衡的钢液的氧含量是很低的。例如，在 1600℃ 与 0.1% 硅相平衡的钢液的氧含量为 0.017%，与 0.3% 硅相平衡的氧含量为 0.01%，而与 0.1% 硅相平衡的氧含量为 0.007%。

在碱性渣下，硅的脱氧能力可以得到充分的发挥。这是因为硅的脱氧产物 SiO_2 可以与碱性渣中的 CaO 结合成极稳定的 $2CaO \cdot SiO_2$，从而大大降低 SiO_2 的活度，使硅脱氧反应充分进行。

C　铝

1600℃ 时钢中铝和氧的平衡浓度见表 2-2。

表 2-2　1600℃ 时钢中铝和氧的平衡浓度　　　　　　（%）

$w[Al]$	0.1	0.05	0.01	0.005	0.002	0.001
$w[O]$	0.0003	0.0004	0.0013	0.002	0.0037	0.0059

从表 2-2 中数据可见，铝是很强的脱氧剂，钢中残铝为万分之几时，就排除了

钢中形成 CO 气泡的可能性，从而可获得结构致密的钢锭（坯）。因此，铝常被用作终脱氧剂。

铝的脱氧能力很强，不仅可以脱除钢中溶解的氧，而且还能使渣中的 MnO、Cr_2O_3 及 SiO_2 还原。因此，出钢前向炉中加入大量的铝时，将会引起钢液成分的波动或变化。铝的脱氧能力会随着温度的降低和炉渣碱度的增加而增强。

钢中加入适量的铝除了作为脱氧剂外，还具有如下作用：

（1）降低钢的时效倾向性。铝可与氮形成稳定的 AlN，防止氮化铁的生成，从而降低钢的时效倾向。

（2）细化钢的晶粒。用铝脱氧时，钢液中会生成许多细小且高度弥散的 AlN 和 Al_2O_3，这些细小的固态颗粒可以成为钢液结晶时的晶粒核心，使晶粒细化；还可防止在其后的加热过程中，固态钢中的奥氏体晶粒的长大。为了获得细晶粒钢，根据钢中碳含量的不同，铝的加入量通常为 0.06%~0.12%。

应指出的是，当钢中铝的残存量超过 0.026% 时，脱氧产物可认为全部是颗粒细小的固态 Al_2O_3。

D 碳

碳的脱氧能力介于锰与硅之间，其脱氧反应为：

$$[C] + [O] \Longrightarrow \{CO\}, \quad \Delta G^\ominus = -22200 - 38.34T(kJ/mol) \quad (2\text{-}87)$$

$$\lg K_C = \lg \frac{p_{CO}/p^\ominus}{w[C]w[O]} = \frac{1160}{T} + 2.003 \quad (2\text{-}88)$$

碳脱氧的生成物是 CO 气体，极易从熔体中排除，因此用碳做脱氧剂时，钢液不会被玷污，这对于冶炼高级优质钢十分有利。

由式（2-87）和式（2-88）可知，碳的脱氧反应是一个弱放热反应，所以温度变化对碳的脱氧能力影响不大。

在常压条件下，碳的脱氧能力有限，如果只用碳脱氧，钢液脱氧不完全，在浇注过程中随着温度降低，碳氧又将发生反应而生成 CO 气泡，会破坏钢的正常结构。因此，单独用碳不能完成脱氧任务，常与硅、铝等脱氧能力较强的元素同时使用。

E 钙

钙元素与氧的亲和力非常大，其脱氧能力比铝还强，其脱氧反应为：

$$[Ca] + [O] \Longrightarrow CaO(s) \quad (2\text{-}89)$$

钙虽然是很强的脱氧剂，但它在铁水中的溶解度很小，仅为 0.15%~0.16%；而且它的密度小（1550kg/cm³），沸点很低（1240℃），以纯钙加入钢液时会急速上浮并蒸发，利用率很低。为了使钙与钢液的接触时间延长、接触面积增加，充分发挥其脱氧及脱硫能力，通常制作成密度大的硅钙合金使用，或采用喷粉、喂线等方法进行脱氧。

2.7.3 脱氧方法

炼钢生产中常用的脱氧方法主要有沉淀脱氧、扩散脱氧、喷粉脱氧、喂线脱氧和真空脱氧等五种。

2.7.3.1　沉淀脱氧

所谓沉淀脱氧，是指将块状脱氧剂沉入钢液中，熔化、溶解后直接与钢中氧反应生成稳定的氧化物，并上浮进入炉渣，以降低钢中氧含量的脱氧方法。又称直接脱氧。

沉淀脱氧法操作简便、成本低而且过程进行迅速，是炼钢中应用最广泛的脱氧方法。沉淀脱氧时，钢液的脱氧程度取决于脱氧元素的脱氧能力和脱氧产物从钢液中排除的难易程度，所以一般选择脱氧能力强而且生成的脱氧产物容易排出钢液的元素作为沉淀脱氧剂。

但采用沉淀脱氧总有一部分脱氧产物残留在钢液中，影响钢的纯洁度。这是沉淀脱氧的主要缺点。

沉淀脱氧使用的脱氧剂是块状的，常用的有铁、铝、硅锰合金、硅锰铝合金和硅钙合金等。

沉淀脱氧时通常使用复合脱氧剂，这是因为：

（1）复合脱氧可以提高元素的脱氧能力。例如，硅锰合金、硅锰铝合金中的锰能提高硅和铝的脱氧能力。

（2）复合脱氧可以提高元素在钢水中的溶解度。例如，强脱氧剂钙在钢水中溶解度很小，为了提高钙脱氧效率就需要提高它在钢水中的溶解度，常用的方法是加入其他元素。现已证实，碳、硅、铝能显著增加钙在钢液中的溶解度，碳、硅、铝每加入 1% 时，钙的溶解度分别增加 90%、25%、20%。因此，通常用硅钙和铝钙合金等复合脱氧剂脱氧。

（3）复合脱氧可以生成大颗粒或液态的产物，容易上浮。例如，单独用硅脱氧时生成的 SiO_2 固体颗粒为 $3\sim4\mu m$，而用硅钙合金脱氧时生成的 $2CaO\cdot SiO_2$ 固态颗粒为 $7\sim8\mu m$；再如，用硅和锰单独脱氧时，其产物都是固态，即 $MnO(s)$、$SiO_2(s)$，而用硅锰合金（$[Mn]/[Si]$）脱氧时，则可生成液态产物 $MnO\cdot SiO_2$。

（4）复合脱氧可以使夹杂物的形态和组成发生变化，有利于改善钢的质量。例如，用铝脱氧的产物是串链状的 Al_2O_3 夹杂物，而用铝钙合金脱氧，不仅能进一步降低钢中氧含量，而且生成的是球状产物，均匀地分布在钢中。

生产现场没有现成的复合脱氧剂时，则应按一定比例加入几种脱氧剂，并且按照脱氧能力先弱后强的顺序加入钢液中，以便发挥复合脱氧应有的作用。

2.7.3.2　炉渣脱氧

将粉状脱氧剂撒在渣面上，还原渣中的（FeO），降低其含氧量，促使钢中的氧向渣中扩散，从而达到降低液氧含量的目的，这种脱氧操作叫做炉渣脱氧法，由于这一脱氧过程是通过扩散完成的，所以也称为扩散脱氧法。

炉渣脱氧的基本原理是分配定律。氧既溶于钢液又能存在于炉渣中，一定温度下，氧在两相之间分配平衡时的浓度比是一个常数，这一关系可用式（2-90）表示：

$$L_0 = \Sigma w(\text{FeO})/w[\text{O}] \tag{2-90}$$

式中　　L_0——氧在炉渣和钢液间的分配系数；

$\Sigma w(\text{FeO})$——炉渣中总氧化铁的质量分数，%；

　　$w[\text{O}]$——钢液中氧的质量分数，%。

由式（2-90）可见，只要设法降低渣中 FeO 含量，使其低于与钢液相平衡的氧量，则钢液中的氧必然要转移到炉渣中去，从而使钢中含氧量降低。也就是说，此时控制钢液中含氧量的主要因素已不是含碳量，而是炉渣中氧化铁的含量。扩散脱氧法就是通过向渣面上撒加与氧结合能力比较强的粉状脱氧剂，如碳粉、铁粉、铅粉、硅钙粉或碎电石等，使其与渣中 FeO 发生下列反应：

$$(\text{FeO}) + \text{C} = [\text{Fe}] + \{\text{CO}\}$$

$$2(\text{FeO}) + \text{Si} = 2[\text{Fe}] + (\text{SiO}_2)$$

$$3(\text{FeO}) + 2\text{Al} = 3[\text{Fe}] + (\text{Al}_2\text{O}_3)$$

$$3(\text{FeO}) + \text{CaSi} = 3[\text{Fe}] + (\text{SiO}_2) + (\text{CaO})$$

$$3(\text{FeO}) + \text{CaC}_2 = 3[\text{Fe}] + (\text{CaO}) + 2\{\text{CO}\}$$

使渣中的（FeO）大幅度降低，破坏氧在渣钢之间的浓度分配关系，钢中氧就会不断地向炉渣扩散转移，实现新的平衡，从而达到脱氧目的。

因为脱氧反应是在渣中进行的，因此，炉渣脱氧的最大优点是钢液不会被脱氧产物玷污。但是，其脱氧过程依靠原子的扩散进行，速度极为缓慢，甚至有的研究者指出，实际生产条件下扩散脱氧几乎不可能进行。

2.7.3.3　喷粉脱氧

喷粉冶金技术是用氩气做载体，向钢水喷吹合金粉末或精炼粉剂，以达到脱氧、脱硫、调整钢液成分、去除夹杂和改变夹杂物形态等目的的一种快速精炼手段。喷粉脱氧是喷粉冶金技术的主要目的之一。它是利用冶金喷射装置，以惰性气体（氩气）为载体，将特制的脱包粉剂输送到钢液中进行直接脱氧的工艺方法。

在喷吹条件下，由于脱氧粉剂的比表面积（脱氧粉剂和钢液间的界面积与钢液的体积之比）比静态钢渣的比表面积大好几个数量级，同时在氩气的强烈搅拌作用下，极大地改善了冶金反应的动力学条件，加快了物质的扩散，使得喷粉脱氧的速度很快，即在很短的时间内就可以较好地完成脱氧任务；另外，喷粉脱氧还可以使用密度小、沸点低或在炼钢温度下蒸气压很高的强脱氧剂，在一定程度上解决活性元素（如钙、镁等）的加入问题，因此，喷粉冶金技术具有传统精炼技术所不具备的反应速度快、效率高、产品质量好、经效益显著的特点。

但是，喷粉冶金不具备真空去气、脱碳等功能，也无法形成还原气氛；同时，粉剂制备、远距离输送、防潮、防爆的条件要求也较高，使其应用受到一定的限制。

钢液喷粉脱氧的粉剂种类很多，除了脱氧剂，如硅铁、软铁、铝、镁、稀土、硅锰合金、硅锰铝合金、硅钙合金、电石、碳化硅等可以制粉进行喷吹外，还可以喷吹渣粉，如石灰粉、石灰粉+少量萤石粉等，或渣粉和脱氧元素的混合粉剂。

2.7.3.4　喂线脱氧

喂线脱氧技术是把包有炼钢添加剂的合金芯线或铝线，用喂线机以所需的速度加入到待处理的钢液中，达到使钢液脱氧（脱硫、微合金化、控制夹杂物的形态）的目的，以改善钢材力学性能。

喂线脱氧通常和吹氩搅法并用，其主要特点是设备简单、操作方便、合金收率高，因此可以用钙和稀土等易氧化元素来进行脱氧。

喂线技术是在喷粉技术之后发展起来的，它不仅具备了喷粉技术的优点，消除或大大减小了其缺点，而且在添加易氧化元素、调整钢的成分、控制气体含量、设备投资与维护、生产操作与运行费用、产品质量、经济效益和环境保护等方面的优越性更为显著。

2.7.3.5　真空脱氧法

所谓真空脱氧法是指将已炼成的钢液，置于真空条件下，打破原有的 [C]、[O] 平衡关系，使碳氧反应继续进行，利用钢液中 [C] 进行脱氧。反应式可表示为：

$$[FeO] + [C] = [Fe] + \{CO\} \tag{2-91}$$

在真空中，由于 CO 分压的降低，打破了 [C] 与 [O] 的平衡关系，引起碳脱氧能力的急剧增强，甚至可以超过硅和铝，真空脱氧能力随着真空度的增加而增加。

真空脱氧法的最大特点是它的产物 CO 不留在钢液中，不玷污钢液，而且 CO 上浮的过程中还有去气体和去非金属夹杂物的作用。

生产实践表明，真空处理能显著提高钢的质量，除一些必要的设备投资外，工艺并不十分复杂，故这种方法在许多合金钢的生产中已被广泛采用。

2.7.4　脱氧产物的上浮与排除

促使钢中的脱氧产物上浮是脱氧全过程中的关键环节，也是减少钢中夹杂物、提高钢质量的主要工艺手段。脱氧产物从钢中的去除程度，主要取决于它们在钢液中的上浮速度。而脱氧产物的上浮速度又与脱氧产物的组成、形状、大小、熔点、密度以及界面张力、钢液黏度和搅拌情况等因素有关。

理论研究表明，对于直径不大于 $100\mu m$ 的球形夹杂物，假定钢液处于无搅动的层流状态，其上浮速度可以近似地用斯托克斯公式计算：

$$v = K\frac{2}{9}g\frac{\rho_{金} - \rho_{夹}}{\eta}r^2 \tag{2-92}$$

式中　K——夹杂物的形状系数，一般计算时可取 1；

　　　g——重力加速度，$9.8m/s^2$；

　$\rho_{金}$，$\rho_{夹}$——分别为金属和夹杂物的密度，kg/m^3；

　　　η——金属的动力学黏度，1550～1650℃之间为 $0.0015～0.0035Pa\cdot s$；

　　　r——金属夹杂物的半径，m。

由式（2-92）可见，脱氧产物的上浮速度和三方面的因素有关。

（1）钢液的黏度。钢液的黏度越大，脱氧产物上浮时所受的黏滞力即阻力越大，脱氧产物的上浮速度越慢。因此，脱氧过程中避免未溶质点出现及适当提高温度，可在一定程度上增加脱氧产物的上浮速度。

（2）脱氧产物的密度。炼钢生产中钢液的密度基本不变，脱氧产物的密度较小时，二者的密度差较大，即脱氧产物上浮的动力较大，因而上浮速度较快。

（3）脱氧产物的半径。斯托克斯的研究表明，脱氧产物的上浮速度与其半径的平方成正比，加之这一因素是可以控制的，所以它是影响夹杂物上浮速度的最主要的因素。

除此之外，影响脱氧产物上浮的因素还有脱氧产物与钢液间的界面张力。

2.7.5　钢中的非金属夹杂物

在冶炼和浇注过程中产生或混入钢中，经加工或热处理后仍不能消除的，与钢基体无任何联系而独立存在的氧化物、硫化物、氮化物等非金属相，统称为非金属夹杂物，简称为夹杂物。

钢中的非金属夹杂物主要是铁、锰、铬、铝、钛等金属元素与氧、硫、氮等形成的化合物。其中氧化物主要是脱氧产物，包括未能上浮的一次脱氧产物和钢液凝固过程中形成的二次脱氧产物。

非金属夹杂物的存在破坏了钢基体的连续性，造成钢组织不均匀，对钢的各种性能都会产生一定的影响。

2.7.5.1　钢中非金属夹杂物的来源

钢中非金属夹杂物主要来自以下几个方面：

（1）原材料带入的杂物。炼钢所用的原材料，如钢铁料和铁合金中的杂质、铁矿石中的脉石，以及固体料表面的泥沙等，都可能被带入钢液而成为夹杂物。

（2）冶炼和浇注过程中的反应产物。钢液在炉内冶炼、包内镇静及浇注过程中生成而未能排除的反应产物，残留在钢中便形成了夹杂物。这是钢中非金属夹杂物的主要来源。

（3）耐火材料的侵蚀物。炼钢用的耐火材料中含有镁、硅、钙、铝、铁的氧化物。从冶炼、出钢到浇注的整个生产过程中，钢液都要和耐火材料接触，炼钢的高温、炉渣的化学作用及钢、渣的机械冲刷等或多或少要将耐火材料侵蚀掉一些进入钢液而成为夹杂物。这是钢中 MgO 夹杂的主要来源，约占夹杂总量的 5%以上。

（4）乳化渣滴夹杂物。除了电弧炉偏心炉底出钢外，出钢过程中渣钢混出是经常发生的，有时为了进一步脱氧、脱硫也希望渣钢混出。如果镇静时间不够，渣滴来不及分离上浮，就会残留在钢中，成为所谓的乳化渣滴夹杂物。

另外，出钢和浇注过程中，炉盖、出钢槽、钢包和浇注系统吹扫不干净，各种灰尘微粒的机械混入也会成为钢中大颗粒夹杂物的来源。

2.7.5.2　钢中非金属夹杂物的分类

根据研究目的的需要，可以从不同的角度对钢中的非金属夹杂物进行分类。目前最常见的是按照非金属夹杂物的组成、性能、来源和大小不同进行分类。

（1）按照夹杂物的组成分类。

1）氧化物系夹杂物。氧化物系夹杂物有简单氧化物、复杂氧化物、硅酸盐和固溶体之分。

①简单氧化物。常见的简单氧化物夹杂有 FeO、Fe_2O_3、MnO、SiO_2、Al_2O_3、TiO_2 等。

②复杂氧化物。复杂氧化物包括尖晶石类夹杂物和钙的铝酸盐两种。

③硅酸盐。硅酸盐类夹杂是由金属氧化物和二氧化硅组成的复杂化合物，所以也属于氧化物系夹杂物。

硅酸盐类夹杂物一般颗粒较大，其熔点按组成成分中 SiO_2 所占的比例而定，SiO_2 占的比例越多硅酸盐的熔点越高。

④固溶体。氧化物之间还可以形成固溶体，最常见的是 FeO-MnO，常以（Fe、Mn）O 表示，称为含锰的氧化铁。

2）硫化物系夹杂物。一般情况下，钢中的硫化物夹杂主要是 FeS、MnS 和它们的固溶体（Fe、Mn）S。

根据钢的脱氧程度及残余脱氧元素的含量不同，硫化物在固态钢中有三类不同的形态：

第一类是当仅用硅或铝脱氧，且脱氧不完全时，硫化物或氧硫化物呈球形任意分布在固态钢中。

第二类是在用铝完全脱氧，在过剩铝不多的情况下，硫化物以链状或薄膜状分布在晶界处。

第三类是当用过量的铝脱氧时，硫化物呈不规则外形任意分布在固态钢中。

这三类硫化物的形态不同，对钢性能的影响也不同。比如，它们对钢的热脆倾向的影响是：第二类硫化物的热脆倾向最为严重，第三类硫化物次之，第一类硫化物的热脆倾向最小。

3）氮化物系夹杂物。一般情况下，钢液的含氮量不高，因而钢中的氮化物夹杂也就较少。但是，如果钢液中含有铝、钛、铌、钒、锆等与氮亲和力较大的元素，在出钢和浇注过程中钢流会吸收空气中的氮而使钢中氮化物夹杂的数量显著增多。

通常，将不溶于或几乎不溶于奥氏体并存在于钢中的氮化物才视为夹杂物，其中最常见的是 TiN。至于 AlN，一般是在钢液结晶时才析出，颗粒细小，它在钢中具有许多良好的作用，例如，在钢液结晶过程中它可作为异质核心使钢的晶粒细化，因而 AlN 一般不视为夹杂物。

（2）按照夹杂物的来源分类。根据来源不同，钢中非金属夹杂物可分为外来夹杂物和内生夹杂物两类：

1）外来夹杂物。在冶炼及浇注过程中混入钢液并滞留其中的耐火材料、熔渣或两者的反应产物以及各种灰尘微粒等称外来夹杂。

外来夹杂物的颗粒较大，外形不规则，分布也无规律，即在钢中出现带有偶然性。

2）内生夹杂物。内生夹杂物是在脱氧和钢液凝固时生成的各种反应产物，主要是氧、硫、氮的化合物。根据形成的时间不同，内生夹杂物可分为四种：

①一次夹杂。在冶炼过程中生成并滞留在钢中的脱氧产物、硫化物和氮化物称一次夹杂，也称为原生夹杂。一次夹杂在钢的冷凝过程中会成长为大的颗粒，因此它在钢中的悬浮量越少越好。

②二次夹杂。出钢和浇注过程中，由于钢液温度降低，导致平衡移动而生成的夹杂物称二次夹杂。

③三次夹杂。钢液在凝固过程中，因元素溶解度下降引起平衡移动而生成的夹杂物叫做三次夹杂。

④四次夹杂。固态钢发生相变时，因溶解度发生变化而生成的夹杂物叫做四次夹杂。

从数量上来看，内生夹杂物主要是一次夹杂和三次夹杂，即在脱氧和凝固时生成的夹杂物。

相对于外来夹杂物来说，内生夹杂物的分布比较均匀，颗粒也比较细小，而且形成时间越迟，颗粒越细小。

至于内生夹杂物在钢中的存在形态，则取决于其形成时间的早晚和本身的特性。如果夹杂物形成的时间较早，而且因熔点高以固态形式出现在钢液中，这些夹杂在固体钢中仍将保持原有的结晶形态；而如果夹杂物是以液态的异相形式出现于钢液中，那么它们在固态钢中呈球形。较晚形成的夹杂物多沿初生晶粒的晶界分布，依据它们对晶界的润湿情况不同或呈颗粒状（如 FeO），或呈薄膜状（如 FeS）。

应该指出的是，钢中的一些夹杂物很难确定它是内生的还是外来的。比如，以外来夹杂为核心析出内生夹杂的情况；再如，外来夹杂与钢液发生作用，其外形及成分均发生了变化的情况等。因此，有人提出应有第三类夹杂——相互反应夹杂物。

（3）按照夹杂物的变形性能分类。按照夹杂物变形性能的好坏（即塑性的大小），把夹杂物分为脆性夹杂、塑性夹杂和点状不变形夹杂三类。

1）塑性夹杂物。这类夹杂的塑性好，变形能力强，在热加工过程中沿加工方向延伸成条带状。FeS、MnS 及含 SiO_2 较低的低熔点硅酸盐等均属于这一类的夹杂物。

2）脆性夹杂物。这类夹杂几乎没有塑性，当钢进行热加工时不会变形，而是沿加工方向破碎成串。属于这一类的夹杂物有尖晶石类型复合氧化物以及钒、钛、锆的氮化物等高熔点、高硬度的夹杂物。

3）不变形夹杂。有的夹杂物，在钢进行热加工的过程中保持原有的球形（或点状）不变，而钢基体围绕其流动，这一类夹杂叫做球形（或点状）不变形夹杂。属于此类的夹杂物有 SiO_2、含 $w(SiO_2)>70\%$ 的硅酸盐、钙的铝酸盐以及高熔点的硫化物 CaS、La$_2$S$_3$、Ce$_2$S$_3$ 等。

除了以上三种基本类型外，还有一些所谓半塑性夹杂物。它实际上是塑性夹杂物与脆性夹杂物的复合体。在热加工过程中，其塑性部分随钢基体延伸，但脆性部分仍保留原来的形状，只是或多或少地被拉开。

人们习惯上往往把脆性夹杂物用氧化物来代表，而把塑性夹杂物用硫化物来代表。

（4）按照夹杂物的尺寸大小分类。钢中的非金属夹杂物，按其尺寸大小不同可分为宏观夹杂、显微夹杂和超显微夹杂三类。

1）宏观夹杂。凡尺寸大于 100μm 的夹杂物叫宏观夹杂，又称大型夹杂物。

这一类夹杂物用肉眼或放大镜即可观察到，主要是混入钢中的外来夹杂物；其次，钢液的二次氧化也是大型夹杂物的主要来源，因为研究发现在大气中浇注的钢中大型夹杂物的数量明显多于氩气保护下浇注的钢。

一般情况下，钢中的大型夹杂物的数量不多，但对钢的质量影响却很大。

2）微观夹杂。凡尺寸在 1~100μm 之间的夹杂物叫做微观夹杂，因为要用显微镜才能观察到故又叫显微夹杂。

研究发现，钢中微观夹杂物的数量与脱氧后钢中溶解氧的含量之间存在很好的对应关系，因此一般认为微观夹杂主要是二次夹杂和三次夹杂。

3）超显微夹杂。凡尺寸小于 1μm 的夹杂物叫超显微夹杂。

钢中的超显微夹杂主要是三次夹杂和四次夹杂，一般认为钢中的该类夹杂数量很多，但对钢性能的危害不大。

2.7.5.3　减少钢中非金属夹杂物的途径

减少钢中夹杂物的关键是减少钢中的氧化物夹杂和硫化物夹杂。

（1）减少钢中的氧化物夹杂。研究表明，严把原料关，充分利用脱碳反应的净化作用、采取正确的组织脱氧操作、防止或减轻钢液的二次氧化等，是减少钢中氧化物夹杂的主要途径。

1）最大限度地减少外来夹杂。生产中减少外来夹杂的主要措施有：

①加强原材料的管理。对废钢、生铁、合金、石灰、萤石、矿石等力求做到清洁、干燥、分类保存。

②提高炉衬质量，并加强对炉衬的维护，尽量减少其侵蚀、剥落。

③加强氧化操作，利用脱碳反应去除原材料带入的夹杂物和炉衬的侵蚀物。

④出钢前调整好炉渣的流动性，出钢后保证钢液在钢包中的镇静时间以利于炉渣充分上浮、电弧炉炼钢严禁电石渣下出钢等，防止钢液混渣。

⑤提高浇注系统耐火材料的质量并做好清洁工作，减少耐火材料颗粒夹杂。

2）有效控制内生夹杂。生产中控制内生夹杂的措施主要是：

①根据钢的质量要求选择合适的冶炼方法和工艺，如转炉冶炼或电炉冶炼、配加炉外精炼等。

②依据所炼钢种制定合理的脱氧制度并正确地组织脱氧操作，包括采用综合脱氧、使用复合脱氧剂并加强搅拌等，促进脱氧产物上浮，尽量减少钢中的一次夹

杂，同时最大限度地降低钢液中溶解的氧，有效地控制钢液冷凝过程中产生二次夹杂和三次夹杂的数量。

③对于优质钢和特殊要求的钢，采用添加变质剂、热加工和热处理等方法，改善残留夹杂物的形态及分布，减轻夹杂物的危害。

3) 防止或减少钢液的二次氧化。已脱氧的钢液，在出钢和浇注过程中与大气（或其他氧化性介质）接触再次被氧化的现象，称为"二次氧化"。

研究发现，二次氧化产物的颗粒比脱氧产物大得多，而且二次氧化产物的多少，往往与钢液温度高低、钢液与大气接触面积大小、接触时间长短等因素有关，因此在出钢和浇注过程中，一定要做好以下四方面的工作，防止或减少钢液的二次氧化。

①控制好出钢温度。其他条件相同时，温度越高，钢液在出钢和浇注过程中二次氧化越严重。因此，实际操作中应控制好出钢温度，尽量避免高温钢。

②掌握正确的出钢操作。出钢时，要开好出钢口并维持好出钢口的形状，保证钢流不散流或过细，减小钢液与大气的接触面积和缩短出钢时间。对夹杂要求严格的钢种，最好采取气体保护出钢。

③保护浇注。连铸时采用伸入式长水口与固体保护渣组合的无氧化浇注技术。

④采用高质量的耐火材料，出钢后向钢包中加入少量石灰稠化熔渣并提高其碱度，对减少钢中的夹杂物也有一定的作用。

(2) 减少钢中的硫化物夹杂。钢中硫化物夹杂多少主要取决于钢中的硫含量，钢中硫降得越低，硫化物夹杂就越少。所以，冶炼时应加强钢液的脱氧脱硫操作，尽量降低钢液的含硫量。

应指出的是，为了减轻硫的危害，过分地强调降低钢的含硫量在经济上并非合理，人们早已将目光转移到了改变钢中硫化物的存在形态上。通常情况下，钢材中的硫化物是呈细长条状的 FeS、MnS，它们会使钢的横向塑性、韧性等降低。向钢液中添加少量的钛、钙、锆、稀土等与硫亲和力比锰、铁大的元素，使 FeS、MnS 转变成在热加工过程中不变形的 TiS、CaS、ZrS、CeS 等球状硫化物，可以在不降低硫含量的条件下使钢的横向力学性能得以改善。这种改变钢中硫化物夹杂形态的做法称为变质处理，这些添加元素称为变质剂。

任务 2.8　钢中的气体

钢中气体包括氢、氮和氧，这里主要是指溶解在钢中的氢和氮。

2.8.1　钢中气体的来源及影响

2.8.1.1　钢中氢的来源及其对钢性能的影响

(1) 钢中氢的来源：

1) 炉气。炉气中氢气的分压很低，约为 $5.3 \times 10^{-2} \mathrm{Pa}$，因此，钢中的氢并不取决于炉气中氢气的分压；而炉气中的水蒸气才是钢中氢的来源之一，炉气中水蒸气的分压越大,钢中的氢含量越高。

2) 原材料。原材料带入的水分是钢中氢的重要来源,如废钢和生铁表面的铁锈,矿石、石灰、萤石中的化合水和吸附水等,不仅能增高炉气中水蒸气的分压,而且可以直接进入钢液。

铁水的含氢量可达 $3.0 \sim 7.0 cm^3/100g$,废钢的含氢量为 $2 \sim 4 cm^3/100g$,冶炼中这些氢将直接被带入钢液。

铁合金中也溶解有一定量的氢,其含量取决于冶炼方法、操作水平、合金成分以及破碎程度等,通常在较宽的范围内波动,在冶炼优质合金钢时不可忽视。

3) 冶炼和浇注系统的耐火材料。新打结的炉衬、补炉材料以及转炉用的焦油白云石砖中都含有沥青,而沥青中含有 8% ~ 9% 的氢;若用卤水作黏结剂,其氢含量更高,所以炉衬也是钢中氢的来源之一。

钢包和浇注系统耐火材料中的水分,与钢液接触后会蒸发、溶解,而使钢液的含氢量增高,因此使用前应充分烘烤,彻底干燥。

(2) 钢中氢的影响:

1) "白点"。所谓"白点",是指钢材试样在纵向断面上的圆形或椭圆形银白色的斑点,而在横向酸蚀面上呈辐射状的极细裂纹,即"白点"的实质是一种内裂纹。"白点"的直径一般在 $0.3 \sim 30mm$ 之间。当钢材断面上产生大量"白点"时,试样的横向强度极限降低 $1/2 \sim 2/3$,断面收缩率和伸长率降低 $5/6 \sim 7/8$。因此,产生了"白点"的钢材应判为废品。尽管目前对"白点"的形成过程尚有不同看法,但一致认为钢中的氢含量过高是产生"白点"的主要原因之一。另外,"白点"的形成还与钢种、温度等因素有关。

2) 氢脆。随着氢含量增加钢的塑性下降的现象,称为氢脆。氢脆是氢对钢力学性能的重要不良影响之一,主要表现在使钢的伸长率和断面收缩率降低。一般说来,氢脆随着钢的强度增高而加剧。因此,对于高强度钢氢脆的问题更加突出。氢脆属于滞后性破坏,表现为在一定应力作用下,经过一段时间后,钢材突然发生脆断。

3) 发纹。将试样加工成不同直径的塔形台阶,经酸浸后沿着轴向呈现细长、状如发丝一样的裂纹称为发纹。发纹缺陷的主要危害是降低钢材疲劳强度,导致零件的使用寿命大大降低。研究发现,钢中的夹杂物和气体是产生发纹的主要原因。

4) "鱼眼"。"鱼眼"是在一些普通低合金建筑用钢的纵向断口处常出现的一种缺陷。由于它们是一些银亮色的圆斑,中心有一个黑点,外形像鱼眼而得名。试验证实,"鱼眼"缺陷主要是氢聚集在钢或焊缝金属中夹杂的周围,发生氢脆造成的。钢材在使用过程中,该处易于脆裂。

5) 引起"氢腐蚀"。钢在高压氢作用下其晶界上会产生网络状的裂纹,严重时还可能出现鼓泡,这种现象称为"氢腐蚀"。

在氢和氮同时存在的条件下,氢腐蚀往往更加剧烈,这是由于氮能生成比碳化物更稳定的氮化物,使碳从碳化物中分解出来,从而加快氢和碳的反应。

6) 层状断口。层状断口是钢坯或钢材经热加工后出现的缺陷,它会使钢的冲击韧性和断面收缩率降低,即横向力学性能变坏。研究发现,钢坯经过热加工后,其中表面吸附有夹杂物的氢气泡沿加工方向延伸成层状结构。因此，层状断口缺陷与钢中气体、非金属夹杂物、组织应力等因素有关。

此外，碳钢和合金钢的其他缺陷如点状偏析、低倍缺陷等也都与氢有关。

基于上述原因，生产中应尽量减少钢中的氢含量，纯净钢要求达到 $(0.2 \sim 0.7) \times 10^{-4}\%$，即 $w[\mathrm{H}] = (0.2 \sim 0.7) \times 10^{-4}\%$ 的水平。

2.8.1.2　钢中氮的来源及其对钢性能的影响

（1）钢中氮的来源。钢中的氮主要来源于以下三个方面：

1）氧气。目前炼钢用的氧气是通过分离空气获得的，其纯度为 99.5% 左右，即氧气中含有 0.5% 的氮，炼钢过程中会溶入钢液。

2）炉气和大气。转炉冶炼和浇注过程中，钢液会直接从炉气和大气中吸收大量的氮。

3）金属炉料。铁水、废钢及铁合金等金属炉料中均溶解有一定量的氮，尤其是一些将氮作为合金化元素用的合金（如氮锰合金、氮铬合金等）含氮量更高，冶炼过程中它们会将其中的氮带入钢液。

（2）钢中氮的影响：

1）含氮高的钢"时效硬化"现象严重。由于氮化物在低温时很稳定，钢中氮不会以气态逸出，而是呈弥散的固态氮化物析出，结果引起金属晶格的扭曲并产生巨大的内应力，导致钢的硬度、脆性增加，塑性、韧性降低。

氮化物的析出过程很慢，因而随时间推移钢的硬度、脆性逐渐增加，塑性、韧性逐渐降低，这种现象称为时效硬化或老化。

钢中含氮量愈高，老化现象愈严重，只有当钢中的氮含量低于 0.0006% 时，才能免除时效硬化。

当钢中的磷含量高时，会加剧由氮导致的时效倾向。

2）氮含量高时会使钢发生第一类回火脆性。淬过火的钢在 250 ~ 400℃ 间回火后，其 α_k（韧度）值不仅不增大，反而下降，称为第一类回火脆性。这类回火脆性是不可逆的，即脆性一经产生便不能消除。钢回火到上述温度范围时呈蓝色，故这种脆性又称为"蓝脆"。

此外，钢中的氮还会使镇静钢铸坯产生皮下气泡，恶化钢的焊接性能，降低磁导率、电导率，并能增大矫顽力和磁滞损失等。

鉴于上述氮的诸多危害，因而大多数的钢种都限制其含量，需要在冶炼中加以去除。

3）氮可以改善钢的某些性能，因此在特定条件下氮甚至是以合金的形式加入的。

2.8.2　转炉中的钢液脱气

炼钢过程中，由于钢液表面始终被一层炉渣覆盖，所以任何气体直接自动排出的可能性很小，只能通过产生气泡上浮逸出。然而在钢液中，氢和氮的析出压力很小，无法独立形成气泡核心，必须依赖钢中现成的气泡或其他能生成气泡的反应，如熔池中的碳氧反应或向钢包中吹入氮气等才能从钢液中脱除。由于初生的 CO 气泡或氩气泡对于氢和氮都相当于一个真空室，即气泡中的氢气分压和氮气分压均为零，因此钢液中的氢和氮就会向这些气泡内扩散。由于气泡在快速上浮过程中体积不断增大，使气泡内氢、氮的实际分压不断降低，因此在整个脱碳过程或氩气泡上浮过程中，钢中氢和氮会不断地扩散进入这些气泡，并最终被带出钢液。由此可见，钢液的沸腾是十分有效的脱气手段。

必须指出，在冶炼过程中，碳氧反应能使钢液脱气，同时高温熔池亦会从炉气中吸收气体，所以钢液在脱气的同时还存在着吸气的过程。只有当去气速度大于吸气速度时，才能使钢液中的气体减少。冶炼中沸腾去气的速度取决于脱碳速度，脱碳速度越快，钢液的去气速度就越快。因此，脱碳速度大于一定值时，才能使钢中气体减少。

2.8.3　降低钢中气体的措施

降低钢中气体含量的措施不外乎是两个方面：减少吸入的气体量和加强去气速度。

（1）加强原材料的干燥及烘烤。原材料的干燥和烘烤对钢中的氢含量影响很大，炉气中的水蒸气分压主要来自原材料的水分，特别是来自烘烤不良的石灰和多锈的炉料。因此，为了减少钢中氢含量，首先必须注意原材料的干燥和烘烤。

（2）采用合理的生产工艺。对原材料进行干燥与烘烤可减少钢中气体的来源；生产中还应采取相应的工艺措施尽量减少钢液吸气并有效地进行脱气。

1）控制好脱碳速度和脱碳量。前已述及，脱碳速度越快，去气速度也越快，当去气速度大于吸气速度时，才能使钢液中的气体减少；同时，还必须有一定的脱碳量，保证一定的沸腾时间，以达到一定的去气量。

必须指出，脱碳速度并非越快越好，脱碳速度过快时，不仅容易造成炉渣喷溅、跑钢等事故，对炉衬冲刷也严重；同时，过分激烈的沸腾会使钢液上溅裸露于空气中，增大吸气倾向。另外，要严格控制好氧化末期终点碳，防止过氧化和增碳操作。否则扒渣会增碳，也容易使钢液吸气和增加非金属夹杂物。

氧气顶吹转炉的脱碳速度远大于电弧炉，一般来说，钢中气体含量相对低些，尤其是氢含量较低。但也要保证氧气纯度和注意控制好枪位，造好泡沫渣，防止严重喷溅和后吹。因为大喷后的液面下降及后吹时的废气量减少，都会使大量空气涌入炉内，使炉气中氮分压增加，从而使钢液吸氮。

2）控制好钢液温度。钢中气体含量与钢液温度有直接的关系，熔池温度越高，钢中气体的溶解度越大，越易吸收气体，故应尽量避免高温钢液。

氧气顶吹转炉在吹炼过程中，要通过调整冷却剂的加入量来控制吹炼温度。如果出钢前发现炉温过高，必须加入炉料冷却熔池，测温合格后才能出钢，避免出钢过程中大量吸气。

3）正确的出钢操作。出钢时钢液要经受空气的二次氧化，其氧含量和气体含量均明显增加。

由于出钢过程中钢液的增氧量和增氮量与钢液的成分、钢气接触界面和时间有关，因此要尽量缩短出钢时间，以减少裸露钢液直接与空气接触的时间，减少吸气，同时应加强出钢口及出钢槽的维护与修补，防止严重散流与细流。有条件时可采用氩气保护出钢。

4）采用真空、吹氩脱气。要想更有效地去除钢中气体，需要采用各种真空脱气、钢包吹氩和炉外精炼的方法，并采取降低气体的分压（提高真空度）、真空下进行碳氧反应、增大吹氩量及增大单位脱气面积（吹氩搅拌或电磁搅拌）、适当延长真空及吹氩处理时间等措施。氮的降低还可以通过促进氮化物上浮排除而实现。

5）采用保护浇注。目前，许多精炼后的纯净钢液，仍然在大气中进行浇注，这也会造成钢液的二次氧化和吸气。为此，采用保护浇注来改善钢的质量，是一个有效的手段。

☒ 课程思政

20世纪60年代，广大建桥工人和科技人员怀着对祖国的无比忠诚，忍辱负重，坚守岗位，在建桥过程中自力更生研发成功我国第一代低合金桥梁钢，开发成功多种深水基础工程，南京长江大桥是中国桥梁建设史上一座重要的里程碑，有"争气桥"之称。

党的二十大报告指出：必须坚持守正创新。我们从事的是前无古人的伟大事业，守正才能不迷失方向、不犯颠覆性错误，创新才能把握时代、引领时代。我们要以科学的态度对待科学、以真理的精神追求真理，坚持马克思主义基本原理不动摇，坚持党的全面领导不动摇，坚持中国特色社会主义不动摇，紧跟时代步伐，顺应实践发展，以满腔热忱对待一切新生事物，不断拓展认识的广度和深度，敢于说前人没有说过的新话，敢于干前人没有干过的事情，以新的理论指导新的实践。

请大家结合案例和二十大报告论述，体会学好炼钢的理论，在理论指导下开展实践创新的重要意义。

思 考 题

2-1　熔渣在炼钢过程中的作用有哪些？

2-2　什么是熔渣的氧化性？如何表示？

2-3　熔渣的氧化性对炼钢过程有哪些作用？

2-4　什么是直接氧化和间接氧化？

2-5　比较硅、锰氧化的异同点。

2-6　炼钢过程中的碳氧反应有何作用？碳的氧化方式有哪些？

2-7　什么是碳氧浓度积？

2-8　炼钢过程中脱碳速度的变化规律如何？各个阶段的影响因素有哪些？

2-9　钢液脱磷的反应式如何表达？影响钢液脱磷的因素有哪些？

2-10　什么是钢液回磷？如何防止钢液回磷？

2-11 钢液脱硫的反应式如何表达？影响钢液脱硫的因素有哪些？

2-12 简述常用的脱氧剂及其脱氧特点。

2-13 常用的脱氧方法有哪些？

2-14 影响脱氧产物上浮的因素有哪些？

2-15 钢中的非金属夹杂物对钢有哪些危害？按来源分可分为哪几类？

2-16 减少钢中非金属夹杂物的措施有哪些？

2-17 钢中的气体有哪些？对钢性能有何影响？减少钢中气体的措施有哪些？

模块三　转炉炼钢生产原材料

学习目标

知识目标：

· 掌握转炉炼钢常用的原料及其作用。

· 掌握转炉炼钢对铁水、废钢、造渣剂、氧气等原料的质量要求。

· 熟悉铁水预处理的方法及工艺。

· 了解转炉炼钢常用的增碳剂、保温剂及其要求。

技能目标：

· 能够识别和选用转炉炼钢所用金属料及非金属料，并具备一定的质量判断能力。

· 能分析原料质量对炼钢过程的影响。

· 能够说出铁水预脱硫处理的方法、工艺，解释炉外预脱硫的原理。

素质目标：

· 养成严谨、认真的工作态度，精益求精的工匠精神。

· 履行道德准则和行为规范，具有社会责任感和社会参与意识。

原材料是炼钢的重要物质基础，原材料的质量好坏对炼钢工艺和钢的质量有直接的影响，采用精料并保证质量稳定是提高炼钢各项技术经济指标的重要措施之一，是实现冶炼过程自动化的先决条件。

按性质分类，炼钢原材料可分为金属料、非金属料和气体。金属料包括铁水、废钢、生铁、铁合金及直接还原铁；非金属料包括石灰、白云石、萤石、合成造渣剂；气体包括氧气、氮气、氩气等。按用途分类，炼钢原材料可分为金属料、造渣剂、气体、冷却剂、增碳剂等。

微课-金属料

任务 3.1　金　属　料

课件-金属料

3.1.1　铁水

铁水是转炉炼钢的主要原材料，一般占装入量的 70%～100%。铁水的物理热与化学热是转炉炼钢的主要热源，因此，对入炉铁水的温度和化学成分有一定的要求。

（1）铁水温度。铁水温度是铁水含物理热多少的标志，铁水物理热约占转炉热收入的 50% 左右。铁水温度过低，会导致炉内热量不足，影响熔池升温和元素氧化进程，同时不利于化渣和去除杂质，还容易导致喷溅。我国炼钢企业一般规定入炉铁水温度应大于1250℃，并且要相对稳定，以保证炉内热源充足和成渣迅速。对于小转炉和化学热量不富裕的铁水，保证铁水的高温入炉尤为重要。

（2）铁水成分。氧气顶吹转炉能够将各种成分的铁水冶炼成钢，但铁水中各元素的含量适当和稳定，才能保证转炉的正常冶炼和获得良好的技术经济指标，因此力求提供成分适当并稳定的铁水。表3-1是我国一些钢厂用铁水成分。

表3-1　我国一些钢厂用铁水成分

厂　家	化学成分 $w/\%$					入炉温度 /℃
	Si	Mn	P	S	V	
鞍钢三炼	0.42	0.44	（≤0.10）[①]	0.013		（>1240）[①]
武钢二炼	0.67	≤0.30	≤0.014	0.024		1220~1310
包　钢	0.72	1.73	0.480	0.047		>1200
攀　钢	0.064		0.042	0.040	0.323	
宝　钢	0.40~0.80	≥0.40	≤0.120		≤0.040	1400

①厂家规定值。

1）硅（Si）。硅是炼钢过程的重要发热元素之一，硅含量高，热来源增多，能够提高废钢比。有关资料认为，铁水中 $w(\text{Si})$ 每增加0.1%，废钢比可提高1.3%~1.5%。但在转炉炼钢过程中，硅几乎完全氧化，使铁水吹损加大，同时也使氧气消耗增加，在同样熔渣碱度条件下，［Si］含量高必然增大石灰耗量（铁水中［Si］含量每增加0.1%，每吨铁水就需多加约6kg石灰），使渣量增大，引起渣中铁损增加。铁水［Si］含量高，将使渣中（SiO_2）增多，加剧对炉衬的侵蚀，并有可能造成喷溅。因此，从经济上看，铁水含［Si］高虽然可以提高废钢加入量，但其造成的消耗多和铁损大也是不可低估的。一般认为，铁水［Si］含量以0.3%~0.6%为宜，大中型转炉铁水中硅含量偏下限，小型转炉则偏上限。

2）锰（Mn）。锰是弱发热元素，铁水中锰氧化后形成的 MnO 能有效地促进石灰溶解，加速成渣，减少炉衬侵蚀；减少氧枪黏钢，终点钢中余锰高，能够减少合金用量，利于提高金属收得率；锰在降低钢水硫含量和硫的危害方面起到有利作用。实践证明铁水中 $w(\text{Mn})/w(\text{Si})$ 的比值为0.8~1.0时对转炉的冶炼操作控制最为有利。当前使用较多的为低锰铁水，一般铁水中 $w(\text{Mn})=0.20\%~0.40\%$。

3）磷（P）。磷是强发热元素，对一般钢种来说也是有害元素，因此要求铁水［P］含量越低越好。根据磷含量的多少，铁水可以分为如下三类：

$w(\text{P})<0.30\%$，低磷铁水；

$w(\text{P})=0.30\%~1.5\%$，中磷铁水；

$w(\text{P})>1.50\%$，高磷铁水。

铁水中磷含量越低，转炉工艺操作越简化，并有利于提高各项技术经济指标。吹炼低磷铁水，转炉可采用单渣操作，中磷铁水则需采用双渣或双渣留渣操作；而高磷铁水就要多次造渣，或采用喷吹石灰粉工艺。如使用 $w(\text{P})>1.50\%$ 的铁水炼钢时，炉渣可以用作磷肥。

　　4）硫（S）。除了含硫易切钢（要求 $w(S) = 0.08\% \sim 0.30\%$）以外，绝大多数钢中硫是有害元素。转炉中硫主要来自金属料和熔剂材料等，而其中铁水的硫是主要来源。在转炉内氧化性气氛中脱硫是有限的，脱硫率只有 $35\% \sim 50\%$。我国炼钢技术规程要求入炉铁水的硫含量不超过 0.05%。近年来，为了生产优质低硫钢或超低硫钢，均对兑入转炉前的铁水进行脱硫预处理。

　　（3）铁水带渣量。高炉渣中含 S、SiO_2 和 Al_2O_3 量较高，过多的高炉渣进入炼钢炉内会导致炼钢渣量大，石灰消耗增加，容易造成喷溅，降低炉衬寿命。因此，兑入炼钢炉的铁水要求带渣量不得超过 0.5%。

3.1.2　废钢

　　转炉用废钢量一般占总装入量的 $10\% \sim 30\%$。它还是转炉冷却效果比较稳定的冷却剂。

3.1.2.1　废钢的来源与分类

　　废钢的来源，可分作两个方面：一是厂内的返回废钢，来自钢铁厂的冶炼和加工车间，其质量较好，形状较规则，一般都能直接装入炉内冶炼；二是外来废钢，也称购入废钢，其来源很广，一般质量较差，常混有各种有害元素和非金属夹杂，形状尺寸又极不规则，需要专门加工处理。

　　废钢按其用途分为熔炼用废钢和非熔炼用废钢。熔炼用废钢按其外形尺寸和单件重量分为 5 个型号，按其化学成分分为非合金废钢、低合金废钢和合金废钢，见表 3-2。

表 3-2　熔炼用废钢分类（GB 4223—2004）

型号	类别	外形尺寸重量要求	供应形状	典型举例
重型废钢	1 类	≤1000mm×400mm，厚度≥40mm 单重：40～1500kg 圆柱实心体直径≥80mm	块、条、板、型	报废的钢锭、钢坯、初轧坯、切头、切尾、铸钢件、钢轧辊、重型机械零件、切割结构件等
	2 类	≤1000mm×500mm，厚度≥25mm 单重：20～1500kg 圆柱实心体直径≥50mm	块、条、板、型	报废的钢锭、钢坯、初轧坯、切头、切尾、铸钢件、钢轧辊、重型机械零件、切割结构件、车轴、废旧工业设备等
	3 类	≤1500mm×800mm，厚度≥15mm 单重：5～1500kg 圆柱实心体直径≥30mm	块、条、板、型	报废的钢锭、钢坯、初轧坯、切头、切尾、铸钢件、钢轧辊、火车轴、钢轨、管材、重型机械零件、切割结构件、车轴、废旧工业设备等
中型废钢	1 类	≤1000mm×500mm，厚度≥10mm 单重：3～1000kg 圆柱实心体直径≥20mm	块、条、板、型	报废的钢坯及钢材、车船板、机械废钢件、机械零部件、切割结构件、火车轴、钢轨、管材、废旧工业设备等

型号	类别	外形尺寸重量要求	供应形状	典　型　举　例
中型废钢	2 类	≤1500mm×700mm，厚度≥6mm 单重：2~1200kg 圆柱实心体直径≥12mm	块、条、板、型	报废的钢坯及钢材、车船板、机械废钢件、机械零部件、切割结构件、火车轴、钢轨、管材、废旧工业设备等
小型废钢	1 类	≤1000mm×500mm，厚度≥4mm 单重：0.5~1000kg 圆柱实心体直径≥8mm	块、条、板、型	机械废钢件、机械零部件、车船板、管材、废旧设备等
	2 类	Ⅰ级：密度≥1100kg/m³ Ⅱ级：密度≥800kg/m³	破碎料	汽车破碎料等
统料型废钢		≤1000mm×800mm，厚度≥2mm 单重：≤800kg 圆柱实心体直径≥4mm	块、条、板、型	机械废钢件、机械零部件、车船板、废旧设备、管材、钢带、边角余料等
轻料型废钢	1 类	≤1000mm×1000mm 厚度≥2mm 单重：≤100kg	块、条、板、型	各种机械废钢及混合废钢、管材、薄板、钢丝、边角余料、生产和生活废钢等
轻料型废钢	2 类	≤800mm×600mm×500mm Ⅰ级：密度≥2500kg/m³ Ⅱ级：密度≥1800kg/m³ Ⅲ级：密度≥1200kg/m³	打包件	各种机械废钢及混合废钢、薄板、边角余料、钢丝、生产和生活废钢等

注：1. 经供需双方协议，也可供大于表中要求尺寸的废钢；

　　2. 冶金生产厂可根据炉种要求，将废钢再加工、分类、分组（合金钢）。

3.1.2.2　废钢的要求

为了使废钢高效而安全地冶炼成合格产品，对废钢有下列要求：

(1) 废钢表面清洁少锈，因为铁锈主要成分为 $Fe_2O_3 \cdot nH_2O$，受热分解后会使钢中氢气增加，严重影响钢的质量。锈蚀严重的废钢会降低钢水和合金元素的收得率，对钢液质量和成分估计不准。油污、棉丝和橡胶塑料制品会增加钢中氢气，造成钢锭内产生白点、气孔等缺陷。泥沙、炉渣和耐火材料等物一般属酸性氧化物。会侵蚀炉衬，降低炉渣碱度，增大造渣材料消耗并延长冶炼时间。

(2) 废钢中不得混有铜、铅、锌、锡、锑、砷等有色金属，特别是镀锡、镀锑等废钢。锌在熔化期挥发，在炉气中氧化成氧化锌，炉盖易损坏；砷、锡、铜使钢产生热脆，而这些元素在冶炼中又难以去除；铅密度大，熔点低，不熔于钢水，易沉积炉底造成炉底熔穿事故。

(3) 废钢中不得混有爆炸物、易燃物、密封容器和毒品，以保证安全生产。

(4) 废钢要有明确的化学成分。废钢中有用的合金元素应尽可能在冶炼过程中回收利用。对有害元素含量应限制在一定范围以内。

(5) 废钢要有合适的块度和外形尺寸。废钢的外形和块度应能保证从炉口顺利加入转炉。废钢的长度应小于转炉口直径的 1/2，块度一般不应超过 300kg。国标要求废钢的长度不大于 1000mm，最大单件重量不大于 800kg。

（6）不同性质废钢应分类存放，以避免贵重合金元素损失或造成熔炼废品。

3.1.3　生铁块

生铁块也叫冷铁，是铁锭、废铸件、罐底铁和出铁沟铁的总称，其成分与铁水相近，但没有显热。它的冷却效应比废钢低，同时还需要配加适量石灰渣料。有的厂家将废钢与生铁块搭配使用。

生铁是碳含量 $w(C) > 2.0\%$ 的另一种铁碳合金，炼钢生产中所用的生铁，其碳含量 $w(C) = 3.5\% \sim 4.4\%$。它的特点是无塑性，很脆，不能进行压力加工变形，熔点较低，液态时的流动性比钢好，易铸成各种铸件。

固态生铁称为铁块，表面大多有凹槽及肉眼可见砂眼。铁块有两大品种：一是灰口铁，也叫灰铸铁，因其断面呈暗灰色而得名，其硅含量较高，液态时流动性好，常用于生产铸件；二是白口铁，因其断面呈亮白色而得名，其硅含量较低，一般作为炼钢用生铁。

3.1.4　铁合金

铁合金（ferroalloy）主要用于调整钢液成分和去除钢中杂质，主要作炼钢的脱氧剂和合金元素添加剂。铁合金的种类可分为铁基合金、纯金属合金、复合合金、稀土合金、氧化物合金。

转炉常用的铁合金有锰铁、硅铁、硅锰合金、硅钙合金、铝、铝铁、钙铝钡合金、硅铝钡合金等。

对铁合金总的要求是：合金元素的含量要高，以减少熔化时的热量消耗；有确切而稳定的化学成分，入炉块度应适当，以便控制钢的成分和合金的收得率；合金中含非金属夹杂和有害杂质硫、磷及气体要少。

对铁合金的管理工作包括：

（1）铁合金应根据质量保证书，核对其种类和化学成分，分类标牌存放，颜色断面相似的合金不宜邻近堆放，以免混淆。

（2）铁合金不允许置于露天下，以防生锈和带入非金属夹杂物，堆放场地必须干燥清洁。

（3）铁合金块度应符合使用要求。一般来说，熔点高、密度大、用量多和炉子容积小时，宜用块度较小的铁合金。一般加入钢包中的尺寸为 5~50mm，加入炉中的尺寸为 30~200m。

（4）铁合金使用前必须进行烘烤，以去除铁合金中的气体和水分，同时使铁合金易于熔化，减少吸收钢液的热量。

铁合金烘烤一般分为 3 种情况：

1）氢含量高的电解锰、电解镍等，采用高温退火；

2）硅铁、锰铁、硅锰合金、铬铁、钨铁、钼铁等熔点较高又不易氧化的铁合金，采用高温烘烤，其中硅铁、锰铁、铬铁应不低于 800℃，烘烤时间应大于 2h；

3) 稀土合金、硼铁、铝铁、钒铁、钛铁等熔点较低或易氧化的铁合金，采用低温干燥，其中钒铁、钛铁加热近 200℃，时间大于 1h。

任务 3.2 造渣材料

3.2.1 石灰

3.2.1.1 石灰的标准和质量

石灰的主要成分 CaO，是炼钢主要造渣材料，具有较强的脱磷、脱硫能力，它是用量最多的造渣材料。因而对其质量要求严格，要求石灰有效 CaO 含量要高，SiO_2 含量低，硫含量应尽可能低，残余 CO_2 少，活性度高，块度合适，此外，石灰还应该保证清洁、干燥。

对石灰的具体要求是：$w(CaO) = 85\%$，$w(SiO_2) \leqslant 3\%$，$w(MgO) \leqslant 5\%$，$w(Fe_2O_3+Al_2O_3) \leqslant 3\%$，$w(S) \leqslant 0.15\%$，$w(H_2O) \leqslant 0.3\%$；一般非喷粉用石灰块度转炉以 20~50m 为宜。表 3-3 所示为我国冶金石灰质量标准。

表 3-3　冶金石灰的规格（YB/T 042—2014）

类　别	品　级	化学成分 w/%						活性度（4NHCl/mL（40±1）℃ 10min）
		CaO	CaO+MgO	SiO_2	S	P	CO	灼减	
		不大于		不小于					不小于
普通	特级	92.0		1.5	0.025	0.01	2		360
	一级	90.0		2.5	0.10	0.02		5	300
	二级	85.0		3.5	0.15	0.03		7	250
	三级	80.0		5.0	0.20	0.04		9	180
镁质	特级		93.0	1.5	0.025	0.01	2		360
	一级		91.0	2.5	0.10	0.02		3	280
	二级		86.0	3.5	0.15	0.03		6	230
	三级		81.0	5.0	0.20	0.04		10	180

此外石灰极易水化潮解，生成 $Ca(OH)_2$，要尽量使用新焙烧的石灰，同时对石灰的储存时间应加以限制。

3.2.1.2 石灰的性质及反应能力

石灰性质包括物理和化学性质，主要有：

（1）煅烧度。根据生产中石灰煅烧程度可分为软烧石灰、中烧石灰和硬烧石灰。根据石灰的煅烧条件，一般把煅烧温度过高或煅烧时间过长而获得的晶粒粗大、气孔率低和体积密度大的石灰，称为硬烧石灰（过烧石灰）；硬烧石灰大多由致密 CaO 聚集体组成，晶体直径远大于 $10\mu m$，气孔直径有的大于 $20\mu m$。将煅烧温度在 $1100℃$ 左右而获得的晶粒细小、气孔率高、体积密度小的石灰，称为软烧石灰；它的绝大部分由最大为 $1~2\mu m$ 的小晶体组成，绝大部分气孔直径为 $0.1~1\mu m$；软烧石灰溶解速度快，反应能力强，又称活性石灰。介于两者性质之间的称为中烧石灰，其晶体强烈聚集，晶体直径为 $3~6\mu m$，气孔直径约为 $1~10\mu m$。

（2）体积密度。由于水合作用，很难测定 CaO 的密度，其平均值可认为是 $350kg/m^3$。石灰的体积密度随煅烧度的增加而提高，如果石灰石分解时未出现收缩或膨胀，那么软烧石灰的体积密度应为 $1570kg/m^3$，气孔率为 52.5%；中烧石灰为 $1800~220kg/m^3$，硬烧石灰为 $2200~2600kg/m^3$。

（3）气孔率和比表面积。气孔率分为总气孔率和开口气孔率。总气孔率可由相对密度和体积密度算出，它包括开口和全封闭的气孔。软烧石灰比表面积通常为 $1.97m^2/g$。

（4）灼减。指石灰在 $1000℃$ 左右失去的重量，它是由于石灰未烧透以及在大气中吸收了水分和 CO_2 所致。

（5）水活性。指 CaO 在消化时与水或水蒸气的反应性能，即将一定量石灰放入一定量水中，然后用滴定法或测定放出的热量来评定其反应速度，用以表示石灰的活性。

活性度表征石灰反应能力的大小，是衡量石灰质量的重要参数，用石灰的溶解速度来表示。石灰在高温炉渣中的溶解能力称为热活性，目前在实验时还没有条件测定其热活性。研究表明，用石灰与水的反应，即石灰的水活性可以近似地反映石灰在炉渣中的溶解速度。活性度大，则石灰溶解快，成渣迅速，反应能力强。

石灰活性的检验，世界各国目前均用石灰的水活性来表示。其基本原理是石灰与水化合生成 $Ca(OH)_2$，在化合反应时要放出热量和形成碱性溶液，测量此反应的放热量和中和其溶液所消耗的盐酸量，并以此结果来表示石灰的活性。

1）温升法。把石灰放入保温瓶中，然后加入水，并不停地搅拌，同时测定达到最高温度的时间，并以达到最高温度的时间或在规定时间达到的升温数作为活性度的计量标准。

如美国材料试验协会（ASTM）规定：把 1kg 小块石灰压碎，并通过 $3.327mm$（6 目）筛。取其中 76g 石灰试样加入 $24℃$ 的 $360mL$ 水的保温瓶中，用搅拌器不停地搅拌，测定并记录达到最高温度的时间。达到最高温度的时间小于 $8min$ 的才是活性石灰。

2）盐酸滴定法。利用石灰与水反应后生成的碱性溶液，加入一定浓度的盐酸使其中和，根据一定时间内盐酸溶液的消耗量作为活性度的计量标准。

我国石灰活性度的测定采用盐酸滴定法，其标准规定：取 1kg 石灰块压碎，然后通过 10mm 标准筛。取 50g 石灰试样加入盛有 $(40\pm1)℃$ 的 $200mL$ 水的烧杯中，并滴加 1% 酚酞指示剂 $2~3mL$，开动搅拌器不停地搅拌。用 4mol/L 浓度的盐酸开始滴定，并记录滴定时间。采用 $10min$ 时间中和碱溶液所消耗的盐酸溶液量作为石灰的活性度。我国标准规定，盐酸溶液消耗量大于 $300mL$ 才属于活性石灰。

3.2.2 萤石

萤石（fluorite）的主要成分是 CaF_2，作为助熔剂使用，它能使 CaO 和阻碍石灰溶解的 $2CaO \cdot SiO_2$ 外壳的熔点显著降低，生成低熔点的 $3CaO \cdot CaF_2 \cdot 2SiO_2$（熔点 1362℃），加速石灰溶解，迅速改善炉渣动性。

萤石助熔的特点是作用快、时间短。但大量使用萤石会增加喷溅，加剧炉衬侵蚀，并污染环境。

近年来，各钢厂从环保角度考虑，使用多种萤石代用品，如铁锰矿石、氧化铁皮、转炉烟尘、铁矾土等。

3.2.3 白云石

白云石的主要成分为 $CaCO_3 \cdot MgCO_3$。经焙烧可成为轻烧白云石，其主要成分为 $CaO \cdot MgO$。多年来，氧气转炉广泛应用生白云石或轻烧白云石代替部分石灰造渣。实践证明，采用白云石造渣对减轻炉渣对炉衬的侵蚀，提高炉衬寿命具有明显效果。溅渣护炉操作时，通过加入适量的生白云石或轻烧白云石，可以保持渣中的 MgO 含量达到饱和或过饱和，使终渣能够做黏，出钢后达到溅渣的要求。与轻烧白云石相比，生白云石在炉内分解吸热多，因此，用轻烧白云石效果最为理想。

3.2.4 合成造渣剂

合成造渣剂是将石灰和熔剂预先在炉外制成低熔点造渣材料，然后用于炉内造渣。即把炉内的石灰块造渣过程部分地，甚至全部移到炉外进行。显然，这是一种提高成渣速度，改善冶炼效果的有效措施。

作为合成造渣剂中熔剂的物质有氧化铁皮、氧化锰或其他氧化物、萤石等。可用其中的一种或几种与石灰粉一起在低温下预制成型，这种预制料一般熔点较低、碱度高、颗粒小、成分均匀，而且在高温下容易碎裂，是效果较好的成渣料。高碱度烧结矿或球团矿也可作为合成造渣剂使用，它的化学成分和物理性能稳定，造渣效果良好。用转炉污泥为基料制备复合造渣剂，可取得较好的使用效果和经济效益。

3.2.5 菱镁矿

菱镁矿也是天然矿物，主要成分是 $MgCO_3$，焙烧后用作耐火材料，也是目前溅渣护炉的调渣剂。

任务 3.3　常用气体

炼钢所用气体大多是无色的，仅从外色难以鉴别，一般采取在输气管外涂以不同的颜色以示区别。涂色标识见表 3-4。

表 3-4　输气管涂色标识

气体	蒸汽	氧气	氮气	煤气	氩气	乙炔	压缩空气
标识	红	蓝	黄	黑	专用管道	白	深蓝

3.3.1　氧气

氧气是炼钢的主要氧化剂，对其质量要求包括以下几方面：

（1）氧气纯度。要求在 99.8% 以上，纯度高，则其氮含量及水分等就低，有利于钢质量的提高。

（2）氧气压力。压力要稳定，在 0.6~1.4MPa 之间。

3.3.2　氮气

氮气的主要作用有：

（1）溅渣护炉；

（2）用作复吹转炉前中期的底吹气体；

（3）用来封闭氧枪和副枪插入孔的空隙以及封闭其他气体。

对氮气的要求是压力不小于 0.1MPa，纯度不小于 98%。

3.3.3　氩气

氩气是惰性气体之一，既不溶于钢水，又不与其他元素反应。其用途主要有：

（1）钢包吹氩；

（2）钢包吹氩搅拌还可以均匀成分和温度；

（3）在进行保护浇注时可以防止钢水的二次氧化；

（4）氩气可以作为复吹转炉底吹气体。

任务 3.4　冷　却　剂

为了准确命中转炉终点温度，根据热平衡计算可知，转炉必须加入一定量的冷却剂。氧气转炉冷却剂有废钢、氧化铁皮、铁矿石、烧结矿、球团矿、石灰石等，其中主要的是废钢、铁矿石和氧化铁皮。

（1）废钢。废钢的冷却效应稳定，加入转炉产生的渣量少，不易喷溅，但加入转炉占用冶炼时间，冶炼过程调节不便。

（2）铁矿石、氧化铁皮。铁矿石主要成分是 Fe_2O_3 和 Fe_3O_4。铁矿石在熔化后铁被还原，过程吸收热量，因而能起到调节熔池温度的作用。但铁矿带入脉石，增加石灰消耗和渣量，同时一次加入量不能过多，否则会产生喷溅。铁矿石还能起到氧化作用。

氧化铁皮来自轧钢车间副产品，使用前应烘烤干燥，去除油污。氧化铁皮细小体轻，因而容易浮在渣中，增加渣中氧化铁的含量，有利于化渣，因此氧化铁皮不仅能起到冷却剂的作用，而且能起到助熔剂的作用。

（3）其他冷却剂。石灰石、生白云石也可作冷却剂使用，其分解熔化均能吸收热量，同时还具有脱磷、硫的能力。当废钢与铁矿石供应不足时，可用少量的石灰石和生白云石作为补充冷却剂。

任务 3.5　增　碳　剂

在冶炼过程中，由于配料或装料不当以及脱碳过量等原因，有时造成钢中碳含量没有达到预期的要求，这时要向钢液中增碳。常用的增碳剂有增碳生铁、电极粉、石油焦粉、木炭粉和焦炭粉。

转炉冶炼高碳钢种时，使用含杂质很少的石油焦作为增碳剂。对顶吹转炉炼钢用增碳剂的要求是固定碳要高，灰分、挥发分和硫、磷、氮等杂质含量要低，且干燥、干净、粒度适中。其固定碳：$C \geqslant 96\%$，挥发分 $\leqslant 1.0\%$，$S \leqslant 0.5\%$，水分 $\leqslant 0.5\%$，粒度为 $1 \sim 5mm$。

任务 3.6　保　温　剂

随着钢铁生产技术的不断提高以及高纯净超低碳钢的发展，对炼钢用辅助材料的要求也越来越高。从钢水保温剂的发展过程可明显看出这一点。钢水保温剂的最初功能只是保温，以防止钢水在传输过程或浇注过程中温降过大，但随着对钢质量要求的提高，钢水保温剂的功能趋于广泛，具体功能有保温、防止大气对钢水的二次氧化、吸附钢水中上浮的夹杂物、不与钢水反应从而避免污染钢水等。

保温剂主要有酸性、中性、碱性和微碳碱性四类。对保温剂的要求有：

（1）保温覆盖剂的使用不会对钢水增碳，能适应高、中、低碳或超低碳钢水生产的保温要求。

（2）保温覆盖剂应属碱性材料，其碱度应和钢渣的碱度相当，在保温覆盖剂的使用过程中不会降低钢渣的碱度，从而避免钢水的回磷和回硫。

（3）保温覆盖剂应具有良好的保温性能，从材料内部的传热过程来看，要使保温覆盖剂具有良好的保温性能，就必须使材料中含有大量的气孔率以阻隔传导通路，为此，保温覆盖剂应具有较低的容重。

（4）保温覆盖剂应具有较高的熔点，较高的熔点能使保温剂在使用过程中不易熔化，能较长时间保持良好的保温性能。

（5）保温覆盖剂应价廉质优，为了适应市场和钢铁生产降低成本的需要，保温覆盖剂的原材料应价格低廉、来源广阔，且生产工艺简单。

任务 3.7　铁水预处理

铁水预处理是指铁水在兑入炼钢炉之前，为去除或提取某种成分而进行的处理过程。例如对铁水的炉外脱硫、脱磷和脱硅，即"三脱"技术就属于铁水预处理的一种。铁水进行"三脱"可以改善炼钢主原料的状况，实现少渣或无渣操作，简化炼钢操作工艺，经济有效地生产低磷、硫优质钢。

3.7.1 铁水预脱硫

微课-铁水预
脱硫处理

课件-铁水预
脱硫处理

研究表明，铁水脱硫条件比钢水脱硫优越，脱硫效率也比钢水脱硫高 4~6 倍，主要原因是：（1）铁水中含有较高的 C、Si、P 等元素，提高了铁水中硫的活度系数；（2）铁水中氧含量低，利于脱硫。

3.7.1.1 脱硫剂的选择

选择脱硫剂主要从脱硫能力、成本、资源、环境保护、对耐火材料的侵蚀程度、形成硫化物的性状、对操作影响以及安全等因素综合考虑确定。工业中可采用的铁水脱硫剂种类很多，目前主要有钙基（系）、镁基（系）等。

A 钙基脱硫剂

a 石灰粉

石灰粉的主要成分为 CaO，其脱硫反应为：

$$CaO(s) + [S] = CaS(s) + [O] \tag{3-1}$$

因铁水中存在大量的碳，当铁水中 $w[Si] < 0.05\%$ 时，发生的脱硫反应为：

$$CaO(s) + [S] + [C] = CaS(s) + CO(g) \tag{3-2}$$

当铁水中 $w[Si] \geq 0.05\%$ 时，脱硫反应表示为：

$$4CaO(s) + 2[S] + [Si] = 2CaS(s) + (2CaO \cdot SiO_2)(s) \tag{3-3}$$

石灰粉脱硫有如下特点：

（1）当铁水中的硅氧化成 SiO_2 后，会与 CaO 生成 $CaSiO_4$，耗费有效 CaO 量，降低脱硫效果。

（2）脱硫渣为固体渣，对耐火材料侵蚀较轻微，扒渣方便，但是渣量较大。

（3）石灰粉流动性差，在料罐中下料易"架桥"堵塞，喷吹中也易结块凝聚，故必须加强搅拌。石灰粉也极易潮解，大大恶化流动性，生成的氢氧化钙 $Ca(OH)_2$ 不但影响脱硫效果，而且污染环境。

（4）喷入的石灰粉粒表面可能会生成致密的硅酸钙（$2CaO \cdot SiO_2$），在脱硫反应中阻碍硫向石灰粉粒中的扩散，所以脱硫效率较低，只有电石粉的 1/4~1/3。

（5）石灰粉价格低廉，在大型钢铁联合企业中还可利用石灰焙烧车间除尘系统收集的石灰粉尘。

石灰粉一般不单独使用，通常配加添加剂，如金属 Al 或 Mg、电石（CaC_2）、炭粉（C）、萤石（CaF_2）、石灰石（$CaCO_3$）。

b CaC_2

CaC_2 在铁水中的脱硫反应为：

$$CaC_2(s) + [S] = CaS(s) + 2[C] \tag{3-4}$$

CaC_2 和 CaO 一样，吸收铁水中的硫后会生成 CaS 的渣壳，使脱硫过程被阻滞。为此，可在电石中混入一定量的石灰石粉（$CaCO_3$），其商业名称叫 CaD。加入 $CaCO_3$ 的目的是让其分解产生 CO_2，防止 CaC_2 烧结。

电石（CaC_2）系脱硫剂的脱硫特点：

（1）在高碳铁水中，CaC_2 分解出的钙离子与硫有极强的亲和力，因此有很强的脱硫能力，而且这个反应是放热反应，有利于减少铁水的降温。

（2）脱硫生成物 CaS 的熔点为 2450℃，在铁水面形成疏松的固体渣，活度较低，有利于防止回硫，而且扒渣操作较容易，对混铁车内衬侵蚀也较轻。

（3）脱硫时生成的碳除饱和溶解于铁液外，其余以石墨态析出；同时脱硫中还有少量的 CO、C_2H_2 气体，以及随喷吹气体带出的少量电石粉、石灰粉等，会污染环境，必须设置除尘设备。

（4）电石粉极易吸潮，在大气中与水分接触时产生 C_2H_2（乙炔）气体，易形成爆气氛，应采取安全措施，因此运输和储存时应密封防潮，在开始喷吹前再与其他脱硫剂混合。

（5）生产电石粉耗能高，价格昂贵。

c　石灰石粉（$CaCO_3$）

石灰石粉在铁水中首先会发生如下的热分解反应

$$CaCO_3(s) == CaO(s) + CO_2(g) \tag{3-5}$$

石灰石粉脱硫有如下特点：

（1）石灰石粉受热分解出 CO_2 气体可加强对铁水的搅拌作用，喷吹中 CO_2 气泡可破碎铁水中悬浮的粉粒脱硫剂的气泡，增加脱硫剂和铁水接触的机会，提高脱硫能力。因而也把石灰石粉称为"脱硫促进剂"。

（2）石灰石粉吹入铁水，其分解是吸热反应，分解出来的 CO_2 气体如过于集中将使铁水产生喷溅。所以石灰石粉的使用比例受到限制，不宜过多，一般配比在 5%~20% 范围内。

（3）资源丰富，价格低廉。

B　镁基脱硫剂

a　金属镁

金属镁的熔点为 650℃，沸点是 1107℃。铁水炉外脱硫温度一般在 1250~1450℃ 范围内，金属镁在此温度范围内会气化。

镁脱硫剂可分为两大类：一类是散状镁，即镁粉和镁粒；另一类是块状镁，即镁锭、镁焦、钝化镁和镁丝等。散状镁是用喷吹法，即借助载气和喷枪加入铁水；块状镁是用专门的设备加入铁水，种类不同加入设备也不同。

对于喷吹金属镁进行铁水脱硫的体系，脱硫反应式为：

$$Mg(s) \longrightarrow Mg(l) \longrightarrow Mg(g) \longrightarrow [Mg] \tag{3-6}$$

$$Mg(g) + [S] == MgS(s) \tag{3-7}$$

$$[Mg] + [S] == MgS(s) \tag{3-8}$$

Irons 和 Guthrie 发现，仅 10% 的脱硫反应是由铁水中的硫扩散到气泡界面与镁蒸气发生的脱硫反应。大多数脱硫反应是镁首先溶入铁水内，然后硫与镁扩散到铁水微小夹杂物界面反应生成 MgS，所以加快镁气泡向铁水中溶解的速度，提高铁水中镁的溶解度是关系到镁脱硫效果的关键。

镁脱硫剂的优点是镁和硫的亲和力极高，脱硫反应主要是铁水的均相反应，对低温铁水来说，镁是最强的脱硫剂之一，对铁水带有高炉渣不敏感，因渣和脱硫反应无关，生成的渣量少，所以铁损少，而且脱硫渣没有环境问题；镁用量少，脱硫处理用的设备投资低，脱硫过程对铁水化学成分基本无影响。

镁脱硫剂的缺点是由于铁水中会有残留镁，造成部分镁损失；在高温下由于镁的蒸气压太高，难以控制，有时使镁的脱流效率降低；用镁进行脱硫处理时，须用深的铁水包，以利于保证插枪深度；另外要避免镁遇湿产生危险。

金属镁活性很高，极易氧化，是易燃易爆品。镁粒只有经表面钝化处理后才能安全地运输、储存和使用。经钝化处理后，镁粒表面形成一层非活性的保护膜，如盐钝化的涂层颗粒镁，制备时采用熔融液态镁离心重复分散技术，利用空气动力逆向冷却原理将盐液包敷在镁颗粒外层，形成银灰色均匀的球状颗粒。

目前，在国内工业生产中，镁的利用率为50%左右。工业生产中采用"钝化镁粉"和"复合喷吹（如喷吹 Mg/CaO、Mg/CaC$_2$ 复合脱硫剂）"等工艺均可有效地降低镁的气化速度，这些技术措施对提高镁的利用率是必要的、合理的。

b　Mg/CaO 复合脱硫剂

喷吹 Mg/CaO 复合脱硫剂时，铁水中会发生与单独喷吹 Mg 或单独喷吹 CaO 脱硫时相同的反应，但平衡时不存在 MgS（s）。因铁水中会发生如下反应：

$$CaO(s) + MgS(s) = CaS(s) + MgO(s) \quad \Delta G^{\ominus} = -100910 + 8.22T \text{(J/mol)}$$

$$\text{(3-9)}$$

这一反应在 1250~1450℃范围内，$\Delta G^{\ominus} \ll 0$，说明在喷吹 Mg/CaO 脱硫剂的条件下，由于 CaO（s）的存在，MgS（s）不稳定，它会与 CaO（s）反应生成 CaS（s）+MgO（s）。因此，喷入的 Mg+CaO 经脱硫反应后均被消耗转变成最终的脱硫产物 CaS（s）+MgO（s）。脱硫反应式可写为：

$$Mg(g) + [S] + CaO(s) = CaS(s) + MgO(s) \tag{3-10}$$

$$[Mg] + [S] + CaO(s) = CaS(s) + MgO(s) \tag{3-11}$$

在金属镁粉中配加一定量的石灰粉，可提高镁的利用率，缩小镁气泡的直径，减缓气泡的上浮速度。石灰粉能起到一定的脱硫作用，同时也起到镁粉的分散剂作用，避免大量的镁瞬间气化造成喷溅，加入的石灰粉还可以成为大量气泡的形成中心，从而减小镁气泡的直径，降低镁气泡上浮速度加快镁向铁水中的溶解，提高镁的利用率。从热力学角度来看，喷吹 Mg/CaO 复合脱硫剂比单独喷吹镁进行铁水脱硫更有利，脱硫能力更强。本钢的生产试验表明，镁基粉剂中的钙镁比（$w(CaO)/w(Mg)$）为 2~3 作为石灰、镁粉的喷吹比，效果好。

c　Mg/CaC$_2$ 复合脱硫剂

喷吹 Mg/CaC$_2$ 复合脱硫剂的体系，由于 CaC$_2$ 与 [O] 反应生成 CaO，根据前面的分析可知，在 CaO 存在的条件下，MgS 不能稳定地存在于该体系中。由于 Mg/CaC$_2$ 复合脱硫体系与 Mg/CaO 复合脱硫体系的脱硫平衡反应是相同的，因此对脱硫能力而言，喷吹这两种复合脱硫剂效果是一样的。但是，由于 CaC$_2$ 比 CaO 昂贵且不安全，因此从脱硫成本及储运、使用的安全性方面考虑，使用 Mg/CaO 复合脱硫剂更安全、成本更低。

镁基脱硫剂是最佳的铁水脱硫剂之一。但应采取严格控制喷镁速度、改善镁气化条件、增加插入深度、提高镁在铁水中的溶解度等技术措施，提高镁的利用率，保证镁脱硫工艺的处理成本低于石灰基处理工艺。

　　除了常用的钙基脱硫剂和镁基脱硫剂外，Na_2CO_3 也是较早采用的一种炉外脱硫剂，有很强的脱硫能力，熔点低，熔化成渣后流动性好，远远高于石灰的脱硫能力。但是，Na_2O_3 易蒸发生成大量烟雾，这些烟雾污染空气、堵塞管道、加剧侵蚀，同时渣中 Na_2O 含量高，渣变得很稀，对包衬等耐火材料侵蚀严重，加之 Na_2CO_3 来源短缺，成本高，因而在使用中受到较大限制。

　　综上所述，几种脱硫剂各有优缺点，比较其脱硫能力大小，其顺序为 Mg/CaO（Mg/CaC_2）、CaC_2、Mg、CaO，都被广泛地应用于铁水脱硫。

3.7.1.2　铁水预脱硫方法

　　目前机械搅拌法和喷吹法是铁水脱硫预处理工艺最基本的两种方法。

A　机械搅拌法

　　KR 法、DO 法、RS 法和 NP 法等都是机械搅拌法，其中 KR 法应用最为广泛，它是日本 1965 年开发的，我国武钢 20 世纪 70 年代从日本引进了 KR 脱硫装置。KR 法具有脱硫效率高、脱硫剂耗量少、金属损耗低等特点。

　　图 3-1 所示为 KR 法脱硫装置示意图，主体设备包括升降装置、机械搅拌装置、搅拌桨更换车、熔剂输送装置、扒渣系统等。该设备机械搅拌头是由变量泵配定量油马达组成恒扭矩调速系统，它能使搅拌头在转速由"0"—低速—高速，或者从高速—低速—"0"的调速过程中扭矩始终保持恒定。采用这种方式需要大量的液压组件，投资价格高。日本川崎重工及川崎制铁两家公司的机械搅拌装置选择了电动机配减速机传动，并且电动机采用变频调速技术实现搅拌头的恒扭矩调速。作为已成熟的变频调速技术，投资价格远比液压调速技术低廉。

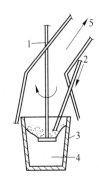

图 3-1　KR 法脱硫装置
1—搅拌器；2—脱硫剂输入；
3—铁水罐；4—铁水；
5—排烟烟道

　　对于 KR 搅拌法，由于熔剂需在叶片上端打散，导致这个部件容易受到磨损，所以选择 4 个叶片的搅拌头最为合适。搅拌头使用 4 个叶片，可以使其旋转时铁水面不易产生波浪，铁水飞溅较少，叶片的磨损情况也小，可以减少搅拌的更换次数，提高使用寿命，降低耐火材料消耗等，处理效果明显好于 2 个叶片。"十"字形搅拌头为高铝质耐火材料，内骨架为钢结构，寿命为 90~100 次，每使用 3~4 次后需要用耐火材料进行修补。

　　KR 搅拌法借助这种机械搅拌作用使熔剂卷入铁水中并与之接触、混合、搅动，从而进行脱硫反应。经过烘烤的搅拌头插入铁水罐液面下一定深处，并使之旋转。当搅拌器旋转时，铁水液面形成"V"形旋涡（中心低，四周高），此时加入脱硫剂后，熔剂微粒在桨叶端部区域内由于湍动而分散，并沿着半径方向"吐出"，然后悬浮，绕轴心旋转和上浮于铁水中。当搅拌器开动时，在液面上看不到熔剂，停止搅拌后，生成的干稠状渣浮于铁水面上，扒渣后即达到脱硫的目的。

　　处理前铁水内的渣子必须充分扒除，否则会严重影响脱硫效果，处理完毕还需扒渣。

B 喷吹法

喷吹法也称喷射法或喷粉法，是将脱硫剂用载气（N_2或惰性气体）经喷枪吹入铁水深部，使粉剂与铁水充分接触，在上浮过程中去除硫，可以在混铁车或铁水罐内处理。喷枪垂直插入铁液中，由于铁水的搅动，脱硫效果好。喷枪插入深度和喷吹强度直接关系到脱硫效率。图3-2所示为喷吹法脱硫装置示意图。

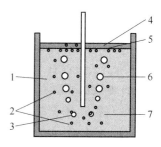

图 3-2 喷吹法脱硫装置
1—移动脱硫反应；2—处理熔剂；
3—气泡界面脱硫反应；4—铁水罐内渣层；
5—持续脱硫反应；6—载气泡；7—铁水

铁水喷粉预脱硫过程中，一部分处理熔剂直接分散到铁水中与铁水直接接触。另一部分熔剂裹在气泡内或依附在气泡金属界面。一般认为铁水喷粉脱硫反应是由顶渣与熔池内铁液间的持续脱硫反应（永久脱硫反应）、喷入的脱硫剂在铁液内上浮过程中与铁液间的移动脱硫反应（瞬时脱硫反应）及气泡界面脱硫反应三部分所组成。

当喷吹镁脱硫剂时，镁颗粒侵入铁液后会迅速气化变成气泡，镁气泡的上浮速度与镁颗粒直径成正比，与喷吹深度成反比。因此，要提高镁脱硫效果、提高镁脱硫剂的利用率，就要减小镁气泡的上浮速度，也就要减小镁粒的直径；但过度减小镁粒直径会使镁粒难以侵入铁液中，这是一个矛盾的问题，解决问题的办法是提高喷枪出口速度。

由于喷吹法是在喷吹气体、脱硫剂和铁水三者之间充分搅拌混合的情况下进行脱硫的，因此脱硫效率高、处理时间短，可实现连续可控供料，操作费用较低，并且处理铁水量大、操作方便灵活，同时解决了易氧化元素的粉剂加入问题。

3.7.2 铁水预脱硅

铁水脱硅的目的是：（1）减少转炉石灰用量，减少渣量和铁损；（2）减少脱磷剂用量，提高脱磷脱硫效率；（3）对于含钒和含铌等特殊铁水，预脱硅可为富集V_2O_5和Nb_2O_5等创造条件。

3.7.2.1 脱硅剂的选择

根据资源及生产过程中副产品的综合利用，脱硅剂可选择转炉污泥、烧结返矿和氧化铁皮3种材料，选用的脱硅剂主要成分见表3-5。

表 3-5 脱硅剂的主要成分

脱硅剂	$w(TFe)/\%$	$w(CaO)/\%$	$w(SiO_2)/\%$	$w(S)/\%$	粒度/μm
烧结矿粉	48.2	9	4	0.02	80~120
污泥粉	40	18	3	0.070	80~120
氧化铁皮	74				添加10%石灰

3.7.2.2 铁水预脱硅方法

（1）出铁场脱硅。

1）自然投入法。脱硅剂有的通过皮带机或溜槽自然落下加入铁水沟，随铁水流入铁水罐进行反应。有的铁水沟有落差，脱硅剂高点加入，过落差点一段反应距离后设置撇渣器，将脱硅渣分离。落差脱硅，锰含量有相应下降。

2）顶喷法。有的脱硅剂以喷吹方式进行：一种为插入铁水的喷枪，喷枪附近的铁水沟为圆形反应坑；另一种喷枪在铁水面上以高速气粉流向铁水投射。有的投射点在铁水沟，该处改造为较宽较深的反应室，如图 3-3 所示；有的投射点在摆动溜嘴处。

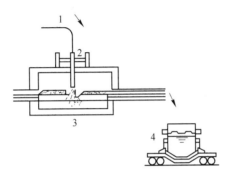

图 3-3 投射法布置在铁沟脱硅及反应室结构
1—轧钢皮/空气；2—喷枪；3—高炉铁沟；4—铁水罐

脱硅效果按自然投入法、喷吹法递增。需要指出，为了处理后能有稳定而低的硅含量，最好采用铁液内喷吹法，采用自然投入法要使硅降低到 0.1% 以下比较困难。

（2）铁水罐或混铁车脱硅。这种方法的优点是脱硅反应氧的利用率高，工作条件较好，并可克服高炉出铁时铁水硅含量波动，处理后铁水硅含量稳定；缺点是脱硅处理要占用一定的时间和温度降低较多。这种脱硅在专门的预处理站进行，采用插入铁水的喷枪脱硅；可另加氧枪面吹，防止温度下降。

（3）"两段式"脱硅法。"两段式"脱硅法为前两种方法的结合，先在铁水沟内加脱硅剂脱硅，之后在铁水罐或混铁车中喷吹脱硅。使用两段脱硅操作可使硅含量降到 0.15% 以下。

若铁水含硅量低于 0.40%，可采用高炉炉前脱硅。若硅含量大于 0.40%，则所需脱硅剂用量大，泡沫渣严重，适宜采用喷吹法或"两段式"脱硅法。若铁水需预处理脱磷脱硫，需先在铁水罐中脱硅，将含硅量降至 0.10%~0.15% 以下。

微课-铁水预脱硅、脱磷处理

课件-铁水预脱硅、脱磷处理

3.7.3 铁水预脱磷

3.7.3.1 脱磷剂

铁水脱磷剂主要由氧化剂（氧气、氧化铁等）、固定剂（常用的有 CaO、Na_2O）

和助熔剂（CaF_2、$CaCl_2$）组成。

部分脱磷反应式为：

$$\frac{6}{5}CaO(s) + \frac{4}{5}[P] + O_2(g) === \frac{2}{5}(3CaO \cdot P_2O_5)(s) \tag{3-12}$$

$$\frac{8}{5}CaO(s) + \frac{4}{5}[P] + O_2(g) === \frac{2}{5}(4CaO \cdot P_2O_5)(s) \tag{3-13}$$

$$\frac{6}{5}Na_2O(l) + \frac{4}{5}[P] + O_2(g) === \frac{2}{5}(3Na_2O \cdot P_2O_5)(s) \tag{3-14}$$

就脱磷能力来说，Na_2O 的脱磷能力比 CaO 强。表 3-6 为获得工业应用的脱磷剂及处理效果。

表 3-6　工业用脱磷剂及处理效果

厂名 （投产时间）		各脱磷剂单耗 /kg·t^{-1}	脱磷剂单耗 /kg·t^{-1}	处理方法与设备	处理效果			
					$\dfrac{w[P]_i}{w[P]_f}$	η_P /%	$\dfrac{w[Si]_i}{w[Si]_f}$	η_S /%
新日铁君津"ORP"（1982 年）		石灰 18，轧钢皮 28，萤石 2.5，$CaCl_2$ 2.5	51.0	290t 鱼雷罐，喷吹氮气	$\dfrac{0.120}{0.015}$	87.5	$\dfrac{0.025}{0.005}$	80.0
川崎	千叶（1982 年）水岛（1988 年）	石灰 10.3，轧钢皮 14.4，萤石 0.8，烧结尘 15.6，石灰 10，轧钢皮 30，萤石 0.4，苏打 0.5~9	41.1 40.9~49.4	250t 鱼雷罐，顶吹氧，熔剂在线混合喷吹	$\dfrac{0.12}{0.02}$	83.3	$\dfrac{0.035}{0.020}$	42.9
神户（1984~1985 年）	神户加古川	石灰 13.8，轧钢皮 13.8，萤石 4.4（苏打 5.8），石灰 12.8，轧钢皮 16，萤石 3.2，分期脱硫（CaO + CaC$_2$ 5.8）	32.0 32.0	240~300t 鱼雷罐，吹氧 4~6m^3/t（标态）脱磷，脱硫用氮气	$\dfrac{0.082}{0.015}$	81.7	$\dfrac{0.040}{0.010}$	75.0
住友和歌山（1986 年）		转炉渣 25~33，铁矿石 20~24，萤石 5~8，O_2 5~15m^3/t	50~65	160t 专用转炉 10~15min，底吹氮气 0.6~0.9m^3/t（标态）	$\dfrac{0.100}{0.015~0.025}$	75~85		
中国太钢（1988 年）		石灰 14.4，轧钢皮 22.6，萤石 4.1，O_2 2.84m^3/t	41.0	55t 专用包，50t 铁水，用氮气作载气	$\dfrac{0.082}{0.013}$	84.1	$\dfrac{0.030}{0.023}$	23.3
韩国浦项（1993 年）		石灰 10.8，轧钢皮 4.0，烧结尘 21.2，苏打 4.0	40.0	100t 专用包	$\dfrac{0.10}{0.01}$	90.0	$\dfrac{0.022}{0.009}$	60.0

3.7.3.2 铁水预脱磷方法

铁水炉外脱磷的主要方法有机械搅拌法和喷吹法。

A 机械搅拌法

在铁水包中加入配制好的脱磷剂，然后通过装有叶片的机械搅拌器使铁水搅拌均匀，也可同时吹入氧气。日本某厂曾在 50t 铁水包中用机械搅拌法脱磷，其叶轮转速为 50~70r/min，吹氧量 8~18m³/t，处理时间 30~60min，脱磷率60%~85%。

B 喷吹法

喷吹法是目前最主要的脱磷方法，它是通过载气将脱磷剂喷吹到铁水包中，使之与铁水混合、反应，达到高效率脱磷。

（1）铁水包喷吹法。优点：铁水包混合容易，排渣性好；氧源供给可上部加轧钢皮，并配加石灰、萤石等，在强搅拌下加速脱磷反应；气体氧可以调节控制铁水温度；处理量与转炉匹配，转炉可冶炼低磷（<0.010%）钢种，减少造渣剂用量。日本新日铁用氩气作载气，在 100t 铁水包中吹入脱磷剂 45kg/t，喷吹时间 20min，脱磷率达 90%左右。

（2）鱼雷罐喷吹法。以鱼雷罐作为铁水预脱磷设备存在如下问题：鱼雷罐中存在死区，反应动力学条件不好，在相同粉剂消耗下，需要载气量大，且效果不如铁水罐；喷吹过程中罐体振动比较严重，改用倾斜喷枪或 T 形、十字形出口喷枪后有好转；用作脱磷设备后，由于渣量过大，罐口结渣铁严重，其盛铁容积明显降低；每次倒渣都需倒出相当多的残留铁水，否则倒不净罐内熔渣，影响盛铁量和下次处理效果；用苏打作脱磷剂罐衬侵蚀严重，尚无经济适用的方案予以解决。因此，使用这种脱磷容器的厂逐渐减少。

（3）专用炉处理。专用炉处理是在炼钢车间专门用一座预处理炉进行铁水脱磷。它有两种形式：一种是专门建造一座可倾翻扒渣、容量较大并配有防溅密封罩、喷粉处理的铁水包；另一种是将炼钢车间的转炉稍加改造后专用于铁水脱磷，已有不少厂采用此法，较早采用此法的是日本神户制铁所（其流程如图3-4所示）。

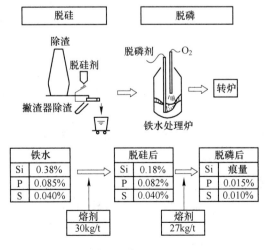

图 3-4 日本神户厂专用炉预处理工艺流程

随后，日本住友开发了预炼炉工艺，称为两级转炉串联操作 SRP 工艺，如图 3-5 所示。其中第一级转炉称为脱磷炉（即预炼炉），完成脱磷任务；第二级称为脱碳炉，完成炼钢任务。脱碳炉的转炉渣可配入铁矿石、萤石或加少量石灰作为预炼炉的脱磷剂，充分利用转炉渣的脱磷能力，可节约脱磷剂、降低成本。工艺特点：预炼炉可在 10min 内将铁水含量降至 0.011% 以下，同时可加 7% 的废钢；用脱磷铁水可很容易生产磷含量低于 0.010% 的极低磷钢；总的 CaO 消耗量可比冶炼普通含磷钢减少 10 ~ 18kg/t；由于加锰矿石熔融还原，终点锰含量可提高到 1.5%，因此可减少锰铁合金的用量；顶加脱磷剂（如块状石灰、转炉渣等）代替喷吹脱磷剂，价格便宜。

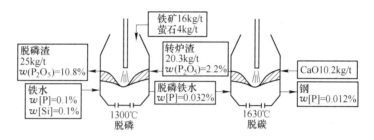

图 3-5　日本住友 SRP 操作工艺

转炉双联工艺进行铁水预处理的特点：

（1）与喷吹法相比，放宽对铁水硅含量要求。采用转炉三脱，控制铁水 $w[Si] \leqslant 0.3\%$ 即可以达到脱磷要求，而喷吹法脱磷要求铁水 $w[Si] \leqslant 0.15\%$。因此，采用转炉三脱可以和高炉低硅铁冶炼工艺相结合，省去脱硅预处理工艺。

（2）控制中等碱度（$R = 25 ~ 3.0$）渣，可得到良好的脱磷、脱硫效果。通常采用的技术有使用脱碳转炉精炼渣作为脱磷合成渣，增大底吹搅拌强度促进石灰渣化并适当增萤石量，配加石灰粉和转炉烟尘制成的高碱度低熔点脱磷剂。

（3）严格控制处理温度，避免熔池脱碳升温，保证脱磷，抑制脱碳。

（4）增强熔池搅拌强度，同时采用弱供氧制度。

（5）渣量减少，冶炼时间缩短，生产节奏加快，炉龄提高。

3.7.3.3　铁水同时脱硫脱磷

铁水脱硫和脱磷要求的热力学条件是相互矛盾的，脱磷要求熔渣（或金属液）高氧化性，而脱硫要求低氧化性。要同时实现脱硫与脱磷，必须根据铁水脱磷和脱硫的要求，控制合适的氧位才行。

用石灰系脱剂处理时，若要求 $w[P] \leqslant 001\%$，则氧位 $p_{O_2} \geqslant 10^{-8} Pa$；若要求 $w[S]_f \leqslant 0.005\%$，则 $p_{O_2} \leqslant 10^{-11} Pa$。因此，在 $p_{O_2} = 10^{-8} ~ 10^{-11} Pa$ 范围内，在同一氧位下石灰系脱磷剂不同时具有脱磷脱硫能力。

竹内等在 100t 铁水包脱磷时测定了不同部位的氧位，如图 3-6 所示。可以看出，不同部位的氧位不同，可分别具有较强的脱磷和脱硫能力。采用喷吹法时，在喷枪出口处氧位高，有利于脱磷；当粉液流股上升时，其氧位逐渐降低，到包壁回流处氧位低，有利于实现脱硫。因此，在同一反应器内，脱磷反应发生在高氧位区，脱硫反应发生在低氧位区，使铁水磷与硫得以同时去除，但总体过程无法控制。实际上，处理含磷0.1%左右的铁水，工业上已达到90%以上的脱磷率，而脱硫率则为50%左右。要达到深度的脱磷，总氧用量必须大于 8.0m³/t（标态）；铁水温度一般控制在 1300~1350℃范围。供氧速度由熔剂喷吹速度和吹氧速度来决定，供氧过快，铁水氧位增长过快，不利于脱硫；过慢则不利于脱磷。

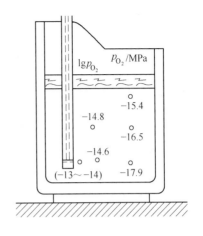

图 3-6　铁水包喷吹脱磷时
不同部位的氧位

目前铁水同时脱磷脱硫工艺已在工业上应用，如日本的 SARP 法（Sumitomo Alkali Refining Process，住友碱性精炼工艺）。该法于1982 年 5 月投产，工艺流程示意如图 3-7 所示。它是将高炉铁水首先脱 Si，当 $w[\text{Si}]<0.08\%$ 以后，除渣，然后喷吹苏打粉 19kg/t，其结果使铁水脱硫96%，脱磷95%。喷吹苏打粉工艺的特点是：苏打粉熔点低，流动性好；界面张力小易于渣铁分离，使渣中铁损小；实现同时去除硫磷；但对耐火材料侵蚀严重，有气体污染。

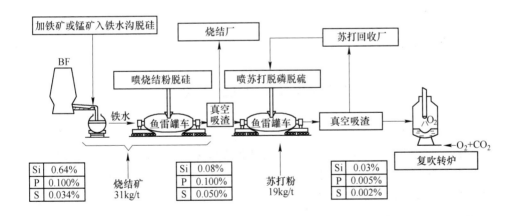

图 3-7　SARP 生产工艺流程

另外，以喷吹石灰粉为主的粉料也可实现同时脱磷与脱硫，如日本新日铁公司君津厂的 ORP 法（Optimising the Refining Process，最佳精炼工艺），如图 3-8 所示，该法于 1982 年 9 月投产。它是把铁水脱硅，当 $w[\text{Si}]<0.15\%$ 后，扒出炉渣，然后喷吹石灰基粉料 51kg/t，其结果铁水脱硫率为 80%，脱磷率为 88%。喷吹石灰基粉料的工艺特点是：渣量大，渣中铁损多；石灰熔点高，需加助熔剂；铁水中氧位低，需供氧；成本低。

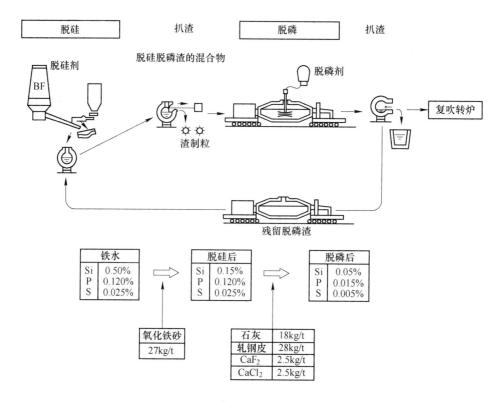

图 3-8　日本君津厂最佳精炼（ORP）工艺流程

☆ **课程思政**

先进班组原料班先进事迹一

　　班组是企业的组织细胞，是企业安全生产的前沿阵地。班组安全工作的好坏直接关系到企业的生存与发展。自炼钢厂原料作业二区倒罐站成立以来，丙班组在炼钢厂和原料作业二区的正确指导下，坚持以"立足新起点、开创新局面"为宗旨，立足岗位，严细管理，务实创新，锐意进取，以优良的工作作风和突出的工作业绩赢得了全厂及全公司上下的一致称赞。

　　炼钢厂原料作业二区倒罐站丙班共有班组成员六人。其中班长一人、倒罐工四人、指车工一人。自 2012 年 7 月份投产这一年多时间以来，承担着炼钢厂原料铁水的接铁和翻铁工作，在丙班班组班长左得明的指导下，积极贯彻落实各项管理规定，不断探索加强生产管理的新方法新途径，通过强化管理、苦练内功等方式方法，在安全管理、高效生产、挖潜降耗等领域取得丰硕成果。

　　为了带好这个班组，班长左得明面对着崭新的工作环境和经验不足的班组成员，以饱满的工作热情，身先士卒，以执行标准化作业为基础，严格要求丙班组成员，认真执行工作标准，大力开展岗位技能练兵，通过班组培训学习，达到整体的技术提高，把原来 35 分钟的铁水倾翻到吊运的生产周期压缩到 21 分钟。把生产指标细化到班员，明确分工，各司其职，围绕铁水装入量这项关键指标，严格工艺纪律，实施精细化、标准化操作，同时制定出操作性更强的奖惩激励制度，通过"劳动竞赛"调动职工的积极性，进而提高职工生产积极性和主动性，控制生产朝着有利方面发展，实现了产量、指标大幅突破提升。他在每次班前会上，都着重强调着"小-大-小"的鱼雷罐出铁顺序和"不小于 7 分钟"的出铁原则，结合公司历年来的安全事故案例，和近一阶段的安全事故通报，认真总结经验教训，使班组成员牢固树立安全理念，并随时抽查和指导各工位工作情况，使倒罐站整个生产过程中杜绝"五态上岗"和"三违操作"，做到全程把握、实时监控。左得明积极和炼钢厂调度室沟通联系，实时了解炼钢转炉情况，通过"合理调配、科学组织"的生产管理原则，确保了鱼雷罐铁水的接铁和供应，在 1 号大高炉铁水出炉和炼钢厂转炉炼钢之间，搭建起承前启后的工作桥梁，倒罐站单班接铁计划 4000 吨，丙班班组在日常生产中，均能保证平均每天接铁 4500 吨以上，超额完成 500 吨以上，为高炉接铁工作和转炉原料铁水供应工作提供了强有力的生产保障。与此同时，左得明为了完成工作任务，他常常加班加点，不辞辛苦。每次遇见脏活、累活，他第一个抢上去。他在日常工作中树立起一面旗帜，以积极主动、甘于奉献的工作态度，无时无刻的影响着身边的每一个人。

倒罐工刘旭东负责铁水倾翻、生产台账记录和 ERP 录入等工作。他利用自身优势，在班长左得明的指导帮助下，对日常需要填写的鱼雷罐情况登记表、铁水产量登记表、设备更换记录表、成本核算表等十余种表格进行改进，使这十余种表格仅需通过电脑填写完成，不用再进行复繁的书册填写，使倒罐站工段全面实施无纸化办公。现在倒罐站工段的主控工们，只需一台电脑、一张生产台账和一只笔就可以上岗，大大简化和工作程序，节省了工作时间和工作材料。他还积极参与集团公司和炼钢厂的各项活动，在公司首届安全知识大赛和炼钢厂党史知识竞赛上均取得优异成绩。与此同时，刘旭东还通过创作大量的信息稿件，将基层工作经验和工作事迹见诸报端，在基层宣传工作领域留下踏实足迹。

倒罐工辛贵颖负责鱼雷罐铁水倾翻、计量检斤系统确认收货和组织协调鱼雷罐进出工作。他在班长左得明的指导下，严格执行操作标准，以丰富的工作经验和甘于奉献的工作热情，在大力保障安全生产的基础上，严把铁水装入量和铁水直供转炉的质量关，并结合实际情况提出改进"受铁口安全防护栏"、"加强铁包包号标记"和"调整鱼雷罐倾翻角度"等切实可行的合理化建议。曾在计量检斤系统确认收货时，多次发现产量报数异常，及时沟通确认，为公司挽回经济损失数百万元。他以"锐意进取、求实创新"的精神风貌，在平凡的工作岗位上扎扎实实的做好每一件事。

倒罐工吕国东、马东明承担着鱼雷罐连接和铁水成分取样等工作，他在日常工作中，立足本岗、严以律己，在日常点检工作中不断加强巡视，发现问题及时汇报处理，曾发现鱼雷罐罐车大型螺母脱落的安全隐患，避免了安全事故的发生。同时积极参与倒罐站工序间"小改小革"，使生产作业操作更加安全、高效，为鱼雷罐安全运行和顺利接铁贡献杰出力量。

指车工王富贵负责铁水包吊运指挥和铁水测温工作，他在岗位上严格执行标准化操作，用一丝不苟的工作态度使安全工作奠定坚实基础。以及时、迅捷的工作步伐，保障了炼钢厂高速运行的生产节奏。

在积极保障日常安全生产工作的同时，这个班组在生产作业环境中深挖内潜、不断探索。他们善于发现作业环境中可以进行优化改造的机会点，摸索设备运行规律，广泛讨论、科学组织、合理实施。自倒罐站建立一年以来，先后进行了除尘设备阀门改造、铁水车安装负载清渣装置、坑口安全护栏改造、操作台增添铁量记数标志等"小改小革"技术改造项目20余项，在优化生产作业环境、提升工作效率、保障安全生产等方面做出卓越贡献。同时，丙班班组把废弃渣钢渣铁回收再利用，平均每月节约成本约10000余元。丙班班组还通过合理使用测温取样材料，改进取样测温方法，制定领取计划，严格杜绝浪费，指标落实到人，平均每月可节约成本2600余元，在挖潜降耗方面做出卓越贡献。

炼钢厂原料作业二区倒罐站丙班组，以上下一致的生产步伐和团结一心的工作热情，使日常生产运行工作顺利通畅，通过一系列先进管理手段和先进事迹，在安全保障、生产管理、深挖内潜、技术改革等各项领域均留下踏实足迹，展现出基层班组的优良风貌和先进文化，堪称为班组建设中的一面旗帜。

先进班组原料班先进事迹二

炼钢原料班是储运部废钢作业区辅线服务一线的重要岗位，经过多年磨炼，这个班组即具备辅线服务的细心作风，又具备了宏兴主线严谨的管理模式，已经成长为一个能打硬仗的一流服务队伍，在储运部及二炼钢享有极好的声誉。长期以来，二炼钢原料班出色完成二炼钢炉前冶炼废钢铁需求，以及作业区下达的各项任务。仅2010年一年废钢铁吞吐量1278715吨，调入废钢铁量639876吨、供出量638839吨、切割二炼钢、CSP中包注余13778吨，回收小循环废钢18080吨。二炼钢原料班之所以成为一个文明、过硬的班组，离不开作业区领导的严格要求，更离不开班组人员的辛勤努力。班组长王红在工作中总结出一套科学的管理办法，使班组各项生产在良好轨道上有条不紊的运作着。在废钢库，进料工作由验配岗位把关，作业初期，验配岗位只负责废钢、生铁磅单的认证签字及废钢斗过磅工作，没有真正发挥"验"的职能，结合炼钢原料岗位工作标准，制定出验配岗位职责，组织验配工集体学习，明确利害关系，"功夫不负有心人"，经过全体验配工的共同努力，入库废钢质量及定置摆放，有了实质性进展，不但确保了废钢池物料整齐明了，而且真正发挥了"验"和"配"的职责，使验配工作上了一个新台阶。

一个人的力量是有限的，团队的力量是无穷的，结合以上两个优秀班组的先进事例，大家思考作为新一代钢铁人，我们如何融入团队，发扬吃苦耐劳，甘于奉献的精神，立足岗位，就就业业，干好本职工作，在平凡的岗位做出不平凡的贡献。

思 考 题

3-1 转炉炼钢对入炉铁水有何要求？

3-2 转炉炼钢对废钢有何要求？

3-3 转炉炼钢对石灰有何要求？

3-4 什么是活性石灰，它有哪些特点？

3-5 转炉炼钢常用的冷却剂有哪些？

3-6 转炉炼钢常用的气体有哪些，各有哪些用途？

3-7 什么是铁水预处理？常用的铁水预处理有哪些？

3-8 为什么说铁水脱硫条件优于钢水？

3-9 常用的脱硫剂有哪些，各有哪些特点？

3-10 常用的脱硫方法有哪些，各有何优缺点？

3-11 为什么脱磷必须先脱硅？

3-12 如何实现铁水同时脱磷脱硫？

模块四 转炉炼钢工艺与设备

学习目标

知识目标：

- 熟悉转炉炼钢工艺过程。
- 掌握转炉炼钢的工艺制度及其内容。
- 掌握转炉装料、供氧、造渣、温度控制、终点控制及脱氧合金化等工艺的工艺要点及控制策略。
- 了解转炉车间设备的主要构成。
- 掌握转炉炉型、氧枪、氧枪枪身和喷头的结构及特点。
- 熟悉散装料、铁合金的供应流程及设备构成。
- 了解终点自动控制、少渣冶炼等转炉炼钢的新技术。

技能目标：

- 能够根据铁水条件和冶炼钢种信息确定转炉的装料、供氧、造渣、温度控制、底部供气、脱氧合金化等工艺参数。
- 能够准确判断炉况，调整冶炼参数，平稳控制冶炼过程。
- 能够解决转炉炼钢生产复杂问题、及时排除及预防常见的工艺事故。
- 能够正确使用和维护转炉炼钢设备、分析和排除一般故障。

素质目标：

- 养成负责地执行技术规程的习惯，形成严谨、认真的工作态度，具有良好的敬业精神。
- 勇于奋斗、乐观向上，具有自我管理能力，具有分析问题、解决问题的思辨能力，有较强的集体意识和团队合作精神。
- 具有质量意识、环保意识、安全意识、信息素养、工匠精神、创新思维。

微课-转炉炼
钢工艺过程

任务 4.1 转炉炼钢炉内反应及工艺特点

4.1.1 氧气顶吹转炉炉内反应及特点

4.1.1.1 氧气顶吹转炉炼钢吹炼过程状况

在吹炼过程中金属液成分，温度和炉渣成分的变化，有一些基本规律，如图 4-1 所示。

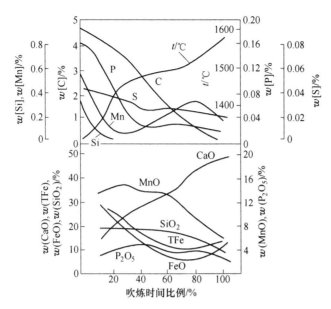

图 4-1　吹炼一炉钢过程中金属液成分、温度、炉渣成分的变化

（1）硅在吹炼前期，一般在 4min 内即被基本氧化。

（2）锰在吹炼前期被氧化到很低，随着吹炼进行逐步回升。在复吹转炉中，锰的回升趋势比顶吹转炉要快些，其终点含锰量要高些。其原因是因为复吹转炉渣中 $w(FeO)$ 比顶吹转炉低些。

（3）磷在吹炼前期快速降低，进入吹炼中期略有回升，而到吹炼后期再度降低。

（4）硫在吹炼过程中是逐步降低的。

（5）碳在吹炼过程中快速减少，但前期脱碳速度慢，中期脱碳速度快。

（6）熔池温度在吹炼过程中逐步升高，尤以吹炼前期升温速度快。

图 4-2 所示为炉料中硅、锰、磷、碳氧化升温过程。

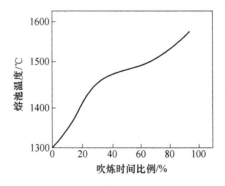

图 4-2　吹炼过程中温度的变化

吹炼开始前，铁水温度约在 1200~1300℃，随着吹炼过程的进行，熔池温度逐渐升高，平均升温速度为 20~30℃/min。但不是直线升温。吹炼初期，由于硅、锰的氧化迅速，所以升温较快，约在吹炼的前 20% 时间以内，即 3~4min。但吹炼初期熔池的平均温度不超过 1400℃。在 20%~70% 吹炼时间内，熔池升温稍缓，从

1400℃逐渐升到 1500℃以上。到吹炼末期，即 70%～100% 的吹炼时间内，升温速度又有所加快，最终温度到 1600℃以上。要控制好吹炼温度，就应根据钢种对温度的要求调整冷却剂的加入量，以达到成分与温度同时满足出钢要求的目的。

（7）炉渣中的酸性氧化物（SiO_2）和（P_2O_5）在吹炼前期逐渐增多，随着石灰的溶解增加，渣量增大而降低。

（8）吹炼过程中渣中（FeO）呈有规律性变化，即前后期高、中期低。

（9）随着吹炼的进行，石灰在炉内溶解增多，渣中（CaO）逐渐增高，炉渣碱度也随之变大。

（10）吹炼过程中金属熔池含氮量的变化规律与脱碳反应有密切的关系。

4.1.1.2　氧气顶吹转炉炼钢法的特点

（1）氧气顶吹转炉炼钢的优点：

1）冶炼周期短、生产效率高。

2）产品品种多、质量好。

3）热效率高且不需要外部热源。

4）产品成本低。

5）对原料的适应性强。氧气顶吹转炉既能吹炼低、中、高磷铁水，还能吹炼含钒、钛等特殊成分的铁水。

6）基建投资少、建设速度快。

7）有利于开展综合利用和实现自动化。

（2）氧气顶吹转炉炼钢的缺点：

1）吹损大、金属收得率低。金属吹损率一般为 10% 左右。

2）相对于顶底复合吹炼的氧气转炉，氧气顶吹转炉的氧气流股对熔池的搅拌强度还不够，熔池具有不均匀性，供氧强度和生产率进一步提高受限。

4.1.2　氧气底吹转炉炉内反应及特点

4.1.2.1　氧气底吹转炉的冶金特征

（1）熔池搅拌强度较大，搅拌条件好，其搅拌力高于顶吹法 10 倍。

（2）由于氧流分散且均匀地吹入熔池，同时又无强烈的反向气流作用，因此，吹炼过程平稳，气-渣-金属液间产生强烈搅动，炉内反应迅速而均匀，渣-钢间反应更趋于平衡，渣中氧化铁含量低，吹炼过程基本不喷溅，氧的利用率高，为提高供氧强度、缩短冶炼时间创造了条件。

（3）由于氧气喷嘴埋在铁水下面，高温和面积较大的反应区在炉底喷嘴出口处附近，反应产物需穿过金属液后才能进入炉渣或炉气中，因此，上部渣层对炉内反应的影响较小。

（4）由于搅拌条件好，所以改善了脱硫的动力学条件，渣中氧化铁含量又低，因此，脱硫率较顶吹转炉高。

此外，当终点碳含量相同时，底吹转炉的钢水中含氧量比顶吹转炉低，因而有利于扩大冶炼钢种，提高钢的质量，减少钢铁料和脱氧剂消耗。

4.1.2.2 氧气底吹转炉炼钢吹炼过程状态

吹炼过程中钢水和炉渣成分的变化如图4-3所示。

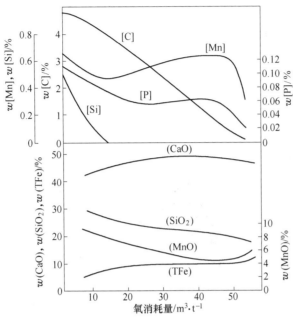

图4-3 吹炼过程中钢水和炉渣成分的变化

吹炼初期，铁水中 [Si]、[Mn] 优先氧化，但 [Mn] 的氧化只有30%~40%，这与LD转炉吹炼初期有70%以上锰氧化不同。

吹炼中期，铁水中碳大量氧化，氧的脱碳利用率几乎是100%，而且铁矿石、铁皮分解出来的氧也被脱碳反应消耗。这体现了底吹氧气转炉比顶吹氧气转炉的熔池搅拌好的特点。由于良好的熔池搅拌贯穿整个吹炼过程，所以渣中的（FeO）被 [C] 还原，渣中（FeO）含量低于LD转炉，铁合金收得率高。

A [C]-[O]平衡

氧气底吹转炉和顶吹氧气吹炼终点钢水含碳量 $w[C]$ 与含氧量 $w[O]$ 的关系如图4-4所示。

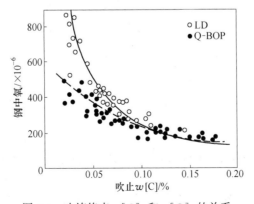

图4-4 吹炼终点 $w[C]$ 和 $w[O]$ 的关系

在钢水中 $w[C]>0.07\%$ 时，氧气底吹转炉和顶吹氧气转炉的 [C]-[O] 关系比较接近 p_{CO} 为 1MPa、1600℃时的 [C]-[O] 平衡关系，但当钢水中 $w[C]<0.07\%$ 时，氧气底吹转炉内的 [C]-[O] 关系低于 p_{CO} 为 1MPa 时 [C]-[O] 平衡关系，这说明氧气底吹转炉和氧气顶吹转炉在相同的钢水含氧量下，与之相平衡的钢水含碳量，底吹转炉比顶吹转炉的要低。因此，底吹转炉具有冶炼低碳钢的特长。

B　锰的变化规律

氧气底吹转炉熔池中 [Mn] 的变化有两个特点：（1）吹炼终点钢水残 [Mn] 比顶吹转炉高，如图 4-5 所示；（2）[Mn] 的氧化反应几乎达到平衡，如图 4-6 所示。

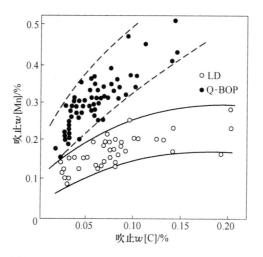

图 4-5　氧气底吹转炉与氧气顶吹转炉吹炼终点钢水残 $w[Mn]$ 和 $w[C]$ 的关系

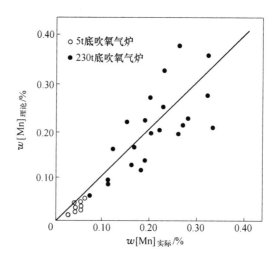

图 4-6　钢水中 $w[Mn]$ 的理论值和实际值的比较

底吹转炉钢水残 [Mn] 高于顶吹转炉的原因是氧气底吹转炉渣中（FeO）含

量低于顶吹转炉，而且 CO 分压（约 0.4MPa）低于顶吹转炉的 1MPa，相当于顶底转炉中的 [O] 活度高于底吹转炉的 2.5 倍。此外，底吹转炉喷嘴上部的氧压高，易产生强制氧化，Si 氧化为 SiO_2 并被石灰粉中 CaO 固定，这样 MnO 的活度增大，钢水残锰增加。

底吹转炉钢水中的 [Mn] 含量取决于炉渣的氧化性，其反应式可写为：

$$(FeO) + [Mn] \Longrightarrow (MnO) + [Fe]$$

$$\lg K = \lg \frac{w(MnO)}{w[Mn] \cdot w(FeO)_t} = \frac{6440}{T} - 2.95 \qquad (4-1)$$

按照式（4-1）计算的钢水中 [Mn] 含量与实际 [Mn] 含量如图 4-6 所示，可以看出两者的变化趋势比较一致。

C 铁的氧化和脱磷反应

a 低磷铁水条件下，铁的氧化和脱磷反应

[P] 的氧化与渣中 (TFe) 含量密切相关。如图 4-7 所示，氧气底吹转炉渣中 (TFe) 含量低于氧气顶吹转炉，这样不仅限制了氧气底吹转炉不得不以吹炼低碳钢为主，而且也使脱磷反应比顶吹氧气转炉滞后进行，但渣中 (TFe) 含量低，金属的收得率就高。

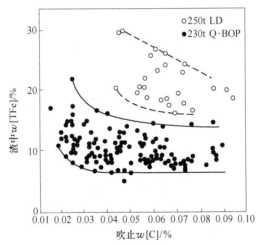

图 4-7 Q-BOP 和 LD 炉内渣中 (TFe)

图 4-8 所示为 Q-BOP 炉和 LD 炉吹炼过程中 [P] 的变化，从中可以看出在低碳范围内，氧气底吹转炉的脱磷并不逊色于 LD 炉。

b 高磷铁水条件下脱磷反应

吹炼高磷铁水可采用留渣法，即将前炉炉渣留在炉内一部分，前期吹入石灰总量的 35% 左右，后期吹入 65% 左右造渣，中期不吹石灰粉。前期可脱去铁水含磷量的 50%，吹炼末期的炉渣为 CaO 所饱和，供下炉吹炼用。

D 脱硫反应

230t 底吹转炉吹炼过程中，当熔池中的碳达到 0.8% 左右时，[S] 达到最低值，说明吹炼初期固体 CaO 粉末有一定的直接脱硫能力。但随着炉渣氧化性的提

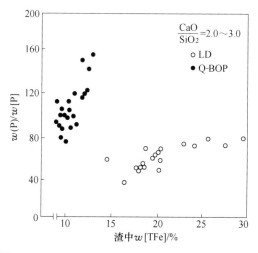

图 4-8　Q-BOP 和 LD 转炉吹炼过程中［P］的变化

高，熔池有一定量的回硫，吹炼后期随着流动性的改善，熔池中［S］又降低。

　　图 4-9 所示为 230t 氧气底吹转炉内渣钢间硫的分配比与炉渣碱度的关系。与顶吹相比，底吹氧转炉具有较强的脱硫能力，特别是炉渣碱度在 2.5 以上时表现得更明显。即使在钢水低碳范围内，底吹氧转炉仍有一定的脱硫能力，原因是其内的 CO 分压比顶吹的低，而且熔池内的搅拌一直持续到吹炼结束。

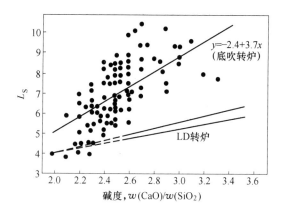

图 4-9　230t 底吹氧转炉内渣钢间硫分配比与炉渣碱度的关系
（原始硫含量：0.025%~0.031%；温度：1630~1680℃；CaO：45~55kg/t，L_S =（S）/［S］）

　　E　钢中的［H］和［N］

　　氧气底吹转炉钢中［H］比顶吹转炉的高，其原因是底吹转炉用碳氢化合物作为冷却剂，分解出来的氢被钢水吸收。如某厂顶吹氧转炉钢水中平均含［H］量为 2.6×10^{-6}，而底吹氧转炉平均则为 4.5×10^{-6}。

　　图 4-10 所示为底吹氧转炉内终点［C］与［N］的关系，从中可以看出底吹转炉钢水的含［N］量，尤其是在低碳时比顶吹转炉的低，原因时底吹转炉的熔池搅拌一直持续到脱碳后期，有利于脱气。

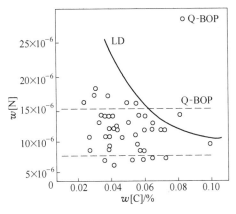

图 4-10　吹炼终点 $w[C]$ 与 $w[N]$ 的关系

4.1.3　顶底复吹转炉炉内冶金反应及特点

4.1.3.1　顶底复合吹炼炉内冶金反应

顶底复吹转炉内钢水和熔渣成分的变化如图 4-11 所示,虽然基本成分的变化趋势与顶吹转炉差不多,但由于复吹转炉的熔池搅拌加强,使渣钢间的反应更加趋于平衡,因而具有一定的冶金特点。

顶底复吹转炉石灰单耗低、渣量少,铁合金单耗相当于底吹转炉,氧耗介于顶吹与底吹之间。顶底复吹转炉能形成高碱度氧化性炉渣,提前脱磷,直接拉碳,生产低碳钢种,对吹炼中、高磷铁水有很大的适应性。

微课-顶底
复吹转炉的
底部供气制度

课件-底部供
气制度及
复吹效果

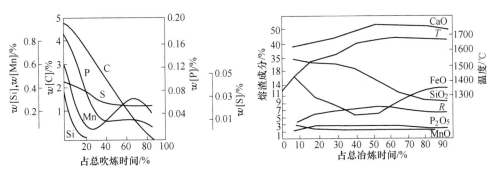

图 4-11　复吹转炉炉内成分变化

A　成渣速度

复吹转炉与顶吹、底吹两种转炉相比,熔池搅拌范围大,而且强烈,从底部喷入石灰粉造渣,成渣速度快。通过调节氧枪枪位化渣,加上底部气体的搅动,可形成高碱度、流动性良好和一定氧化性的炉渣,需要的时间比顶吹转炉或底吹转炉的都短。

B　渣中 $\sum(FeO)$ 含量

顶底复吹转炉在吹炼过程中,渣中的 $\sum(FeO)$ 的变化规律和 $\sum(FeO)$ 含量与顶吹转炉、底吹转炉有所不同，这是它炉内反应的特点之一。

复吹转炉渣中$\Sigma(FeO)$的变化如图4-12所示。从图中可看出，从吹炼初期开始到中期$\Sigma(FeO)$逐渐降低，中期变化平稳，后期又稍有升高，其变化曲线与顶吹转炉有某些相似之处。

就渣中$\Sigma(FeO)$含量而言，顶吹转炉（LD）>复吹转炉（LD/Q-BOP）>底吹转炉（Q-BOP），如图4-13所示。复吹转炉炉渣的$\Sigma(FeO)$低于顶吹的原因主要为：

（1）从底部吹入的氧生成的FeO在熔池的上升过程中被消耗掉；

（2）有底吹气体搅拌，渣中$\Sigma(FeO)$低，也能化渣，在操作中不需要高的$\Sigma(FeO)$；

（3）上部有顶枪吹氧，所以它的$\Sigma(FeO)$含量比底吹氧气的还高。

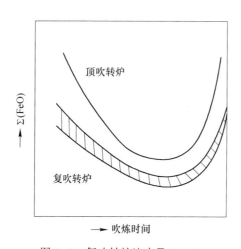

图4-12　复吹转炉渣中$\Sigma(FeO)$
的变化规律

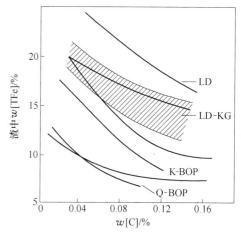

图4-13　复吹、顶吹、底吹转炉渣中
$\Sigma(FeO)$的比较

C　钢水中的碳

吹炼终点的[C]-[O]关系和脱碳反应不引发喷溅也是复吹转炉的冶金特点。

复吹转炉钢水的脱碳速度高而且比较均匀，原因是从顶部吹入大部分氧，从底部吹入少量的氧，供氧比较均匀，脱碳反应也就比较均匀，使渣中$\Sigma(FeO)$含量始终不高。在熔池底部生成的（FeO）与[C]有更多的机会反应，（FeO）不易聚集，从而很少产生喷溅。

图4-14所示为复吹转炉、顶吹转炉、底吹转炉吹炼终点的$w[C]$和$w[O]$，复吹转炉的[C]-[O]关系线低于顶吹转炉，比较接近底吹转炉的[C]-[O]关系线。在相同含碳量下，复吹转炉铁合金收得率高于顶吹转炉。

图4-15所示为65t复吹转炉，底部吹入惰性气体前后钢水中[C]-[O]关系的变化。吹入惰性气体后，钢水中[C]-[O]的关系线下移，原因是吹入熔池中的N_2或Ar小气泡降低CO的分压，同时还为脱碳反应提供场所。因此，在相同含碳量的条件下，复吹转炉钢水中的含氧量低于顶吹。

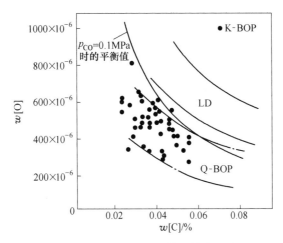

图 4-14 复吹转炉与顶吹转炉、底吹转炉终点的 $[C]$-$[O]$ 关系

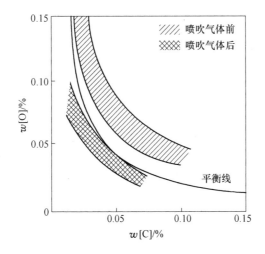

图 4-15 吹惰性气体后对钢水中 $w[C]$ 和 $w[O]$ 的影响

D 钢水中的锰

顶底复吹转炉中 $\sum(FeO)$ 低，在吹炼初期，钢水中的 $[Mn]$ 只有 30% ~ 40% 被氧化，待温度升高后，在吹炼中期的后段时间，又开始回锰，所以出钢前钢水中的残锰较顶吹转炉高，如图 4-16 所示。

E 钢水中的磷

从炉底部吹入的氧气，可与金属液反应生成（FeO），（FeO）与 $[P]$ 反应，也有可能氧直接氧化金属液中的 $[P]$ 生成（P_2O_5）。从反应的动力学看，强有力的熔池搅拌有利于脱磷，在吹炼初期，脱磷率可达 40% ~ 60%，以后保持一段平稳时间；吹炼后期，脱磷又加快，如图 4-17 所示。复吹转炉磷的分配系数相当于底吹转炉，而比顶吹高得多。

F 钢水中的硫

顶底复吹转炉脱硫条件较好，原因有四个方面：

（1）底部喷石灰粉，顶部吹氧，能及早形成较高碱度的炉渣；

（2）渣中$\sum$（FeO）比顶吹低；

（3）底部喷石灰粉，有利于改善脱硫反应动力学条件；

（4）熔池搅拌好，反应界面大，也有利于改善脱硫反应动力学条件。

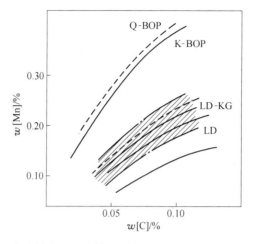

图 4-16　复吹转炉、顶吹转炉和底吹转炉钢水中［Mn］的变化

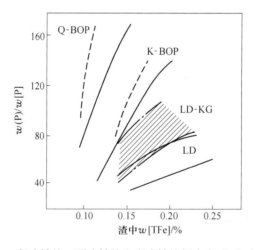

图 4-17　复吹转炉、顶吹转炉和底吹转炉钢水中［P］的变化

G　钢液中的氮

在复吹转炉中，若是底吹气体全过程应用氮气，必然引起钢水中 w［N］增加，底吹供氮气强度越大，钢水中 w［N］越多。为了防止钢水中氮含量增加，要求在吹炼后期把底吹氮气切换为氩气，并增大供气强度，以去除钢水中［N］，这样才能保证钢水中 w［N］符合技术要求。在吹炼后期，底吹供氩强度的大小对排氮速度影响较大，因此，较高强度的底吹供氩有可能使终点钢中 w［N］比较低强度底吹供氩时稍低。若在吹炼中采用其他气体，将有助于降低钢水中氮含量。

H 钢液中的氢

钢液中的 [H] 通常由水分带入。但在复吹转炉中，若是底部吹氧而采用碳氢化合物作冷却剂，则钢液中的 [H] 含量有所增加。同样的原因，若是底吹天然气，也会由于 CH_4 裂变后增加钢液中的 [H] 含量。若是底吹其他气体，将有助于降低钢液氧含量而不会影响钢的质量。

4.1.3.2 冶金特点

根据复吹转炉内的冶金反应，复吹转炉具有以下特点：

（1）显著降低钢水中氧含量和熔渣中 TFe 含量。由于复吹工艺强化熔池搅拌，促进钢-渣界面反应，反应更接近于平衡状态，所以可显著降低钢水和熔渣中的过剩氧含量。

（2）提高吹炼终点钢水余锰含量。渣中 TFe 含量降低，钢水余锰含量增加，因而可减少铁合金的消耗。

（3）提高了脱磷、脱硫效率。由于反应接近平衡状态，磷和硫的分配系数较高，渣中 TFe 含量降低，可明显改善脱硫条件。

（4）吹炼平稳，减少喷溅。复吹工艺集顶吹工艺成渣速度快和底吹工艺吹炼平稳的双重优点，使吹炼平稳，减少了喷溅，改善了吹炼的可控性，可提高供氧强度。

（5）更适宜吹炼低碳钢种。终点碳可控制在不大于 0.03% 的水平，适于吹炼低碳钢种。

（6）熔池富余热量减少。复吹减少了铁、锰、碳等元素的氧化放热，许多复合吹炼法吹入的搅拌气体，如氩、氮气、CO_2 等要吸收熔池的显热，吹入的 CO_2 代替部分工业氧使熔池中元素氧化，也要减少元素的氧化放热量。所有这些因素的作用超过了因少加熔剂和少蒸发铁元素而使熔池热量消耗减少的作用。因此，将顶吹改为顶底复吹后，如果不采取专门增加熔池热量收入的措施，将增加铁水用量，减少废钢装入量或其他冷却剂的用量。

综上所述，复吹工艺不仅可提高钢质量，降低消耗和吨钢成本，更适合供给连铸优质钢水。

任务 4.2 装 入 制 度

装入制度就是要确定转炉合适的装入量以及铁水废钢比。

4.2.1 装入量的确定

转炉的装入量是指每炉次金属料的装入数量，主要包括铁水和废钢的装入数量。实践证明每座转炉都有一个合适的装入量，若装入量过大，会使熔池搅拌不良，化渣困难，有可能导致吹炼过程的严重喷溅和金属损失，炉衬寿命降低；装入量过小，不仅产量下降，而且由于熔池变浅，控制不当，炉底容易受氧气流股的冲

微课-
装入制度

课件-
装入制度

击作用而过早损坏，甚至使炉底烧穿，进而造成漏钢事故，对钢的质量也有不良影响。因此，每座转炉都有合适的装入量。

在确定合理的装入量时，必须考虑以下因素：

（1）要有合适的炉容比。炉容比一般是指转炉新砌砖后炉内自由空间的容积 V 与金属装入量 T 之比，以 V/T 表示，量纲为 m^3/t。转炉生产中，炉渣喷溅和生产率与炉容比密切相关。合适的炉容比是从生产实践中总结出来的，它与铁水成分、喷头结构、供氧强度等因素有关。铁水中含硅、磷较高，吹炼过程中渣量大，炉容比应大一些，否则易使喷溅增加。大转炉的炉容比可以小些，小转炉的炉容比要稍大些。

目前，大多数顶吹转炉的炉容比选择在 $0.85 \sim 1.0 m^3/t$ 之间，而复吹转炉的炉容比比顶吹转炉稍小，一般在 $0.85 \sim 0.95\ m^3/t$ 之间。

（2）合适的熔池深度。为了保证生产安全和延长炉底寿命，要保证熔池具有一定的深度。熔池深度 h 必须大于氧气射流对熔池的最大穿透深度 L，通常选取 $L/h \approx 0.4 \sim 0.7$ 左右。不同公称吨位转炉熔池深度见表 4-1。

表 4-1　不同公称吨位转炉的熔池深度

公称吨位/t	30	50	80	100	210	300
熔池深度/mm	800	1050	1190	1250	1650	1949

（3）应与钢包容量、转炉的倾动力矩、行车的起重能力等相适应。

（4）对于模铸车间，装入量应与锭型配合好。装入量减去吹损及浇注必要损失后的钢水量，应是各种锭型的整数倍。应尽量减少注余钢水量。装入量可按式（4-2）进行计算。

$$装入量（吨）= \frac{钢锭单重（吨）\times 钢锭支数 + 浇注必要损失（吨）}{钢水收得率（\%）} - $$
$$合金用量（吨）\times 合金吸收率（\%） \tag{4-2}$$

在制定装入制度时，既要发挥现有设备潜力，又要防止片面的不顾实际的盲目超装，以免造成浪费和事故。

4.2.2　废钢比

铁水、废钢装入比例的确定，从理论上讲应根据热平衡计算而定。但在生产条件下，一般是根据铁水成分、温度、炉龄期长短、废钢预热等情况按经验确定铁水配入的下限值和废钢加入的上限值。在正常生产条件下，废钢加入量变化不大，各炉次废钢加入量的变化受上下炉次间隔时间、铁水成分、温度等的影响。目前，我国大多数转炉生产中铁水比一般波动在 $75\% \sim 90\%$ 之间，近几年我国转炉废钢加入量平均为 $100 \sim 150 kg/t$。

4.2.3　装料顺序

生产实际中，一般在装料前就把废钢根据配料比例装入料斗，吊运到转炉操作平台上，在出钢时将铁水倒入铁水包中吊运到炉前以备入炉。

为了维护炉衬，减少废钢对炉衬的冲击，装料次序一般是先兑铁水，后装废钢。溅渣护炉时，先装废钢，后兑铁水。若采用炉渣预热废钢，则先加废钢，再倒渣，然后兑铁水。如果采用炉内留渣操作，则先加部分石灰，再装废钢，最后兑铁水。开新炉前3炉，一般不加废钢，全铁炼钢。

在兑铁水入炉时，应先慢后快，以防兑铁水过快时引起剧烈的碳氧反应，造成铁水大量飞溅，酿成事故。

4.2.4　装入制度类型

目前控制氧气顶吹转炉装入量的方法有以下三种。

（1）定量装入法。定量装入，是指在整个炉役期内，每炉的装入量保持不变的装料方法。

这种装料方法的优点是，生产组织简单，而且便于实现吹炼过程的计算机自动控制。对于大型企业这一优点尤为明显。存在的问题是，容易造成炉役前期的装入量明显偏大，熔池较深；炉役后期的装入量明显偏小，熔池较浅。一般情况下，定量装入法只可在大型转炉上运用。

（2）定深装入法。所谓定深装入，是指在一个炉役期间，随着炉衬的侵蚀炉子实际容积不断扩大而逐渐增加装入量以保证熔池深度不变的装料方法。

该法的优点是，氧枪操作稳定，有利于提高供氧强度并减轻喷溅；既不必担心氧气射流冲蚀炉底，又能充分发挥炉子的生产能力。但是，定深装入法的装入量和出钢量变化频繁，生产组织难度大，而且当采用模铸时，锭型难以与之配合。

（3）分阶段定量装入法。该法是根据炉衬的侵蚀规律和炉膛的扩大程度，将一个炉役期划分成3~5个阶段，每个阶段实行定量装入，装入量逐段递增。

分阶段定量装入法大体上保持了比较适当的熔池深度，既可以满足吹炼工艺的要求；又可以保证装入量的相对稳定，便于组织生产，因而为各厂普遍采用。

4.2.5　装料操作

（1）兑铁水操作。炉前指挥人员站在转炉和转炉操作室中间近转炉的侧旁。指挥人员的站位必须是能同时被摇炉工和吊车驾驶员看到，又不会被烫伤的位置。

1）指挥摇炉工将炉子倾动向前至兑铁水开始位置。

2）指挥吊车驾驶员开动大车和主、副钩将铁水包运至炉口正中和高度恰当的位置。

3）指挥吊车驾驶员开小车将铁水包移近炉口位置，必要时指挥吊车对铁水包位置进行微调。

4）指挥吊车上升副钩，开始兑铁水。

5）随着铁水不断兑入炉内，要同时指挥炉口不断下降和吊车副钩不断上升，使铁水流逐步加大，并使铁水流全部进入炉内，铁水包和炉口互不相碰，铁水不溅在炉外。

6）兑完铁水指挥吊车离开，至此兑铁水完。

（2）加废钢操作。炉前指挥人员站立于转炉和转炉操作室中间近转炉的侧旁（同兑铁水位置）。待兑铁水吊车开走后即指挥进废钢。

1）指挥摇炉工将炉子倾动向前（正方向）至进废钢位置。

2）指挥吊废钢的吊车工开吊车至炉口正中位置。

3）指挥吊车移动大、小车将废钢斗口伸进转炉炉口。

4）指挥吊车提升副钩，将废钢倒入炉内。如有废钢搭桥、轧死等，可指挥吊车将副钩稍稍下降，再提起，让废钢松动一下，再倒入炉内。

5）加完废钢即指挥吊车离开，指挥转炉摇正，至此加废钢毕。

4.2.6 转炉炉体设备

课件-转炉
炼钢主要
工艺设备

4.2.6.1 转炉炉型

按金属熔池形状的不同，转炉炉型可分为筒球型、锥球型和截锥型三种，如图4-18所示。

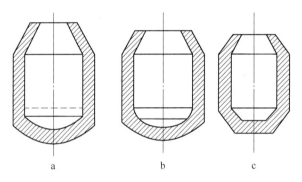

图 4-18 顶吹转炉常用炉型
a—筒球型；b—锥球型；c—截锥型

（1）筒球型。这种熔池形状由一个球缺体和一个圆筒体组成。它的优点是炉型形状简单，砌筑方便，炉壳制造容易。熔池内型比较接近金属液循环流动的轨迹，在熔池直径足够大时，能保证在较大的供氧强度下吹炼且喷溅最小，也能保证有足够的熔池深度，使炉衬有较高的寿命。大型转炉多采用这种炉型。

（2）锥球型。锥球型熔池由一个锥台体和一个球缺体组成。这种炉型与同容量的筒球型转炉相比，若熔池深度相同，则熔池面积比筒球型大，有利于冶金反应的进行，同时，随着炉衬的侵蚀熔池变化较小，对炼钢操作有利。欧洲生铁含磷相对偏高的国家，采用此种炉型的较多。我国20~80t的转炉多采用锥球型。

对筒球型与锥球型的适用性，目前看法尚不一致。有人认为锥球型适用于大转炉（奥地利），有人却认为适用于小转炉（苏联）。但世界上已有的大型转炉多采用筒球型。

（3）截锥型。截锥型熔池为上大下小的圆锥台。其特点是构造简单，且平底熔池，便于修砌。这种炉型基本上能满足炼钢反应的要求，适用于小型转炉。我国30t以下的转炉多用这种炉型。国外转炉容量普遍较大，故极少采用此种形式。

4.2.6.2　炉体结构

转炉炉体包括炉壳（图4-19）和炉壳内的耐火材料炉衬。

微课-转炉
本体系统
结构

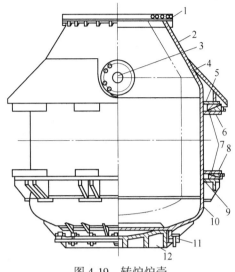

课件-转炉
车间主体
设备

图 4-19　转炉炉壳

1—水冷炉口；2—锥形炉帽；3—出钢口；4—护板；5，9—上下卡板；6，8—上下卡板槽；
7—斜块；10—圆柱形炉身；11—销钉和斜楔；12—可拆卸活动炉底

A　炉壳

转炉炉壳的作用是承受耐火材料、钢液、渣液的全部重量，保持炉子有固定的形状，倾动时承受扭转力矩。

炉壳由炉帽、炉身、炉底三部分组成。各部分用钢板加工成型后，焊接和用销钉连接成整体。

视频-转炉
本体

a　炉帽

炉帽通常做成截锥形，这样可以减少吹炼时的喷溅损失以及热量的损失，并有利于引导炉气排出。为了防止炉口在高温下工作时变形和便于清除黏渣，目前普遍采用通入循环水强制冷却的水冷炉口。水冷炉口有水箱式和埋管式两种结构，如图4-20和图4-21所示。水箱式水冷炉口在水箱内焊有若干块隔板，使进入水箱的冷却水形成蛇形回路。这种结构的冷却强度大，并且容易制造，但比铸铁埋管式容易烧穿。埋管式水冷炉口是把通冷却水的蛇形钢管埋铸于铸铁内。这种结构冷却效果稍逊于水箱式，但安全性和寿命比水箱式炉口高，故采用十分广泛。

b　炉身

炉身是整个炉子的承载部分，一般为圆柱形。在炉帽和炉身耐火砖交界处设有出钢口，设计时应考虑使堵出钢口方便，保证炉内钢水倒尽和出钢时钢流应对盛钢桶内的铁合金有一定的冲击搅拌能力，且便于维修和更换。

c　炉底

炉底部分有截锥形和球缺形两种。截锥形炉底制作和砌砖都较为简便，但其强度不如球缺形好，适用于小型转炉。

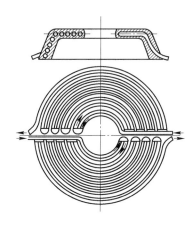

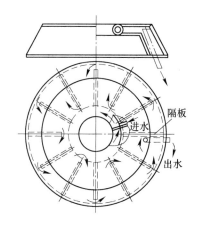

图 4-20 水箱式水冷炉口 图 4-21 埋管式水冷炉口结构

炉底部分与炉身的连接分为固定式与可拆式两种。相应地，炉底结构也有死炉底和活炉底两类。死炉底的炉壳，结构简单、重量轻、造价低、使用可靠，但修炉时，必须采用上修。修炉劳动条件差、时间长，多用于小型转炉。而活炉底采用下修炉方式，拆除炉底后，炉衬冷却快，拆衬容易，因此，修炉方便，劳动条件较好，可以缩短修炉时间，提高劳动生产率，适用于大型转炉。但活炉底装、卸都需专用机械或车辆（如炉底车）。

B 炉衬

氧气转炉的炉衬一般由工作层、填充层和永久层构成。

工作层是指直接与液体金属、熔渣和炉气接触的内层炉衬，它要经受钢、渣的冲刷，熔渣的化学侵蚀，高温和温度急变，物料冲击等一系列作用；同时工作层不断侵蚀，也会影响炉内化学反应的进行。因此，要求工作层在高温下有足够的强度、一定的化学稳定性和耐急冷急热等性能。填充层介于工作层和永久层之间，一般用散状材料捣打而成，其主要作用为减轻内衬膨胀时对金属炉壳产生的挤压作用，拆炉时便于迅速拆除工作层，并避免永久层的损坏。也有一些转炉不设置填充层。永久层紧贴炉壳钢板，修炉时一般不拆除，其主要作用是保护炉壳钢板。该层用镁砖砌成。

4.2.6.3 炉体支撑系统

课件-炉体
支撑系统

炉体支承系统包括支承炉体的托圈、炉体和托圈的连接装置，以及支承托圈的耳轴、耳轴轴承和轴承座等。托圈与耳轴联接，并通过耳轴座落在轴承座上，转炉坐落在托圈上。转炉炉体的全部重量通过支承系统传递到基础上，托圈把倾动机构传来的倾动力矩传给炉体，并使其倾动。

A 托圈与耳轴

托圈和耳轴是用以支承炉体并传递转矩的构件。

图 4-22 所示为剖分为 4 段加工制造的托圈结构。

转炉的耳轴支承着炉体和托圈的全部重量，并通过轴承座传给地基，同时倾动机构低转速的大扭矩又通过耳轴传给托圈和转炉。耳轴要承受静、动载荷产生的转矩、弯曲和剪切的综合负荷，因此，耳轴应有足够的强度和刚度。同时耳轴本身也需要水冷，这样，耳轴要做成空心的。

B 托圈与耳轴的连接

托圈与耳轴的连接有法兰螺栓连接、静配合连接、直接焊接等三种方式，如图4-23所示。

法兰螺栓连接如图4-23a所示。耳轴用过渡配合装入托圈的耳轴座中，再用螺栓和圆销连接、固定，以防止耳轴与孔发生相对转动和轴向移动。这种连接方式连接件较多，而且耳轴需要一个法兰，从而增加了耳轴的制造难度。

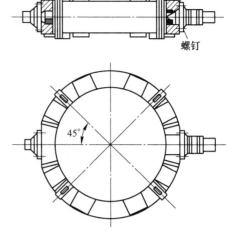

图 4-22 剖分式托圈

静配合连接如图4-23b所示。耳轴有过盈尺寸，装配时用液体氮将耳轴冷缩后插入耳轴座中，或把耳轴孔加热膨胀，将耳轴在常温下装入耳轴孔中。为了防止耳轴与耳轴孔产生转动和轴向移动，传动侧耳轴的配合面应拧入精制螺钉，游动侧采用带小台肩的耳轴。

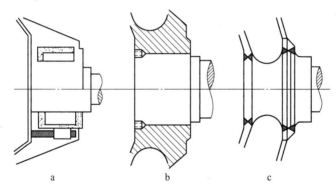

图 4-23 托圈与耳轴的连接方式
a—法兰螺栓连接；b—静配合连接；c—焊接连接

耳轴与托圈直接焊接如图4-23c所示。这种结构没有耳轴座和连接件，结构简单、重量轻、加工量少。制造时先将耳轴与耳轴板用双面环形焊缝焊接，然后将耳轴板与托圈腹板用单面焊缝焊接。但制造时要特别注意保证两耳轴的平行度和同心度。

C 炉体与托圈的连接装置

炉体与托圈之间的连接装置应能满足下述要求：

（1）保证转炉在所有的位置时都能安全地支承全部工作负荷；

（2）为转炉炉体传递足够的转矩；

（3）能够调节由于温度变化产生的轴向和径向的位移，使其对炉壳产生的限制力最小；

（4）能使载荷在支承系统中均匀分布；

（5）能吸收或消除冲击载荷，并能防止炉壳过度变形；

（6）结构简单，工作安全可靠，易于安装、调整和维护，而且经济。

目前已在转炉上应用的支承系统大致有以下几类：

（1）悬挂支承盘连接装置。悬挂支承盘连接装置如图4-24所示，属三支点连接结构，位于两个耳轴位置的支点是基本承重支点，而在出钢口对侧位于托圈下部与炉壳相连接的支点是一个倾动支承点。

两个承重支点主要由支承盘5和托环6构成，托环6通过星形筋板2焊接在炉壳上，支承盘5装在托环内，它们不同心，有约10mm的间隙。

在倾动支承点装有倾动支承器8，在与倾动支承器同一水平轴线的炉体另一侧装有导向装置7，它与倾动支承器构成了防止炉体沿耳轴方向窜动的定位装置。悬挂支承盘连接装置的主要特征是炉体处于任何倾动位置都始终保持托环与支承盘顶部的线接触支承；同时，在倾动过程中炉壳上的托环始终沿托圈上的支承盘滚动。所以，这种连接装置倾动过程平稳、没有冲击；此外，结构也比较简单，便于快速拆换炉体。

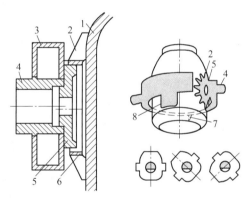

图4-24　悬挂支承盘连接装置

1—炉壳；2—星形筋板；3—托圈；4—耳轴；5—支承盘；6—托环；

7—导向装置；8—倾动支承器

（2）夹持器连接装置。夹持器连接装置的基本结构是沿炉壳圆周装有若干组上下托架，并用它们夹住托圈的顶面和底部，通过接触面把炉体的负荷传给托圈。当炉壳和托圈因温差而出现热变形时，可自由地沿其接触面相对位移。

图4-25所示为双面斜垫板托架夹持器的典型结构。它由4组夹持器组成。两耳轴部位的2组夹持器 R_1、R_2 为支承夹持器，用于支承炉体和炉内液体等的全部重量。位于装料侧托圈中部的夹持器 R_3 为倾动夹持器，转炉倾动时主要通过它来传递倾动力矩。靠出钢口的一组夹持器 R_4 为导向夹持器，它不传递力，只起导向作用。每组夹持器均有上下托架，托架与托圈之间有一组支承斜垫板。炉体通过上下托架和斜垫板夹住托圈，借以支承其重量。

这种双面斜垫板托架夹持器的连接装置可基本满足转炉的工作要求，但其结构复杂、加工量大，安装调整比较困难。

图 4-26 所示为平面卡板夹持器。它一般由 4~10 组夹持器将炉壳固定在托圈上，其中有一对布置在耳轴轴线上，以便炉体倾转到水平位置时承受载荷。每组夹持器的上下卡板用螺栓成对地固定在炉壳上，利用焊在托圈上的卡座将上下卡板伸出的底板卡在托圈的上下盖板上。底板和卡座的两平面间和侧面均有垫板 3，垫板磨损可以更换。托圈下盖板与下卡板的底板之间留有一定的间隙，这样夹持器本体可以在两卡座间滑动，使炉壳在径向和轴向的胀缩均不受限制。

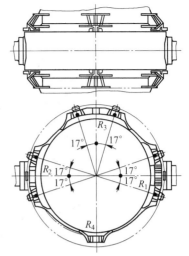

图 4-25 双面斜垫板托架夹持器结构

（3）薄带连接装置。薄带连接装置（图 4-27）采用多层挠性薄钢带作为炉体与托圈的连接件。

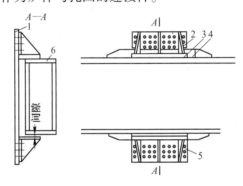

图 4-26 平面卡板夹持器连接结构
1—炉壳；2—上卡板；3—垫板；4—卡座；5—下卡板；6—托圈

由图 4-27 可以看出，在两侧耳轴的下方沿炉壳圆周各装有 5 组多层薄钢带，钢带的下端借螺钉固定在炉壳的下部，钢带的上端固定在托圈的下部。在托圈上部耳轴处还装有个辅助支承装置。当炉体直立时，炉体是被托在多层薄钢带组成的“托笼”中；炉体的倾动主要靠距耳轴轴线最远位置的钢带组来传递扭矩；当炉体倒置时，炉体重量由钢带压缩变形和托圈上部的辅助支承装置平衡。托圈上部在两耳轴位置的辅助支承除了在倾动和炉体倒置时承受一定力外，主要是用于炉体对托圈的定位。

这种连接装置的特点是将炉壳上的主要承重点放在了托圈下部炉壳温度较低的部位以消除炉壳与托圈间热膨胀的影响，减少炉壳连接处的热应力。同时，由于采用了多层挠性薄钢带作为连接件，它能适应炉壳与托圈受热变形所产生的相对位移，还可以减缓连接件在炉壳、托圈连接处引起的局部应力。

D 耳轴轴承座

转炉耳轴轴承是支承炉壳、炉衬、金属液和炉渣全部重量的部件。负荷大、转速慢、温度高、工作条件十分恶劣。

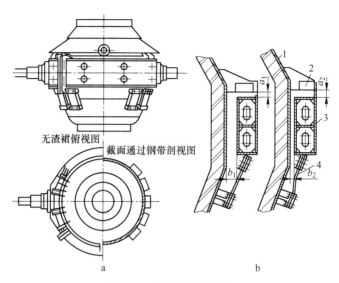

图 4-27 薄钢带连接结构

a—薄钢带连接图；b—薄钢带与炉体和托圈连接结构适应炉体膨胀情况

1—炉壳；2—周向支承装置；3—托圈；4—钢带；

a_2-a_1—炉壳与托圈沿轴向膨胀差；b_2-b_1—炉壳与托圈沿径向膨胀差

用于转炉耳轴的轴承大体分为滑动轴承，球面调心滑动轴承、滚动轴承三种类型。在大、中型转炉上普遍采用滚动轴承；采用自动调心双列圆柱滚子轴承，能补偿耳轴由于托圈翘曲和制造安装不准确引起的不同心度和不平行度，该轴承结构如图 4-28 所示。

4.2.6.4 转炉倾动机构

A 落地式倾动机构

落地式倾动机构，是指转炉耳轴上装有大齿轮，而所有其他传动件都装在另外的基础上，或所有的传动件（包括大齿轮在内）都安装在另外的基础上。这种倾动机械结构简单，便于加工制造和装配维修。

图 4-29 所示为我国小型转炉采用的落地式倾动机构。

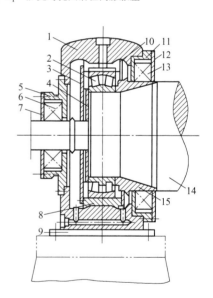

图 4-28 自动调心滚动轴承座

1—轴承座；2—自动调心双列圆柱滚动轴承；

3，10—挡油板；4—轴承压板；5，11—轴承端盖；

6，13—毡圈；7，12—压盖；8—轴承套；

9—轴承底座；14—耳轴；15—甩油推环

课件-转炉倾动机构

这种传动形式，当耳轴轴承磨损后，大齿轮下沉或是托圈变形耳轴向上翘曲时，都会影响大小齿轮的正常啮合传动；此外，大齿轮系开式齿轮，易落入灰砂，磨损严重，寿命短。

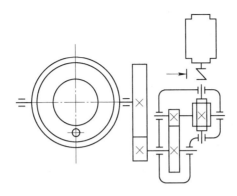

图 4-29 某厂 30t 转炉落地式倾动机构

小型转炉的倾动机构多采用蜗轮蜗杆传动，功率损失大、效率低；大型转炉多采用全齿轮减速机，以减少功率损失。图 4-30 所示为我国某厂 150t 转炉采用全齿轮传动的落地式倾动机构。

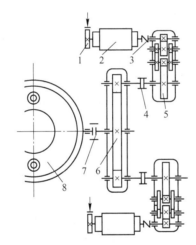

图 4-30 150t 顶吹转炉倾动机构
1—制动器；2—电动机；3—弹性联轴器；4，7—齿形联轴器；5—分减速器；
6—主减速器；8—转炉炉体

B 半悬挂式倾动机构

半悬挂式倾动机构是在转炉耳轴上装有一个悬挂减速器，而其余的电机、减速器等都安装在另外的基础上。悬挂减速器的小齿轮通过万向联轴器或齿形联轴器与落地减速器相连接。

图 4-31 所示为某厂 30t 转炉半悬挂式倾动机构。这种结构，当托圈和耳轴受热、受载而变形翘曲时，悬挂减速器随之位移，其中的大小人字齿轮仍能正常啮合传动，消除了落地式倾动机构的弱点。

半悬挂式倾动机构，设备仍然很重，占地面积也较大，因此又出现了全悬挂式倾动机构。

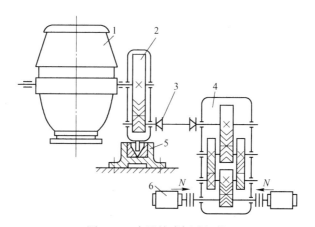

图 4-31 半悬挂式倾动机构
1—转炉；2—悬挂减速器；3—万向联轴器；4—减速器；5—制动装置；6—电动机

C 全悬挂式倾动机构

全悬挂式倾动机构如图 4-32 所示，是把转炉传动的二次减速器的大齿轮悬挂在转炉耳轴上，而电动机、制动器、一级减速器都装在悬挂大齿轮的箱体上。这种机构一般都采用多电动机、多初级减速器的多点啮合传动，消除了以往倾动设备中齿轮位移啮合不良的现象。此外它还装有防止箱体旋转并起缓震作用的抗扭装置，可使转炉平稳地起动、制动和变速，而且这种抗扭装置能够快速装卸以适应检修的需要。

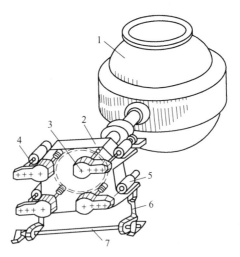

图 4-32 全悬挂式倾动机构
1—转炉；2—齿轮箱；3—三级减速器；4—联轴器；5—电动机；6—连杆；7—缓震抗扭轴

全悬挂式倾动机构具有结构紧凑、重量轻、占地面积小、运转安全可靠、工作性能好的特点；但由于增加了啮合点，加工、调整和对轴承质量的要求都较高。这种倾动机构多为大型转炉所采用。

D 液压传动的倾动机构

目前一些先进的转炉已采用液压传动的倾动机构。

图 4-33 所示为一种液压倾动转炉的工作原理。

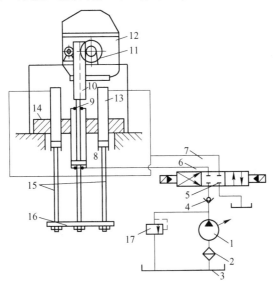

图 4-33 转炉液压传动原理

1—变量油泵；2—滤油器；3—油箱；4—单向阀；5—电液换向阀；6，7—油管；
8—工作油缸；9，15—活塞杆；10—齿条；11—齿轮；12—转炉；13—回程油缸；
14—横梁；16—活动横梁；17—溢流阀

任务 4.3 供 氧 制 度

供氧是指如何最合理地向熔池供给氧气，创造良好的物理化学条件，完成吹炼任务。供氧制度主要包括选择合适的氧枪喷头结构、类型和尺寸，确定恰当的氧气流量、供氧强度等参数，制定合理的氧枪操作方法。

4.3.1 气体射流与熔池的相互作用

氧气顶吹转炉是将高压、高纯度（含 O_2 99.5% 以上）的氧气通过水冷氧枪，以一定距离（喷头到熔池面的距离为 1~3m）从熔池上面吹入。为了使氧流有足够的能力穿入熔池，使用出口为拉瓦尔型的多孔喷头，氧气的使用压力为 $(10~15) \times 10^5 Pa$，氧流出口速度可达 450~500m/s。

4.3.1.1 转炉炉膛内氧气射流的特征

转炉炉膛是一个复杂的高温多相体系，喷吹入炉内的氧气射流离开喷头后，由于炉内周围环境性质变化，使射流的特性也变得有些不能确定了。开吹时，射流与熔池之间的炉内空间充满了热气体，主要由熔池内排出的 CO 和空气组成。但是在吹氧几分钟后就开始形成炉渣，从熔池内排出 CO 气体的速度也很快增大，开始产

微课-
供氧参数

微课-
供氧参数

生泡沫渣，不久即将喷枪淹没。在这种情况下，不可能在真实的转炉上直接测定射流特性，也无法找到合适的实验方法来推测炉内的情况；同时，喷吹入炉膛的氧射流与炉内介质不仅存在温度差、浓度差和密度差，还存在反向流动的介质和化学反应。因此，炉膛内的氧气射流与在静止条件下研究的自由射流存在很大差异，它是处于反向流动介质条件下的具有伴随流的非等温紊流射流。

在顶吹转炉炉膛内，氧气射流的特征大致如下：

（1）氧枪经常在出口 $Ma \gg 1$ 的条件下工作，因此，喷孔出口的超声速射流与自由射流不同。在靠近喷孔产生激波的一段中，氧气射流与周围介质之间不进行传质，射流横截面的变化不明显，它只是射流的压力向周围介质的压力接近而使射流密度发生变化的结果。其后，当射流与周围介质的压力变为相等时，开始从周围介质向射流内部传质，射流的横截面逐渐扩大直至周围介质传递到轴心，而射流轴心速度仍保持为等于出口的速度，这一段称为初始段。此后，射流轴心速度逐渐降低到声速，这一段称为过渡段。过渡段以后的亚声速段称为基本段。通常顶吹氧气转炉内，在氧气射流到达熔池的路程中射流应具有超声速或声速。当氧气在喷孔内膨胀不足时，射流的射程比自由射流的射程大。

（2）在转炉炉膛内，氧气射流遭到与射流运动方向相反、以 CO 为主的相遇气流的作用，使射流的衰减加速。相遇气流作用的定量概念至今还不清楚，但可以推断，它的影响在吹炼的不同时期是不同的。其在强烈脱碳的吹炼中期影响最大，此时，在氧气射流下的一次反应区内进行着碳的强烈氧化，伴随着金属液从一次反应区向上剧烈翻腾，阻滞氧气射流向下穿透。在吹炼的初期和末期脱碳速度不大，相遇气流的影响较小。

（3）氧气射流在转炉炉膛内向下流动的过程中，将从周围抽吸烟尘、金属滴和渣滴等密度很大的质点，使射流的速度降低，扩张角减小；此外，有时氧气射流还会受到熔池中喷溅出来的金属和炉渣的冲击。

（4）转炉炉膛内的氧气射流，其初始温度比周围介质的温度低得多，当射流与从周围抽吸的高温介质混合时，射流被加热；同时，进入射流的 CO 和金属滴要在射流中燃烧放热，并使射流的黑度增大而接受周围介质的辐射热。氧气射流因被加热膨胀，使射程和扩张角增大，同时氧气的纯度降低。在热模拟实验中，将氧气射入 1500℃ 的 CO 室中，在距喷孔 15～20 个孔径处，射流温度达 1300～1800℃；在距喷孔 35～40 个孔径处，温度可达 2150～2300℃。显然，这样的高温会危及炉衬。

（5）冷态实验表明，多孔喷头与单孔喷头的射流流动状况有显著区别。首先，在总喷出量相同的情况下，就绝对值而言，多孔喷头射流的速度衰减和全能衰减都较快，因而射程较短。这是由于每一喷孔的直径都大大减小，同时射流与周围介质的总接触面积显著增大，因而其与周围介质之间的传质加快。其次，对于无中心孔的喷头，就每一射流而言，其与周围环境是非轴对称的。冷态实验表明，在每一射流的内侧存在着高速射流的影响，内侧与介质之间的传质较外侧弱，因而射流内侧的速度衰减较外侧慢，造成射流横截面上的速度分布不对称，内侧速度偏高，射流轴心相应内移。可以推想，这在实际转炉内也是存在的。

（6）氧枪出口处的氧气射流的密度显著大于周围气相介质的密度，这有利于射程的增大。当然，这种密度差将随远离喷孔而迅速减小。

综上所述，氧气射流在转炉炉膛内的流动规律与自由射流相比有相同的方面，也有显著不同，这在运用自由射流的规律分析转炉内的状况时应当特别注意。

4.3.1.2　射流的状态

A　单孔喷头的射流状态

高压氧射流由喷头喷出后的运动规律：氧射流由喷头喷出后，在向前运动时吸收炉内气体，导致氧射流流量不断增加，流股各截面速度逐渐变小，边缘速度比中间速度降低得快，截面逐渐扩大。由于动压头与速度平方成正比，射流动压头也逐渐降低。氧射流由喷头喷出后流股的形状如图 4-34 所示。距喷头不同距离处氧射流截面上的压力变化如图 4-35 所示。氧射流由喷头喷出后，由于是超声速气流，流股并不马上扩张，当射流速度降到声速后才扩张。射流展开角约为 12°。

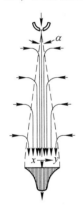

图 4-34　氧射流由喷头喷出后流股的形状
α—射流展开角

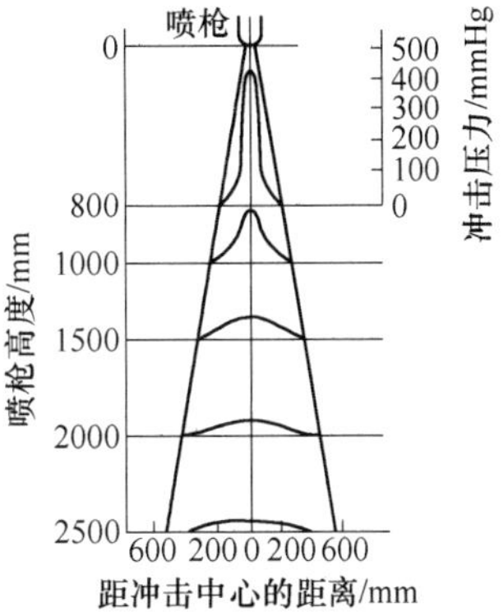

图 4-35　氧射流冲击压力与枪高的关系
（喷头尺寸 $d=45mm$，$1mmHg=133.322Pa$）

由图 4-35 可见，当供氧压力一定时，若喷头距液面较近，则对液面的冲击力较大，接触面积较小；相反，若喷头距液面较远，则对液面的冲击力减小，接触面积增大。当喷头至液面距离一定时，供氧压力增大，则氧射流动压头增大，对金属液面的冲击力也增大，接触面积减小。

B　多孔喷头的射流状态

多孔喷头的设计思想是增大流量，分散射流，增加流股与熔池液面的接触面积，使气体逸出更均匀，吹炼更平稳。然而，多孔喷头与单孔喷头的射流流动状态有显著差别，在总的喷出量相同的情况下，多孔喷头射流的速度衰减要快些，射程要短些，几股射流之间还存在相互影响。

（1）多孔喷头的单孔轴线速度衰减。多孔喷头中的单孔轴线速度衰减规律与单孔喷头的衰减规律是相似的，只是速度衰减更快一些。

（2）多孔喷头的速度分布。多孔喷头的速度分布是非对称的，受喷孔布置的影响。当喷头中心有孔时，其流股速度的最大值在氧枪中心线上；当喷头中心无孔时，其流股速度的最大值不在氧图枪中心线上。多孔喷头的速度分布情况如图 4-36、

图 4-37 所示。

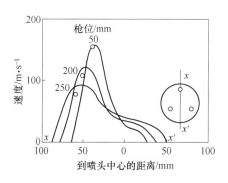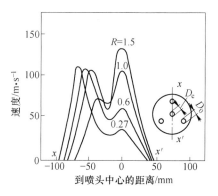

图 4-36　多孔喷头中心无孔的速度分布　　图 4-37　多孔喷头中心有孔的速度分布

$(R=D_e/D_0)$

D_e—中心孔直径，mm；D_0—边孔直径，mm

C　射流间的相互作用

多孔喷头是从一个喷头流出几股射流，而每一股射流都要从其周围的空间吸入空气。由于各射流围成的中心区域较外围空间小得多，使中心区域的压力下降，介质流速增大，从而倾向于各射流互相牵引。其结果是使各单独射流的特性参数变为非轴对称性，在靠近喷头中心线两侧速度明显偏高、压力明显偏低，如图 4-38、图 4-39 所示。

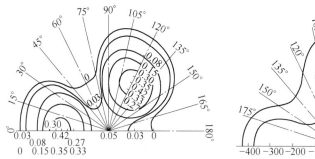

图 4-38　三孔喷头射流的截面压力分布（10^5Pa）　图 4-39　四孔喷头射流的截面速度分布

喷头上各喷孔间的间隔距离或夹角减小，都会造成流股间相互牵引的增加。一股射流从喷孔喷出后，在一段距离内保持射流的刚性，但同时也吸入周围介质，由于中心区域压力降低，因而推动各个流股向中心靠拢。喷孔夹角越小，流股靠拢的趋势越明显。当各个流股接触时即开始混合，这种混合从中心区边缘向各流股中发展，最后形成多流股汇合。为使各个流股分开，国外研究结果表明，各喷孔夹角应在 15°～18°之间，过大的夹角会使流股冲击力减小，也使冲击区接近炉壁。为了提高炉衬寿命，改善冶金效果和减少喷溅，有人提出多孔喷头的流股应有轻度的汇合。众多的研究指出，喷孔夹角与孔数有关，通常采用的喷孔夹角为：三孔喷头 9°～12°，四孔喷头 12°～15°，四孔以上喷头 15°～20°。

　　另外，增加各喷孔间的距离与增加喷孔夹角具有同样的使射流分开的作用，而且增大各喷孔间距离不会减小射流的冲击力。三孔喷头典型的间距为一个喷孔的出口直径（即喷头中心线与各喷孔中心线之间的距离为一个喷孔的出口直径）。

　　多孔喷头形成的多个流股喷出后，在行进中与周围气流渗混，使横截面增大。当各流股外边界互相接触后彼此渗混，从而使流股的行进方向发生偏移，朝着喷头中心轴线一方移动，其偏移程度与喷孔夹角有关。图 4-40 所示为三孔喷头某喷孔流股的冷态测试结果，由图可见，喷孔夹角越小，偏移喷孔几何轴线越严重。

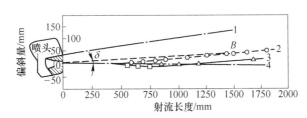

图 4-40　三孔喷头某喷孔流股的偏移情况
1—氧枪喷头轴线；2—8°流股轴线；3—9°流股轴线；4—喷孔几何轴线；
δ—喷孔夹角；B—偏移程度

4.3.1.3　氧气射流与熔池的相互作用

A　氧气射流与熔池的物理作用

　　氧气射流通过高温炉气冲击金属熔池，引起熔池内金属液的运动，起到机械搅拌作用。搅拌作用强且均匀，则化学反应快、冶炼过程平稳、冶炼效率高。

　　搅拌作用的强弱和均匀程度与氧气射流对熔池的冲击状况和熔池运动情况有关。一般以熔池中产生的凹坑深度（冲击深度）和凹坑面积（冲击面积）来衡量。由于氧气射流对熔池的冲击是在高温下进行的，实际测定有不少困难，故目前通常用冷模型、热模型进行研究，也有在工业炉内直接进行测定研究的。

　　a　凹坑的形成

　　氧气射流冲击在熔池表面上，当这个冲击力大于维持液面静平衡状态的炉内压力时，就会将铁水挤开而形成凹坑。

　　（1）凹坑的特点。从凹坑处取样分析，发现该处金属液主要为铁的氧化物，大部分为 FeO（可达 85%～98%）。有人研究认为，在四坑区紧邻液面上方的气相温度可高达 2000～2400℃（比熔池温度高出 500～800℃）。

　　（2）冲击深度。凹坑的最低点到熔池表面的距离称为冲击深度。冲击深度 h 取决于氧气射流冲击液面时的速度 v_s 和密度 ρ_s。滞止点（即凹坑的最低点）的压力平衡关系可用式（4-3）表示：

$$\frac{1}{2}\rho_s v_s^2 = \gamma h + \frac{2\sigma}{R_0} \tag{4-3}$$

式中　ρ_s——氧气射流滞止点处气体的密度；

v_s——氧气射流滞止点处中心轴线上气体的速度；

γ——铁水密度；

h——冲击深度；

σ——铁水表面张力；

R_0——凹坑底部的曲率半径。

当喷头尺寸已定、使用枪位确定后，可根据射流衰减的规律确定 v_s 和 ρ_s。若假定冲击凹坑剖面具有与射流速度剖面相似的形状，则可根据射流与铁水接触面位置的情况确定 R_0（σ 也有一定值），这样就可按式（4-3）求出冲击深度。但根据冷态测试的数据确定 v_s 和 ρ_s 并不能真正反映炉内的实际情况，所以用式（4-3）计算时会遇到一定的困难。

目前国内外不少冶金工作者根据冷、热模型试验的结果，将冲击深度与氧枪使用的滞止压力、枪高等参数联系起来，得到了许多经验公式。其中，佛林（R. A. Flinn）经验公式应用得比较广泛，具体如下（适用于单孔喷头，用于多孔喷头时应做修正）：

$$L = \frac{346.7p_0 d_t}{\sqrt{H}} + 3.81 \tag{4-4}$$

式中　L——冲击深度，cm；

p_0——滞止氧压，MPa；

d_t——喷头喉口直径，cm；

H——氧枪高度，cm。

对于多孔喷头，计算的冲击深度应乘以 $\cos\alpha$，其中 α 为喷孔倾角。

（3）凹坑表面积。在冶炼过程中，一般把氧气射流与静止熔池接触时的流股截面积称为冲击面积，但这个冲击面积并不是氧射流与金属液真正接触的面积，能较好代表氧射流与金属液接触面积的应是凹坑表面积。可见随着炉气温度的增加，凹坑表面积和冲击深度都有所增加。

（4）冲击区的温度。氧气射流作用下的金属熔池冲击区即凹坑区，是熔池中温度最高区，其温度可达 $2200\sim2600℃$，界面处的温度梯度高达 $200℃/mm$。冲击区的温度取决于氧化反应放出热量的多少以及因熔池搅动而引起的传热速度。供氧增加，元素氧化放热增多，冲击区温度升高；加速脱碳和增强熔池搅拌，使热交换过程加速，冲击区温度降低。

b　熔池内金属液在氧气射流作用下的运动过程

（1）熔池的搅拌。氧气射流冲击熔池液面后使其形成凹坑，凹坑中心部分被吹入的气流占据，排出的气体沿坑壁流出，排出的气流层一方面与吹入气流的边界相接触，另一方面与凹坑壁相接触。由于排出气体的速度比较快，对凹坑壁面有一种牵引作用。这样就会使邻近凹坑的液体层获得一定速度，沿坑底流向四周，随后沿坑壁向上和向外运动，往往沿凹坑周界形成一个"凸肩"，然后在熔池上层内继续向四周流动。从凹坑内流出的铁水为达到平衡，必须由四周给予补充，于是就引起熔池内液体的运动，其总趋势是朝向凹坑，这样熔池内铁水就形成了以射流滞止点为中心的环状流，起到对熔池的搅拌作用，如图 4-41 所示。

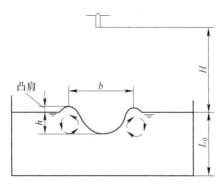

图 4-41　熔池运动示意图

H—枪高；L_0—熔池深度；h—凹坑深度；b—凹坑宽度

实践证明，喷头结构、枪位等对熔池内液体循环运动有着密切的影响。例如，在一定的供氧压力下，若提高枪枪位，冲击深度将减小，环状流较弱，不能拖动熔池底层铁水，不利于冶炼的正常进行；反之，若枪位过低，冲击深度过大，将会损伤炉底并影响氧枪寿命。所以从熔池获得良好的搅拌条件出发，必须有一个合适的枪位，以得到适当的冲击深度。一般认为冲击深度为熔池深度的 50%~75% 时较适宜。

对于熔池半径很大的大吨位转炉，单股射流产生的环流很难使整个熔池，特别是熔池外层铁水有良好的循环运动，所以必须增加射流流股，以增大搅拌作用。因此，通常采用多孔喷枪。

使用单孔和多孔喷枪时熔池循环运动情况分别如图 4-42 及图 4-43 所示。

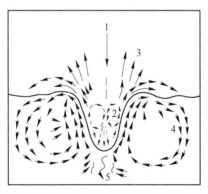

图 4-42　使用单孔喷枪时熔池运动情况

1—氧射流；2—氧流流股；3—喷溅；4—钢水的运动；5—停滞区

应该指出，在氧气射流与熔池相遇处按非弹性体的碰撞进行研究，射流的动能主要消耗于非弹性碰撞的能量损失（占 70%~80%）和克服浮力的能量损失（占 5%~10%），用于搅动熔池的能量仅占 20%。因此，只靠氧射流约 20% 的能量搅动熔池，搅拌强度显然是不足的。这可由顶吹氧气转炉吹炼低碳钢的末期脱碳速度比底吹氧气转炉慢得多，而且熔池成分和温度不均匀的现象来说明。因此，顶吹氧气转炉搅动熔池的能量主要是由吹炼过程中脱碳反应产生的 CO 气体从熔池排出的上浮力提供的（忽略金属液各部分因成分和温度不同引起密度不同产生的对流）。当然，脱碳反应速度及其反应的均匀性也和氧气射流与熔池的作用情况密切相关。例如，减小氧气射流的穿透深度而增大冲击面积，可使 CO 气体沿熔池横截面分散析出；同样，增多喷孔数和增大喷孔倾角，能使 CO 气体呈多股形式在不同的地点分散析出，因而显著改善熔池中液体循环的速度场。所以，合理的喷头设计及供氧制度为氧气射流与熔池间的物理和化学作用创造了最良好的条件。

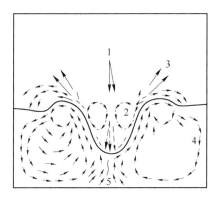

图 4-43　使用多孔喷枪时熔池运动情况
1—氧射流；2—氧流流股；3—喷溅；4—钢水的运动；5—停滞区

（2）熔池的运动形式。当氧射流的动能较大时，即在高氧压或低枪位"硬吹"时，射流具有较大的冲击深度，射流边缘部分会发生反射和液体飞溅，而射流的主要部分深深穿透在熔池之中（图 4-44a）。在这种情况下，射流卷吸周围的液体，并把它破碎成小液滴，随后这些小液滴又被氧射流带动向下运动，使整个熔池处于强烈的搅拌状况。

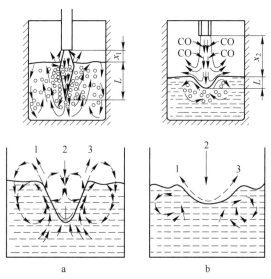

图 4-44　氧气流股与熔池作用示意图
a—硬吹；b—软吹
1，3—反射流股；2—向下的主流股

动能较小的氧气射流（即采用低氧压或高枪位"软吹"时），可将液面冲击成表面光滑的浅凹坑，氧流股沿着凹坑表面反射并流散（图 4-44b）。在这种情况下，反射流股以摩擦作用引起液体运动，熔池中靠近凹坑的波体向上运动，远离凹坑的液体向下运动，熔池搅拌不强烈。

c 熔池与射流间的相互破碎与乳化

在氧气顶吹转炉吹炼过程中，有时炉渣会起泡并从炉口溢出，这就是吹炼过程中发生的典型的乳化和泡沫现象。由于氧射流对熔池的强烈冲击和 CO 气泡的沸腾作用，使熔池上部金属、熔渣和气体三相剧烈混合，形成了转炉内发达的乳化和泡沫状态。

乳化的概念：它是指金属液滴或气泡弥散在炉渣中，若液滴或气泡数量较少而且在炉渣中自由运动，这种现象称为渣-钢乳化或渣-气乳化；若炉渣中仅有气泡，而且数量少，气泡无法自由运动，这种现象称为炉渣泡沫化。由于渣滴或气泡也能进入到金属熔体中，因此转炉中还存在金属熔体中的乳化体系。

渣-钢乳化是冲击坑上沿流动的钢液被射流撕裂成金属液滴造成的。通过对 230t LD 转炉乳液的取样分析，发现其中金属液滴比例很大。吹氧 6~7min 时占 45%~80%，10~12min 时占 40%~70%，15~17min 时占 30%~60%。可见，吹炼时金属和炉渣混合充分。

研究表明，金属液滴比金属熔池的脱碳、脱磷更有效。金属液滴尺寸愈小，脱除量愈多。而金属液滴的硫含量比金属熔池的硫含量高，金属液滴尺寸越小，硫含量越大。生产实践表明，冶炼中期硬吹时，由于渣内富有大量的 CO 气泡以及渣中氧化铁被金属液滴中的碳还原，导致炉渣的液态部分消失而"返干"。软吹时，由于渣中（FeO）含量增加，并且氧化位（即浓度比 $c_{Fe^{3+}}/c_{Fe^{2+}}$）升高，持续时间过长就会产生大量起泡沫的乳化液，乳化的金属量非常大，生成大量 CO 气体，容易发生大喷或溢渣。因此，必须正确调整枪位和供氧量，使乳化液中的金属保持在某一比例。

与此同时，溶池中也进行着乳化消除过程，其综合结果决定着乳化的程度。

B 氧气射流对熔池的化学作用

这里主要叙述射流中的氧是如何传给金属和炉渣，进行杂质的氧化和促进石灰溶解的。

a 直接传氧

所谓直接传氧，是指吹入熔池的氧气被钢液直接吸收的传氧方式。

硬吹时，转炉内的传氧方式主要是直接传氧。其传氧的途径有以下两个：

（1）通过金属液滴直接传氧。硬吹时，氧气射流强烈冲击熔池时溅起来的那些金属液滴被气相中的氧气氧化，其表面形成一层富氧的 FeO 渣膜。这种带有 FeO 渣膜的金属滴很快落入熔池，并随其中的钢液一起进行环流而成为氧的主要传递者。其传氧过程如下。

吹入炉内的氧与溅起的金属液滴接触，气态的氧被金属液滴表面吸附并分解成原子态的氧：

$$1/2\{O_2\} \Longrightarrow O_{吸附} \tag{4-5}$$

被吸附的原子态的氧使金属液滴表面氧化，产生 FeO 渣膜；同时，有一部分原子态的氧溶入金属液滴之中：

$$O_{吸附} \nearrow + [Fe] == (FeO)$$
$$\searrow [O]$$
(4-6)

进行环流运动的过程中，金属液滴表面的 FeO 渣膜大量消耗于沿途的杂质元素的间接氧化，余者进入渣中；与此同时，溶于金属液滴内的氧也将周围的杂质元素氧化。

（2）通过乳浊液直接传氧。高压氧气射流自上而下吹入熔池，将熔池冲出一凹坑的同时，射流的末端也被碎裂成许多小气泡。这些小氧气泡与被氧气射流击碎的金属液和熔渣一起形成三相乳浊液，其中的金属液滴可将小气泡中的氧直接吸收：

$$1/2\{O_2\} == [O]$$
(4-7)

由于熔池的乳化，极大地增加了钢液、熔渣、氧气三者之间的接触面积，据估算一般情况下可达 $0.6 \sim 1.5 m^2/kg$，从而会大大加快炉内的传氧速度。

　　b　间接传氧

所谓间接传氧，是指吹入炉内的氧气经熔渣传入钢液的传氧方式。

软吹时，因为氧气射流对金属熔池的冲击相对较弱因而冲击深度较小，不仅生成的金属液滴和小气泡的数量较少，而且熔池的乳化程度也较低，因而氧气射流的直接传氧作用大为减弱。但是，此时氧气射流与熔池的作用面积相对较大，因此，"熔渣先被氧气射流氧化，继而再将氧传给钢液"的间接传氧作用会明显加强。具体的传氧过程如下。

（1）炉渣中的低价氧化铁被氧气射流氧化成高价氧化铁：

$$2(FeO) + 1/2\{O_2\} == (Fe_2O_3)$$
(4-8)

（2）含有 Fe_2O_3 的炉渣被吹离作用区，在与别处的钢液接触时被铁还原成低价氧化铁。

$$(Fe_2O_3) + [Fe] == 3(FeO)$$
(4-9)

（3）当渣中的（FeO）含量较高时，按分配定律部分地转入钢液。

$$(FeO) == [O] + [Fe]$$
(4-10)

由间接传氧过程可知，转炉炼钢中采用高枪位吹氧时，氧气射流的间接传氧作用得以加强，使得渣中的（FeO）含量较高而化渣能力较强；但由于氧气射流的直接传氧作用大为减弱，杂质元素的氧化速度较慢。

4.3.1.4　底吹气体对熔池的作用

　　A　浸没式射流的行为特征

从底部喷入炉内的气体，一般属亚音速。气体喷入熔池的液相内，除在喷孔处可能存在一段连续流股外，喷入的气体将形成大小不一的气泡，气泡在上浮过程中将发生分裂、聚集等情况，改变气泡体积和数量。特克多根描述了垂直浸没射流的特征，提出图 4-45 所示的定性图案。他认为，在喷孔上方较低的区域内，由于气流对液滴的分裂作用和不稳定的气-液表面对液体的剪切作用，使气流带入的绝大多数动能都消耗掉了。射流中的液滴沿流动方向逐渐聚集，直至形成液体中的气泡区。

肖泽强等人在底吹小流量气体的情况下描述了底吹气体的流股特征（图4-46）。他认为，气流进入熔池后立即形成气泡群上浮，在上浮过程中造成湍流扰动，全部气泡的浮力都驱动金属液向上运动，同时也抽引周围液体。液体的运动主要依靠气泡群的浮力，而喷吹的动量几乎可以忽略不计。

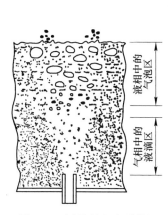

图4-45 浸没射流碎裂特征

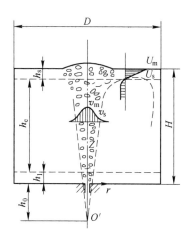

图4-46 气体喷吹搅拌时的流股特征

B 气泡对喷孔的影响

喷入熔池内的气体分散形成气泡时，残余气袋在距喷孔2倍于其直径的距离处，受到液体的挤压而断裂，气相内回流压向喷孔端面。这个现象称为气泡对喷孔的后坐，图4-47所示为这种现象的示意图。

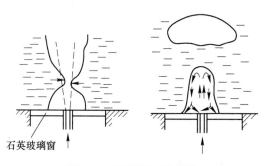

图4-47 气泡后坐示意图

油田隆果研究测定出气泡后坐力可达1MPa。李远洲经测定和分析认为，这样大的反推力包括气体射流的反作用力和后坐力两部分，实际后坐力只有0.01～0.024MPa，但后坐的氧化性气体对炉衬仍有很大的破坏作用。目前的研究认为，采用缝隙型和多金属管型底吹供气元件能有效地消除后座现象。

C 复合吹炼供气对熔池的搅拌

转炉复吹供气时能有效地把熔池搅拌和炉渣氧化性统一起来。顶吹氧枪承担向熔池供氧的任务，底吹气体发挥搅拌熔池的功能。在转炉复合吹炼中，熔池的搅拌能由顶吹和底吹气体共同提供。

4.3.2 供氧系统设备

4.3.2.1 氧气转炉车间供氧系统

氧气转炉炼钢车间的供氧系统一般由制氧机、加压机、中间储气罐、输氧管、控制闸阀、测量仪表及氧枪等主要设备组成。我国某钢厂供氧系统流程如图 4-48 所示。

微课-供氧设备

课件-供氧设备

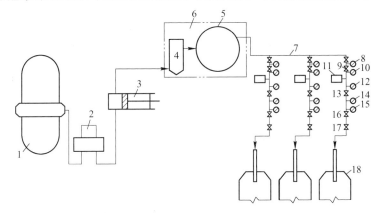

图 4-48 供氧系统工艺流程

1—制氧机；2—低压储气柜；3—压氧机；4—桶形罐；5—中压储气罐；6—氧气站；7—输氧总管；
8—总管氧压测定点；9—减压阀；10—减压阀后氧压测定点，11—氧气流量测定点；
12—氧气温度测定点；13—氧气流量调节阀；14—工作氧压测定点；15—低压信
号连锁；16—快速切断阀；17—手动切断阀；18—转炉

转炉炼钢要消耗大量的氧，因此现代钢铁厂都有相当大规模的制氧设备。工业制氧采取空气深冷分离法，先将空气液化，然后利用氮气与氧气的沸点不同将空气中的氮气和氧气分离，这样就可以制出纯度为 99.5% 的工业纯氧。

4.3.2.2 氧枪

A 氧枪结构

氧枪又称喷枪或吹氧管，是转炉吹氧设备中的关键部件，它由喷头（枪头）、枪身（枪体）和枪尾组成，其结构如图 4-49 所示。

枪身是 3 根同心管，内层管通氧气，上端用压紧密封装置牢固地装在枪尾，下端焊接在喷头上。外层管牢固地固定在枪尾和枪头之间。为了保证中间管下端的水缝，其下端面在圆周上均布 3 个凸爪，借此将中间管支撑在枪头内腔底面上。同时为了使三层管同心，以保证进出水的环状通路在圆周上均匀，还在中间管和内层管的外壁上焊有均布的 3 个定位块。定位块在管体长度方向按一定距离分布，通常每 1~2m 左右放置一环 3 个定位块，如图 4-50 所示。

B 喷头类型

目前存在的喷头类型很多，按喷孔形状可分为拉瓦尔型、直筒型、螺旋型等；

由于拉瓦尔型喷嘴有利于改善氧枪的工作条件和炼钢的技术经济指标，因此使用得最广。

拉瓦尔型喷嘴的结构如图 4-51 所示。它由收缩段、缩颈（喉口）和扩张段构成，缩颈处于收缩段和扩张段的交界，此处的截面积最小，通常把缩颈的直径称为临界直径，把该处的面积称为临界断面积。

其工作原理是：高压气体流经收缩段时，气体的压力能转化为动能，使气流获得加速度；在临界截面上气流速度达到音速；在扩张段内气体的压力能继续转化为动能和部分消耗在气体的膨胀上。在喷头出口处当气流压力降低到与外界压力相等时，可获得远大于音速的气流速度。设气流的速度和音速之比用马赫数（Ma）表示，则临界断面气体的流速为 $1Ma$，而在出口处气流的速度大于 $1Ma$。通常转炉喷头喷嘴的气体的流出速度为 $1.8 \sim 2.2Ma$。

a　单孔拉瓦尔型喷头

单孔拉瓦尔型喷头的结构如图

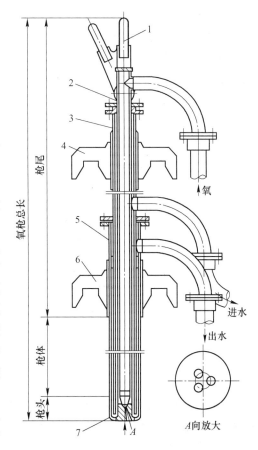

图 4-49　氧枪结构示意图
1—吊环；2—内层管；3—中层管；4—上卡板；
5—外层管；6—下卡板；7—喷头

4-51 所示。它仅适用于小型转炉，大中型转炉已不采用这种喷头，而采用多孔拉瓦尔喷头。

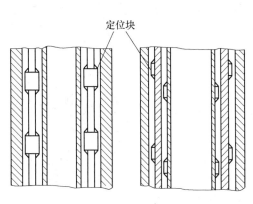

图 4-50　定位块的两种安装形式

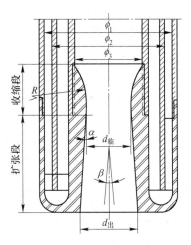

图 4-51　单孔拉瓦尔型喷头

b 多孔喷头

大中型转炉采用多孔喷头的目的，是为了进一步强化吹炼操作，提高生产率。

多孔喷头包括三孔、四孔、五孔、六孔、七孔、八孔、九孔等，它们的每个小喷孔都是拉瓦尔型喷孔。其中以三孔喷头使用得较多。

（1）三孔拉瓦尔型喷头。三孔拉瓦尔型喷头的结构如图 4-52 所示。

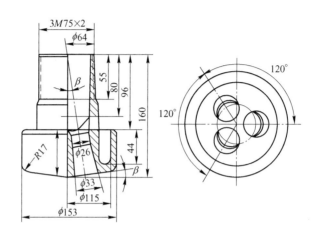

图 4-52 三孔拉瓦尔型喷头

三孔拉瓦尔喷头的 3 个孔为 3 个拉瓦尔喷孔，它们的中心线与喷头的中心线成一夹角 β(β=9°~11°)，3 个孔以等边三角形分布，α 为拉瓦尔喷孔扩张段的扩张角。

生产实践已充分证明，三孔拉瓦尔型喷头比单孔拉瓦尔喷头有较好的工艺性能。但三孔拉瓦尔型喷头的结构比较复杂，加工制造比较困难，三孔中心的夹心部分易于烧毁而失去三孔的作用。

为此加强三孔夹心部分的冷却就成为三孔喷头结构改进的关键，改进的措施有：在喷孔之间开冷却槽，使冷却水能深入夹心部分进行冷却，或在喷孔之间穿洞，使冷却水进入夹心部分循环冷却。这种喷头加工比较困难，为了便于加工，国内外一些工厂把喷头分成几个加工部件，然后焊接组合，称为组合式水内冷喷头，如图 4-53 所示。这种喷头加工方便，使用效果好，适合于大、中型转炉。

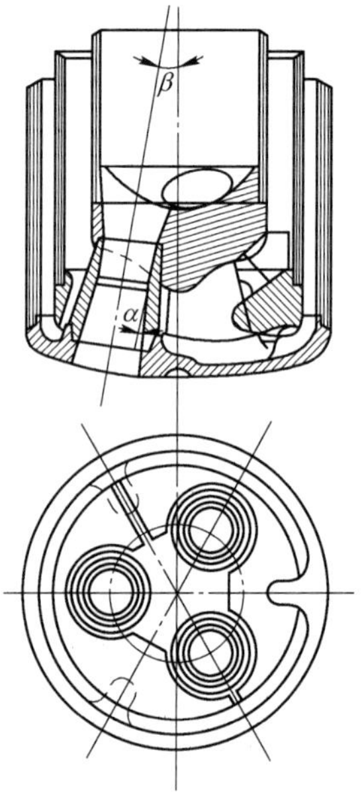

（2）四孔以上喷头。我国 120t 以上中、大型转炉采用四孔、五孔喷头。四孔、五孔喷头的结构如图 4-54 和图 4-55 所示。

四孔喷头的结构有两种形式。一种是中心一孔，周围平均分布 3 孔。中心孔与周围 3 孔的孔径尺寸可以相同，也可以不同；图 4-54 所示的是另一种结构的四孔喷头，4 个孔平均分布在喷头周围，中心无孔。

图 4-53 组合式水内冷喷头

　　五孔喷头的结构也有两种形式：一种是 5 个孔均匀地分布于喷头四周。另一种如图 4-55 所示，其结构为中心 1 孔，周围平均分布 4 孔，中心孔径与周围 4 孔孔径既可以相同，也可以不同；中心孔径可以比周围 4 孔孔径小，也可以比它们大。五孔以上的喷头由于加工不便，应用较少。

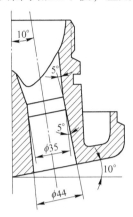

图 4-54　四孔喷头结构图

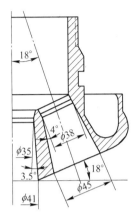

图 4-55　五孔喷头结构图

　　（3）三孔直筒型喷头。三孔直筒型喷头的结构如图 4-56 所示。它是由收缩段、喉口以及 3 个和喷头轴线成 β 角的直筒型孔构成的，β 角一般为 9°~11°，3 个直筒形的孔的断面积为喉口断面积的 1.1~1.6 倍。这种喷头可以得到冲击面积比单孔拉瓦尔喷头大 4~5 倍的氧气流股。从工艺操作效果上与三孔拉瓦尔喷头基本相同，而且制造方便，使用寿命较长，我国中小型氧气转炉多采用三孔直筒型喷头。

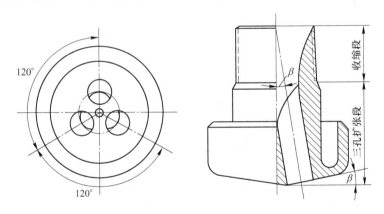

图 4-56　三孔直筒型喷头

　　c　双流道氧枪

　　近年来，国内外出现了一种新型的氧枪——双流道氧枪。如图 4-57 和图 4-58 所示。其目的在于提高炉气中 CO 的燃烧比例，增加炉内热量，加大转炉装入量的废钢比。

　　双流道氧枪的喷头分主氧流道和副氧流道。主氧流道向熔池所供氧气用于钢液的冶金化学反应，与传统的氧气喷头作用相同；副氧流道所供氧气用于炉气的二次燃烧，其产生的热量不仅有助于快速化渣，还可加大废钢入炉的比例。

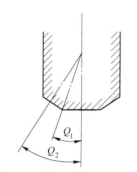

图 4-57 端部式双流道氧枪图

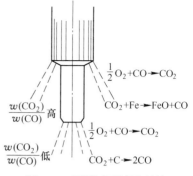

图 4-58 顶端式双流道氧枪

4.3.2.3 氧枪升降和更换机构

A 氧枪升降装置

a 垂直布置的氧枪升降装置

垂直布置的升降装置有单卷扬型氧枪升降机构和双卷扬型氧枪升降机构两种类型。

（1）单卷扬型氧枪升降机构。单卷扬型氧枪升降机构如图 4-59 所示。这种机构是采用间接升降方式，即借助平衡重锤来升降氧枪，工作氧枪和备用氧枪共用一套卷扬装置。

其工作过程为：当卷筒 11 提升平衡锤 9 时，氧枪 1 及升降小车 2 因自重而下降；当放下平衡锤时，平衡锤的重量将氧枪及氧枪小车提升。

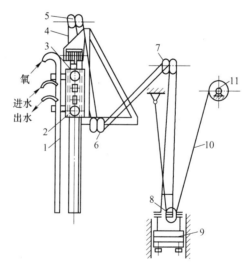

图 4-59 单卷扬型氧枪升降机构

1—氧枪；2—升降小车；3—导轨；4，10—钢绳；5~8—滑轮；9—平衡锤；11—卷筒

图 4-60 所示为氧枪升降卷扬机。在卷扬机的电动机后面设有制动器与气缸装置。制动器能使氧枪准确地停留在任何位置上。为了在发生断电事故时能使氧枪自

动提出炉外，在制动器电磁铁底部装有气缸。当断电时打开气缸阀门，使气缸的活塞杆顶开制动器，电动机便处于自由状态，此时，平衡锤下落，将氧枪提起。

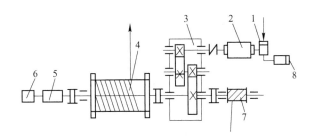

图 4-60　氧枪升降卷扬机

1—制动器；2—电动机；3—减速器；4—卷筒；5—主令控制器；
6—自正角发送机；7—行程指示卷筒；8—气缸

（2）双卷扬型氧枪升降机构。这种升降机构设置两套升降卷扬机，一套工作，另一套备用。

图 4-61 所示为 150t 转炉双卷扬型氧枪升降传动示意图。

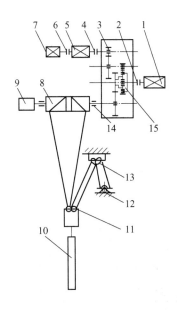

图 4-61　双卷扬型氧枪升降传动示意图

1—快速提升电机；2，4—带联轴节的液压制动器；3—圆柱齿轮减速器；5—慢速提升电机；
6—摩擦片离合器；7—风动马达；8—卷扬装置；9—自整角机；10—氧枪；11—滑轮组；
12—钢绳断裂报警；13—主滑轮组；14—齿形联轴节；15—行星减速器

b　旁立柱式（旋转塔型）氧枪升降装置

图 4-62 所示为旁立柱式升降装置。它的传动机构布置在转炉旁的旋转台上，采用旁立柱固定、升降氧枪，旋转立柱可移开氧枪至专门的平台进行检修和更换氧枪。

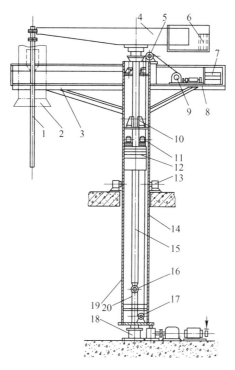

图4-62 旁立柱式（旋转塔型）氧枪升降装置

1—氧枪；2—烟罩；3—桁架；4—横梁；5，10，16，17—滑轮；6，7—平衡锤；8—制动器；9—卷筒；11—导向辊；12—配重；13—挡轮；14—回转体；15，20—钢丝绳；18—向心推力轴承；19—立柱

B 氧枪更换装置

换枪装置基本上都是由横移换枪小车、小车座架和小车驱动机构三部分组成。

图4-63所示为某厂50t转炉单卷扬型换枪装置。在横移小车上并排安装有两套氧枪升降小车，其中一套对准工作位置，处于工作状态，另一套备用。

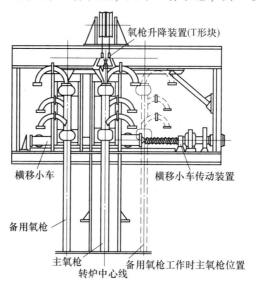

图4-63 某厂50吨转炉单卷扬型换枪装置

4.3.2.4 氧枪各操作点的控制位置

在炼钢过程中，氧枪要多次升降，这个升降运动由氧枪升降机构来实现。氧枪在升降行程中经过的几个特定位置称做操作点。如图 4-64 所示。

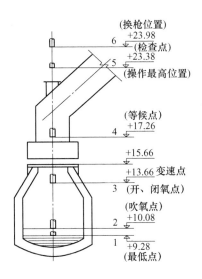

图 4-64 吹氧管升降行程中几个特定位置

1—最低点；2—吹氧点；3—开、闭氧点（变速点）；4—等候点；5—检查点；6—换枪位置

氧枪各操作点控制位置的确定原则：

（1）最低点。最低点是氧枪下降的极限位置，其位置取决于炉子的容量。对于大型转炉氧枪最低点距熔池面应大于 400mm，如邯钢三炼 LD；而对于中、小型转炉应大于 250mm。如邯钢一炼 LD。

（2）吹氧点。此点是氧枪开始进入正常吹炼的位置，又叫吹炼点，这个位置与炉子容量、喷头类型、供氧压力等因素有关，一般根据生产实践经验确定。

（3）变速点。在氧枪上升或下降到此点时，就进行自动变速。此点位置的确定主要是保证安全生产，并缩短氧枪升降所占的辅助时间。在变速点以下，氧枪慢速升降，在变速点以上快速升降。

（4）开氧点和停氧点。氧枪下降至开氧点应自动开氧，上升至停氧点应自动停氧。开氧点和停氧点位置应适当，过早地开氧或过迟地停氧都会造成氧气浪费。氧气进入烟罩也会有不良影响。过迟地开氧或过早地停氧也不好，易造成喷枪黏钢和喷头堵塞。一般开氧点和停氧点可以确定在变速点同一位置，或略高于变速点。

（5）等候点。等候点也称待吹点，位于炉口以上。此点位置的确定应使氧枪不影响转炉的倾动，过高会影响氧枪升降所占的辅助时间。

（6）最高点。最高点是氧枪在操作时的最高极限位置，最高点应高于烟罩上氧枪插入孔的上缘。检修烟罩和处理氧枪黏钢时需将氧枪提高到最高位置。

（7）换枪点：更换氧枪时，需将氧枪提升到换枪点，换枪点高于氧枪的操作最高点。

4.3.3 供氧工艺参数

微课-
供氧操作

课件-
供氧操作

4.3.3.1 氧气流量

氧气流量 Q 是指在单位时间内向熔池供氧的数量（常用标准状态下的体积量度）。其量纲为 m^3/min 或 m^3/h。氧气流量是根据吹炼每吨金属料所需要的氧气量、金属装入量、供氧时间等因素来确定的，即：

$$Q = \frac{V}{t} \tag{4-11}$$

式中　Q——氧气流量（标态），m^3/min 或 m^3/h；

　　　V——炉钢的氧耗量（标态），m^3；

　　　t——炉钢吹炼时间，min 或 h。

一般供氧时间为 14~22min，大转炉吹氧时间稍长些。

4.3.3.2 供氧强度

供氧强度 I 是指单位时间内每吨金属氧耗量，可由式（4-12）确定：

$$I = \frac{Q}{T} \tag{4-12}$$

式中　I——供氧强度（标态），$m^3/(t \cdot min)$；

　　　Q——氧气流量（标态），m^3/min；

　　　T——一炉钢的金属装入量，t。

在铁水成分与所炼钢种确定后，提高转炉供氧强度几乎可以成比例地缩短每炉钢的供氧时间。

供氧强度的大小，主要受炉内喷溅的影响，通常在不影响喷溅的情况下可使用较大的供氧强度。国内几家钢厂转炉的供氧强度控制见表4-2。

表 4-2　不同容量转炉的供氧强度

炉容量/t	55	80	90	250	300
厂名	威远钢厂	太钢二炼钢	涟钢	宝钢二炼钢	宝钢一炼钢
I（标态）/$m^3 \cdot (t \cdot min)^{-1}$	4.3	4.1	4.2	3.33	3.78

4.3.3.3 吨金属氧耗量

吹炼1t金属料所需的氧气量，可以通过计算求出。其步骤是：首先计算出熔池各元素氧化所需氧气量和其他氧耗量，然后再减去铁矿石或氧化铁皮带给熔池的氧量。现举例说明。

例 4-1　已知金属装入量中铁水占 90%，废钢占 10%，吹炼钢种是 Q235B，渣量是金属装入量的 7.777%；吹炼过程中，金属料中 90% 的碳氧化生成 CO，10% 的碳氧化生成 CO_2。求：100kg 金属料，当 $w(C) = 1\%$ 时氧化消耗的氧气量是多少。

解： 12g 的 C 生成 CO 消耗 16g 氧气，生成 CO_2 消耗 32g 氧气，设 100kg 金属料

$w(C) = 1\%$ 生成 CO 消耗氧气量为 x，生成 CO_2 消耗氧气量为 y。

$$[C] + \frac{1}{2}\{O_2\} === \{CO\}$$

$$12g \qquad 16g$$

$$1\% \times 100 \times 90\% kg \qquad x$$

$$x = \frac{1\% \times 100 \times 90\% \times 16}{12} = 1.200kg$$

$$[C] + \{O_2\} === \{CO_2\}$$

$$12g \qquad 32g$$

$$1\% \times 100 \times 10\% kg \qquad y$$

$$y = \frac{1\% \times 100 \times 10\% \times 32}{12} = 0.267kg$$

氧化 $w(C) = 1\%$ 的氧耗量：$1.200 + 0.267 = 1.467kg$

答：对于 100kg 的金属料，当 $w(C) = 1\%$ 时，氧化消耗的氧气量为 1.467kg。

同理可以算出 100kg 金属料中 $w(Si) = 1\%$、$w(Mn) = 1\%$、$w(P) = 1\%$、$w(S) = 1\%$、$w(Fe) = 1\%$ 的氧耗量；渣中 $w(FeO) = 9\%$，$w(Fe_2O_3) = 3\%$；吹炼过程中被氧化进入炉渣的铁元素数量，FeO 中含铁 0.444kg，Fe_2O_3 中含铁 0.163kg。100kg 金属料各元素氧化量和氧耗量见表 4-3。

表 4-3 100kg 金属料各元素氧化量和氧耗量

项 目	$w/\%$						
	C	Si	Mn	P	S	Fe	
铁水	4.3	0.40	0.30	0.04	0.04		
废钢	0.10	0.24	0.40	0.02	0.02		
平均	3.88	0.474	0.31	0.038	0.038		
终点	0.14	痕迹	0.124	0.004	0.024	FeO	Fe_2O_3
烧损量/kg	3.73	0.474	0.186	0.034	0.013	0.444	0.163
每 1% 元素消耗氧气量/kg	1.467	1.143	0.291	1.290	1/3①	0.286	0.429

①气化脱硫量占总脱硫量的 1/3。

这样每 100kg 金属料需氧量为：

$$1.467 \times \Delta w[C] + 1.143 \times \Delta w[Si] + 0.291 \times \Delta w[Mn] + 1.290 \times \Delta w[P] + \frac{1}{3} \times$$

$\Delta w[S] + 0.286 \times \Delta w[Fe](FeO) + 0.429 \times \Delta w[Fe](Fe_2O_3)$

式中，$\Delta w[C]$，$\Delta w[Si]$，$\Delta w[Mn]$，$\Delta w[P]$，$\Delta w[S]$，$\Delta w[Fe]$ 分别为钢中碳、硅、锰、磷、硫、铁的氧化量。

铁水 $w[C] = 4.3\%$，占装入量的 90%；

废钢 $w[C] = 0.1\%$，占装入量的 10%；

平均碳含量：$4.3\% \times 90\% + 0.1\% \times 10\% = 3.88\%$。

同样可以算出硅、锰、磷、硫的平均成分，见表 4-3。

每 100kg 金属氧耗量为：

$$1.467 \times \Delta w[C] + 1.143 \times \Delta w[Si] + 0.291 \times \Delta w[Mn] + 1.290 \times \Delta w[P] + \frac{1}{3} \times$$

$$\Delta w[S] + 0.286 \times \Delta w[Fe](FeO) + 0.429 \Delta w[Fe](Fe_2O_3)$$

$$= 1.467 \times 3.73 + 1.143 \times 0.474 + 0.291 \times 0.186 + 1.290 \times 0.034 + \frac{1}{3} \times 0.013 + 0.286 \times 0.444 +$$

$$0.429 \times 0.163$$

$$= 6.343 kg$$

这是氧耗量的主要部分。另外还有一部分氧耗量随生产条件的变化而有差异。例如炉气中部分 CO 燃烧生成 CO_2 所需要的氧气量，炉气中含有一部分自由氧，还有烟尘中的氧含量以及喷溅物中的氧含量等。其数量随枪位、氧压、供氧强度、喷嘴结构、转炉炉容比、原材料条件等的变化而波动，波动范围较大。例如炉气中 CO_2 含量的波动范围是 $\varphi(CO_2) = 4\% \sim 30\%$；自由氧含量 $\varphi(O_2) = 0.1\% \sim 2.0\%$。这部分的氧耗量是无法精确计算的，因此用一个氧气的利用系数加以修正。根据生产经验认为氧气的利用系数一般在 $80\% \sim 90\%$。

每 100kg 金属料的氧耗量为：$\dfrac{6.343}{80\% \sim 90\%} = 7.929 \sim 7.048 kg$。

当采用铁矿石或氧化铁皮为冷却剂时，将带入熔池一部分氧，这部分氧量与矿石的成分和加入的数量有关。若矿石用量是金属量的 0.418%。根据矿石成分计算，每 100kg 金属料由矿石带入熔池的氧量为 0.096kg，若全部用来氧化杂质，则每 100kg 金属料的氧耗量是：

$$(7.929 \sim 7.048) - 0.096 = 7.833 \sim 6.952 kg$$

氧气纯度为 99.6%，其密度为 $1.429 kg/m^3$，则每吨金属料的氧耗量（标态）是：

$$\frac{7.833 - 6.952}{99.6\% \times 1.429} \times \frac{1000}{100} = 55.03 \sim 48.84 m^3/t$$

平均为 $51.94 m^3/t$。

计算的结果与各厂实际氧耗量（标态）$50 \sim 60 m^3/t$ 大致相当。

4.3.3.4 供氧压力

供氧制度中规定的工作氧压是指测定点的压力（并非喷头出口压力或喷头前压力）或称为使用压力 $p_{用}$。测定点位于软管前的输氧管上，与喷头有一定的距离（图4-65），所以有一定的压力损失，一般允许 $p_{用}$ 偏离设计氧压 $\pm 20\%$。

设计工况氧压又称理论计算氧压，它是指喷头进口处的氧气压强，它近似等于滞止氧压（绝对压力）。喷嘴前的氧压用 p_0 表示，出口氧压用 p 表示。

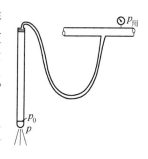

图 4-65 氧枪氧压测定点

喷嘴前氧压 p_0 值的选用应根据以下因素考虑：

（1）氧气流股出口速度要达到超声速（450~530m/s），即 $Ma=1.8~2.1$。

（2）出口的氧压应稍高于炉膛内气压。

从图4-66可以看出，当 $p_0>0.784$ MPa 时，随氧压的增加，氧流速度显著增加；当 $p_0>1.176$ MPa 以后，氧压增加，氧流出口速度增加不多。所以通常氧枪喷嘴前氧压选择为 $0.784~1.176$ MPa。

喷嘴前的氧压与流量有一定关系，若已知氧气流量和喷嘴尺寸，p_0 是可以根据经验公式计算出来的。当喷嘴结构及氧气流量确定以后，氧压也就确定了。

出口氧压应稍高于或等于周围炉气的气压。如果出口氧压小于或高出周围气压很多，出口后的氧气流股就会收缩或膨胀，使得氧流很不稳定，并且能量损失较大，不利于吹炼，所以通常选用 $p=0.11~0.13$ MPa。

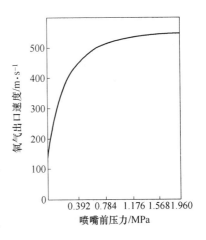

图4-66 氧压与出口速度的关系

4.3.3.5 氧枪枪位

氧枪高度即枪位，通常定义为氧枪喷头至平静熔池液面的距离。这一距离较大时称枪位高；反之，称枪位低。

根据氧气射流特性可知，枪位越低，氧气射流对熔池的冲击动能越大，熔池搅拌越强、氧气利用率越高，其结果是加速炉内脱硅、脱碳反应，使渣中（FeO）含量降低；同时，由于脱碳速度快，缩短了反应时间，热损失相对减少，使熔池升温迅速；但枪位过低，不利于成渣，也可能冲击炉底。而枪位过高，将使熔池的搅拌能力减弱，造成表面铁的氧化，使渣中（FeO）含量增加，导致炉渣严重泡沫化而引起喷溅。

A 氧枪高度确定

氧枪枪位高度的确定，主要考虑两个主要因素：一是氧气射流要有一定的冲击面积，二是氧气射流应有一定的冲击深度，但应保证不能冲击炉底。

目前，氧枪高度的确定一般是依据经验式（4-13）或者式（4-14）：

$$h = bpd_e \tag{4-13}$$

式中 h——氧枪喷头端面距熔池液面的高度，mm；

p——供氧压力，MPa；

d_e——喷头出口直径，mm；

b——系数，随喷孔数而变化，三孔喷头 $b=35~46$；四孔喷头 $b=45~60$。

多孔喷头：

$$h = (35~50)d_t \tag{4-14}$$

式中 d_t——喷头喉口直径，mm。

B 枪位与熔池搅拌的关系

熔池搅拌的推动力来自两方面：一是氧枪吹入的氧气流股对熔池内的金属液冲击和搅动力量，二是来自炉内碳的氧化产生的 CO 气泡在上浮过程中对金属液的搅动。硬吹时，氧气流股对熔池金属液的冲击力量大，冲击深度较深，冲击面积较小，炉内化学反应快，CO 大量排出，熔池搅拌充分；软吹时，冲击力量小，冲击面积大，冲击深度小，熔池搅动相对减弱。

C 枪位与熔池温度的关系

低枪位时，熔池搅拌的作用强，反应快，吹炼时间短，热损失减小，熔池升温快，温度高；高枪位时，反应速度减缓，吹炼时间延长，热损失部分增加，熔池升温缓慢，温度偏低。

D 枪位与脱碳速度及 (FeO) 的关系

硬吹时，炉内脱碳速度加快，FeO 生成速度减小，消耗速度增大，渣中 (FeO) 剩余就少；软吹时，炉内脱碳速度减弱，渣中 (FeO) 消耗速度减少，有大量 (FeO) 积聚。不同枪位时渣中 (FeO) 含量见表4-4。不同枪位时的脱碳速度见表4-5。

表 4-4 不同枪位时渣中 (FeO) 含量 （质量分数，%）

时间/min		<4	4~12	12~15
枪位/m	0.7	15~36	7~15	10~15
	0.8	25~35	11~25	11~20
	0.9	27~43	13~27	13~25

表 4-5 不同枪位时的脱碳速度 （%/min）

吹炼时间/min		3	5	7	9	11	13
氧枪枪位/m	0.90	0.312					0.330
	0.95					0.294	
	1.00	0.294		0.376	0.414		0.285
	1.05		0.320				
	1.10	0.298		0.323	0.364		0.226
	1.15					0.246	
	1.20			0.253	0.418		0.145
	1.25		0.310			0.200	

E 枪位控制

转炉炼钢中枪位控制的基本原则是，根据吹炼中出现的具体情况及时进行相应的调整，力争做到既不出现"喷溅"，又不产生"返干"，通常遵循"高—低—高—低"的原则。

吹炼前期，炉内反应的主要特点是，铁水中的硅迅速氧化，渣中的酸性氧化物

（SiO_2）快速增加，同时熔池温度尚低。此时要加入大量石灰尽快形成碱度不低于 1.5~1.7 的熔渣，缩短酸性渣的过渡时间，以减轻炉衬损失和增加前期的去磷量。所以，吹炼前期应采用较高的枪位，使渣中的氧化铁（ΣFeO）稳定在 25% 左右，迅速在加入的石灰表面形成熔点仅为 1205℃ 的 $CaO \cdot FeO \cdot SiO_2$，加速石灰的熔化和溶解。但枪位也不可过高，以免渣中的（ΣFeO）浓度过大，炉渣严重泡沫化而产生喷溅。最佳的枪位应该是，使炉内的熔渣适当泡沫化，即乳浊液涨至炉口附近而又不喷出。

吹炼中期，炉内的渣子已经化好，硅、锰的氧化已近结束，熔池温度也已较高，碳氧反应开始加速。此时应适当降低枪位，以防产生严重喷溅，同时配合脱碳反应所需的供氧条件。但必须指出的是，激烈的脱碳反应会消耗大量的（FeO）。如果渣中的（ΣFeO）降低过多，会使炉渣出现"返干"现象，影响硫、磷的继续去除，甚至发生"回磷"现象；同时，还会因钢液表面裸露而出现金属飞溅的情况。为此，吹炼中期的枪位也不宜过低。合适的枪位是使渣中的（ΣFeO）保持在 10%~15% 的范围内。

吹炼后期，炉内的碳氧反应已较弱，因炉渣严重泡沫化而产生喷溅的可能性较小，此时主要的任务是调整好炉渣的氧化性和流动性，继续去磷；同时，通过高温、高碱度的炉渣去除钢液中的硫；准确控制终点。所以，该阶段应先适当提枪化渣，而接近终点时再适当降枪，以加强对熔池的搅拌，均匀钢液的成分和温度；同时，降低终渣的（ΣFeO）含量，提高金属和合金的收得率，并减轻熔渣对炉衬的侵蚀。

F　影响枪位变化的因素

枪位变化受多种因素影响，其基本原则是早化渣，化好渣，减少喷溅，以利于脱碳和控制终点。

（1）铁水成分。铁水中含 Si、P 较高时，若采用双渣操作，可采用较低枪位，以利快速脱硅、脱磷，然后倒掉酸性渣；若采用单渣操作，则可高枪化渣，然后降枪去磷；铁水含 Si、P 较低时，为了化好渣，应提高枪位。

（2）铁水温度。铁水温度低时，应低枪提温，待温度升高后再提枪化渣，此时降枪时间不宜太长，一般为 2min 左右；若铁水温度高。则可直接高枪化渣，然后降枪脱碳。

（3）炉内留渣。炉内留渣时，由于渣中（FeO）含量高，有利于石灰熔化，吹炼前期应适当降枪，防止渣中（FeO）过多而产生泡沫渣喷溅。

（4）炉龄。开新炉，炉温低，应适当降低枪位；炉役前期液面高，可适当提高枪位；炉役后期装入量增加，熔池面积增大，不易化渣，可在短时间内采用高低枪位交替操作以加强熔池搅拌，利于化渣；炉役中、后期装入量不变时，熔池液面降低，应适当调整枪位。

采用溅渣护炉技术后，有时炉底上涨，因此要在测量炉液面后，确定吹炼枪位。

（5）渣料加入。在吹炼过程中，通常加入二批渣料后应提枪化渣。若渣料配比中氧化铁皮、矿石、萤石加入量较多时，或石灰活性较高时，炉渣易于化好，也可采用较低枪位操作。使用活性石灰成渣较快，整个过程的枪位都可以稍低些。

（6）装入量变化。炉内超装时，使熔池液面升高，相应的枪位也应提高，否则不易化渣，还可能因枪位过低而烧坏氧枪。

（7）碳氧化期。冶炼中期是碳氧化期，脱碳速度受供氧限制，通常情况下采用低枪位脱碳。若发现炉渣返干现象时，则应提枪化渣或加入助熔剂化渣，以防止金属喷溅。

（8）停吹控制。没有实现自动控制的转炉在停吹前，一般都降枪吹炼，其目的是充分搅拌钢液，提高温度，同时也有利于炉前操作工观察火焰，确定合适的停吹时间。

枪位的变化除上述因素外还受冶炼钢种、炉龄期变化等影响，总之应根据生产实际情况，灵活调节，以保证冶炼的正常进行。

4.3.4 氧枪操作

氧枪操作是指调节氧压或枪位。目前氧枪操作有三种类型：第一种是恒压变枪操作，即在一炉钢的吹炼过程中，其供氧压力基本保持不变，通过氧枪枪位高低变化来改变氧气流股与熔池的相互作用，以控制吹炼过程；第二种类型是恒枪变压，即在一炉钢吹炼过程中，氧枪枪位基本不动，通过调节供氧压力来控制吹炼过程；第三种类型是变压变枪操作，但正确进行控制要求更高的技术水平。目前，我国广泛采用的是分阶段恒压变枪操作。下面就以恒压变枪操作来进行分析：

（1）开吹、过程、终点枪位的确定。

1）开吹枪位的确定。开吹前对以下情况必须了解清楚：

①喷嘴的结构特点及氧气总管氧压情况；

②铁水成分，主要是 Si、P、S 的含量；

③铁水温度，包括铁水罐、混铁炉或混铁车内存铁情况及铁水包的情况等；

④炉役期为多少，是否补炉，相应的装入量是多少，上炉钢水是否出净，是否有残渣；

⑤吹炼的钢种及其对造渣和温度控制的要求；

⑥上一班操作情况，并测量熔池液面高度。

开吹枪位的确定原则是早化渣，多去磷。即使经过预处理的铁水，也应早化渣，这不仅可为下阶段吹炼奠定基础，而且有利于保护炉衬，一般开吹要根据具体情况，确定一个合适的枪位，在软吹模式的前提下调整枪位，快速成渣。

2）过程枪位的控制。过程枪位的控制原则是化好渣，不喷溅，快速脱碳，熔池均匀升温。在碳的激烈氧化期间，尤其要控制好枪位。枪位过低，会产生炉渣"返干"，造成严重的金属喷溅，有时甚至黏枪而损坏喷嘴；枪位过高，渣中 TFe 含量较高，又加上脱碳速度快，同样会造成大喷或连续喷溅。

3）吹炼后期的枪位操作。吹炼后期枪位操作要保证达到出钢温度，拉准碳。有的操作分为两段，即提枪段和降枪段。这主要应根据过程化渣情况、所炼钢种、铁水磷含量高低等具体情况而定。若过程炉渣化得不透，需要提枪，改善熔渣流动性。但枪位不宜过高，时间不宜过长，否则会产生大喷。在吹炼中、高碳钢种时，可以适当提高枪位，保持渣中有足够 TFe 含量，以利于脱磷；如果吹炼过程中熔渣流动性良好，可不必提枪，避免渣中 TFe 过高，不利于吹炼。

吹炼末期的降枪段，主要目的是使熔池钢水成分和温度均匀，稳定火焰，便于判断终点。同时可以降低渣中 TFe 含量，减少吹损，提高钢水收得率，达到溅渣的要求。

(2) 几种典型氧枪枪位操作。由于各厂的转炉吨位、喷嘴结构、原材料条件及所炼钢种等情况不同，氧枪操作也不完全一样。现介绍如下几种氧枪操作方式。

1) 恒枪位操作。在铁水中 P、S 含量较低时，吹炼过程中枪位基本保持不作变动，这种操作主要是依靠多次加入炉内的渣料和助熔剂来控制化渣和预防喷溅，保证冶炼正常进行。

2) 低—高—低枪位操作。铁水入炉温度较低或铁水中 $w[Si] + w[P] > 1.2\%$ 时，使吹炼前期加入渣料较多，可采用前期低枪提温，然后高枪化渣，最后降枪脱碳去硫。这种操作是用低枪点火，使铁水中 Si、P 快速氧化升温，然后提枪增加渣中 (FeO) 来熔化炉渣，待炉渣化好后再降枪脱碳。必要时还可以待炉渣化好后倒掉酸性渣，然后重新加入渣料，高枪化渣，最后降枪脱碳去硫，在碳剧烈氧化期，加入部分助熔剂防止炉渣返干。

3) 高—低—高—低枪位操作。在铁水温度较高或渣料集中在吹炼前期加入时可采用这种枪位操作。开吹时采用高枪位化渣，使渣中含 $w(FeO)$ 达 25% ~ 30%，促进石灰熔化，尽快形成具有一定碱度的炉渣，增大前期脱磷和脱硫效率，同时也避免酸性渣对炉衬的侵蚀。在炉渣化好后降枪脱碳，为避免在碳氧化剧烈反应期出现返干现象，适时提高枪位，使渣中 $w(FeO)$ 保持在 10% ~ 15%，以利于继续去除磷、硫。在接近终点时再降枪加强熔池搅拌，继续脱碳和均匀熔池成分和温度，降低终渣 (FeO) 含量。

4) 高—低—高的六段式操作。开吹枪位较高，及早形成初期渣；二批料加入后适时降枪，吹炼中期炉渣返干时又提枪化渣；吹炼后期先提枪化渣后降枪；终点拉碳出钢，如图 4-67 所示。

5) 高—低—高的五段式操作。五段式操作的前期与六段式操作基本一致，熔渣返干时可加入适量助熔剂调整熔渣流动性，以缩短吹炼时间，如图 4-68 所示。

以上介绍了几种典型的氧枪操作模式，但在实际生产中应根据原材料条件和炉内反应，灵活调节枪位。

例如，铁水条件 $w[Si]$ 0.7%，$w[P]$ 0.5%，$w[S]$ 0.04%，温度 1280℃。冶炼低碳镇静钢，其操作枪位如何确定？

分析：根据铁水成分，冶炼中的主要矛盾是考虑去磷；并且铁水温度低，应先提温后化渣。若采用双渣法操作，可用低—高—低氧枪操作模式。若采用单渣法，要防止炉渣返干造成回磷，故应采用低—高—低—高—低的多段式氧枪操作。其枪位变化如图 4-69 所示。

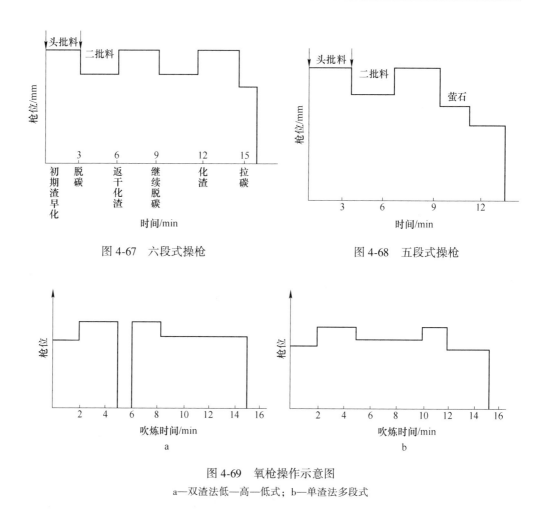

图 4-67　六段式操枪　　　　　　　图 4-68　五段式操枪

图 4-69　氧枪操作示意图

a—双渣法低—高—低式；b—单渣法多段式

（3）复吹转炉枪位变化。在吹炼过程中，复吹转炉的氧枪枪位比顶吹转炉提高 100~800mm。如鞍钢 150t 复吹转炉氧枪枪位变化在 1.4~1.8m，武钢 50t 复吹转炉枪位变化在 1.2~1.6m。冶炼过程中复吹转炉氧枪枪位变化实例如图 4-70 所示。

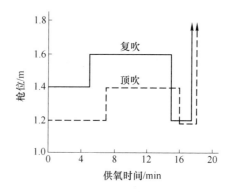

图 4-70　50t 复吹转炉枪位变化

4.3.5　吹损和喷溅

4.3.5.1　吹损

在转炉吹炼过程中，出钢量总是比装入量少，这些吹炼过程中损失的金属量叫做吹损。吹损一般用装入量的百分数来表示：

微课-喷溅与
返干的预防
与处理

$$吹损 = \frac{装入量-出钢量}{装入量} \times 100\% \qquad (4-15)$$

吹损由化学损失、烟尘损失、渣中铁珠和氧化铁损失、喷溅损失等几部分组成。为了计算方便，现以 100kg 金属料为例进行说明。

（1）化学损失。将铁水和废钢吹炼成钢水，需去除碳、磷、硫，而硅和锰也会发生氧化。

课件-喷溅与
返干的预防
与处理

（2）烟尘损失。吹炼过程中氧枪中心区的铁被氧化，生成红棕色烟尘随炉气排出造成损失，烟尘损失一般为金属装入量的 0.8%~1.3%。

（3）渣中氧化铁损失。炉渣中含有氧化铁，除渣时倒出造成铁损失。

（4）渣中铁珠损失。转炉渣中，有一部分金属液滴悬浮于炉渣中形成铁珠，倒渣时随渣倒出造成铁损。

视频-喷溅

（5）喷溅损失。转炉吹炼中，若操作控制不当将会产生喷溅，有可能使部分金属随炉渣一起喷出炉外，造成金属损失。喷溅量随原料条件和操作水平高低而变，一般约占装入量的 0.5%~2.5%。

吹损的主要部分是化学损失，其次是炉渣铁损和喷溅损失。化学损失是不可避免的，而渣中铁损和喷溅损失可以设法减少。

4.3.5.2　喷溅

喷溅是顶吹转炉操作过程中经常见到的一种现象。喷溅的类型有爆发性喷溅、泡沫性喷溅和金属喷溅。

（1）爆发性喷溅。

1）产生的原因。熔池内碳氧反应不均衡发展，瞬时产生大量的 CO 气体。这是发生爆发性喷溅的根本原因。

顶吹转炉脱碳速度快，瞬时 CO 气体排出量大，并且具有较大的能量，推动熔池炉液运动。当脱碳速度为 0.4~0.6%/min 时，每秒钟从熔池排出 CO 气体的体积是钢水体积的 3~4.5 倍；其搅拌能量则是氧流搅拌能量的 7~9 倍。这么多 CO 气体又具有这么大的能量，瞬间从熔池中排出，必然将钢水、熔渣带出炉口之外。

在正常情况下，碳均匀氧化，生成的 CO 气体均匀排出，不致产生猛烈的喷溅。

碳在激烈氧化时，对于温度的变化非常敏感。如果由于操作上的原因使熔池骤然冷却、温度下降，会抑制正在迅速进行的碳氧反应，使供入的氧气生成大量 FeO，并开始积聚；一旦熔池温度升高到一定程度（一般在 1470℃ 以上），$w(TFe)$ 积聚到 20% 以上，碳氧反应将重新以更猛烈的速度进行，瞬时间排出大量具有巨大能量的 CO 气体，CO 气体从炉口夺路而出；同时，还挟带着大量的钢水和熔渣，造成较大的喷溅。例如若二批渣料加得不合适，在加入二批料之后不久产生大喷溅，就是由于这种原因造成的。

通常在熔渣氧化性过高、熔池温度突然冷却情况下，有可能发生爆发性喷溅。

2）预防和处理原则。控制好熔池温度。前期温度不过低，中后期温度不过高，均匀升温，严禁突然冷却熔池，使碳氧反应得以均衡进行，消除爆发性的碳氧反应。

控制好熔渣中 TFe 含量，保证 TFe 不出现积聚现象，以避免造成炉渣过分发泡或引起爆发性的碳氧反应。具体应注意以下情况：

①片面强调前期快速化渣，采用了过高的枪位操作，使前期温度上升缓慢，TFe 积聚过多，一旦碳开始激烈氧化时，往往会引起大喷。因此，凡是前期炉渣化得早，就应及时降枪以控制渣中 TFe，同时促进熔池升温，使碳得以均匀氧化，避免碳焰上来后大喷。

②采用小批量多次加入的方式，有利于消除因二批渣料加入冷却熔池引起的大喷。

③在吹炼过程中，因氧压高，枪位过低，尤其是在碳氧化激烈的中期，$w(\text{TFe})$ 低，导致熔渣高熔点 $2\text{CaO} \cdot \text{SiO}_2$、MgO 等矿物的析出，造成熔渣黏度增加，不能覆盖金属液面，称为熔渣返干。在处理炉渣"返干"或加速终点渣形成时，加入了过量的萤石，或者采用了过高的枪位操作，使终点渣化得过早，或 TFe 积聚，此时碳的氧化还很激烈，也会造成大喷。

④终点炉渣基本化好，降枪过早、过低时，由于熔池内碳含量还较高，碳的氧化速度猛增，也会产生大喷，所以应控制好终点的降枪时机。

⑤炉役前期炉腔小，前期温度低，渣中 TFe 偏高，要注意及时降枪，不使 TFe 过高，以免喷溅。

⑥补炉后，炉衬温度偏低，前期吹炼温度随之降低，造成氧化性强，要注意及时降枪，控制渣中 TFe 含量，以免喷溅。对此现场总结为：前期喷渣，炉温过低；中期喷渣，炉温过高。

⑦若采用留渣操作，所留熔渣 TFe 较高，兑铁前如果没有采取冷凝熔渣的措施，也可能产生爆发性喷溅。

吹炼过程一旦发生喷溅不要轻易降枪，因为降枪以后，碳的氧化反应更加激烈，反而会加剧喷溅。此时可适当提枪，这样一方面可以降低碳的氧化反应速度和熔池升温速度；另一方面也可以借助于氧气流股的冲击作用吹开熔渣，促进气体的排出。

在炉温很高时，可以在提枪的同时适当加一些石灰冷却熔池，稠化熔渣，有时对抑制喷溅也有些作用，但不能过分冷却熔池；也可以用废绝热板、小木块等密度较小的防喷剂，在喷溅时加入能降低熔渣中 TFe 含量，达到减少喷溅的目的；此外适当降低氧气流量也可以减轻喷溅强度。

（2）泡沫性喷溅。

1）产生原因。当铁水 Si、P 含量高，渣中 SiO_2、P_2O_5 含量较高，渣量大时，如果熔渣内 TFe 较高，则熔渣表面张力降低，熔渣泡沫太多，阻碍着 CO 气体通畅排出，使渣层厚度增加，严重时能够上涨到炉口。虽然碳氧反应冲击力不大也可能推动熔渣从炉口喷出。

当熔渣起泡沫，渣面上涨到接近于炉口时，此时，只要有一个很小的冲击力就能把熔渣从炉口推出，熔渣夹带的金属液也随之而出，造成较大的喷溅；同时泡沫渣覆盖在熔池液面上，对气体的排出有阻碍作用，因此严重的泡沫渣就是造成泡沫性喷溅的原因。

显然，渣量大比较容易产生喷溅；炉容比大的转炉，气体排出通畅，发生较大喷溅的可能性小些。

泡沫性喷溅由于渣中 TFe 含量较高，往往伴随着爆发性喷溅。

2）预防措施：

①控制好铁水中的 Si、P 含量，最好是采用铁水预处理进行"三脱"，如果没有铁水预处理设施，可在吹炼过程倒出部分酸性泡沫渣，采用二次造渣技术可避免中期泡沫性喷溅。

②控制好熔渣中 TFe 含量，避免出现 TFe 积聚现象，以免熔渣过分发泡。

（3）金属喷溅。

1）产生原因。渣中 TFe 过低，熔渣流动性不好，氧气流直接接触金属液面，碳氧反应生成的 CO 气体排出带动金属液滴飞出炉外，形成金属喷溅。飞溅的金属液滴黏附于氧枪喷嘴上，会严重恶化氧枪喷嘴的冷却条件，导致喷嘴损坏。金属喷溅又称为返干性喷溅。可见，金属喷溅产生的原因与爆发性喷溅正好相反。当长时间低枪位操作、二批料加入过早、炉渣未化透就急于降枪脱碳等，都有可能产生金属喷溅。

2）预防措施。分阶段定量装入制度应合理增加装入量，避免超装，防止熔池过深。溅渣护炉引起的炉底上涨应及时处理；经常测量炉液面，以防枪位控制不当。

控制好枪位，化好渣，避免枪位过低、TFe 含量过低均有利于预防金属喷溅。

4.3.6 返干

4.3.6.1 "返干"产生的原因

石灰的熔化速度会影响成渣速度，而成渣速度一般可以通过吹炼过程中成渣量的变化来体现，从图 4-71 中可见，吹炼前期和后期的成渣速度较快，而中期成渣速度缓慢。

吹炼前期：由于 $w(FeO)$ 含量高，但炉温还偏低，仍有一部分石灰被熔化，成渣较快。

吹炼中期：炉温已经升高，石灰得到了进一步的熔化，$w(CaO)$ 量增加，（CaO）

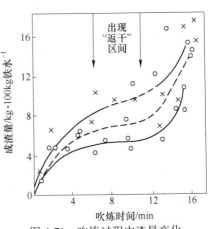

图 4-71 吹炼过程中渣量变化

微课-返干的发生及处理

与（SiO_2）结合成高熔点的 $2CaO \cdot SiO_2$，同时又由于碳的激烈氧化，（FeO）被大量消耗，含有 FeO 的一些低熔点物质（如 $2FeO \cdot SiO_2$，1205℃）转变为高熔点物质（$2CaO \cdot SiO_2$，2130℃），还会形成一些高熔点的 RO 相。此外由于吹炼中期渣中溶解 MgO 能力的降低，促使 MgO 部分析出，而这些未熔的固体质点大量析出弥散在炉渣中，致使炉渣黏稠、成团结块，气泡膜就变脆而破裂，出现"返干"现象。

吹炼后期：随着脱碳速度的降低，$w(FeO)$ 又有所积累，以及炉温上升，促使炉渣熔化，石灰的溶解量（成渣量）急剧增大；同时后期渣中低熔点的（$CaO \cdot 2Fe_2O_3$）、（$CaFeSiO_4$）等矿物较多，渣子流动性较好，只要碱度不过高，一般不会产生"返干"，相反需控制 $w(FeO)$ 的含量不能太高，否则难以做到终渣符合溅渣护炉的要求。

综上所述，在吹炼中期由于产生大量的各种未熔固体质点弥散在炉渣之中，因此可能导致炉渣"返干"。

4.3.6.2　"返干"的预防措施

（1）在冶炼过程中严格遵守工艺操作规程（特别是枪位操作和造渣操作），在冶炼中期要保持渣中有适当的 $w(FeO)$ 含量，预防炉渣过黏、结块而产生"返干"。

（2）在冶炼过程中要密切注意火焰的变化，当有返干趋势时，要及时适当提高枪位或加入适量的氧化铁皮以增加 $w(FeO)$ 含量，促使迅速化渣，改善炉渣状况，预防"返干"的产生。

（3）学会采用音频化渣仪对返干进行有效的预报并采取措施，将"返干"消除。

4.3.6.3　产生"返干"后的处理方法

（1）补加一定量的氧化铁皮，铁皮中 $w(FeO)$ 含量在 90% 以上，加入后能迅速增加 $w(FeO)$ 含量。

（2）适当提高枪位，提高枪位后由于接触熔池液面的氧气流股动能减少，冲击深度小、传入熔池内的氧气量明显减少，致使熔池内的化学反应速度减慢，（FeO）的消耗速度减小得比较明显，因此，$w(FeO)$ 量由于积累而增加；同时提高枪位使冲击面积相对扩大，也使 $w(FeO)$ 量增加。

（3）在提高枪位的同时还可以适当调低吹炼氧压；延长吹炼时间，降慢脱碳速度，同样促使 $w(FeO)$ 量增加，达到消除"返干"的目的。

任务4.4　造渣制度

所谓造渣，是指通过控制入炉渣料的种类和数量，使炉渣具有某些性质，以满足熔池内有关炼钢反应需要的工艺操作。造渣制度就是要确定合适的造渣方法、渣料的加入数量和时间，以及如何加速成渣。

转炉炼钢造渣的目的是去除磷硫，减少喷溅，保护炉衬，减少终点氧；核心是快速成渣；原则是初渣早化，过程化透，终渣做黏，出钢挂上，溅渣黏住。

4.4.1 熔渣的要求

转炉炼钢过程对熔渣的基本要求是较高的碱度、较强的氧化性、适量的渣量、良好的流动性及适当泡沫化。

（1）碱度的控制。理论研究表明，渣中的（∑FeO）含量相同的条件下，碱度为 1.87 时其活度最大，炉渣的氧化性最强。实际生产中正是根据这一理论并结合具体工艺来控制炉渣碱度的。氧气顶吹转炉炼钢中，通常是将碱度控制在 2.8～3.0 的范围内；对于原料含磷较高或冶炼低硫钢种的情况，碱度则控制在 3.0 以上。

（2）渣中的（∑FeO）含量。渣中（∑FeO）含量的高低，标志着炉渣氧化性的强弱及去磷能力的大小。碱度一定时，炉渣的氧化性随着渣中（∑FeO）含量的增加而增强。但是，过高的（∑FeO）含量炉渣显得太稀，会使钢液吸气及吹炼中产生喷溅的可能性增大；同时，还会加速炉衬的侵蚀、增加铁的损耗等。因此，生产中通常将渣中的（∑FeO）含量控制在 10%～30% 之间。

（3）渣量的控制。在其他条件不变的情况下，增大渣量可增加冶炼过程中的去磷量。但是，过大的渣量不仅增加造渣材料的消耗和铁的损失，还会给冶炼操作带来诸多不便，如喷溅、黏枪等。因此，生产中渣量控制的基本原则是，在保证完成脱磷、脱硫的条件下，采用最小渣量操作。

（4）炉渣的流动性。对于去磷、去硫这些双相界面反应来说，物质的扩散是其限制性环节，因此，保证熔渣具有良好的流动性十分重要。

（5）炉渣的泡沫化。泡沫化的炉渣，可使钢-渣两相的界面面积大为增加，改善去磷反应的动力学条件，加快去磷反应速度；但应避免炉渣的严重泡沫化，以防喷溅发生。

4.4.2 炉渣的形成和石灰的溶解

氧气转炉炼钢过程时间很短，必须做到快速成渣，使炉渣尽快具有适当的碱度、氧化性和流动性，以便迅速地把铁水中的磷、硫等杂质去除到所炼钢种的要求以下。

课件-成渣过程及造渣途径

4.4.2.1 熔渣的组成

炉渣一般是由铁水中的硅、磷、锰、铁的氧化以及加入的石灰溶解而成；另外还有少量的其他渣料（白云石、萤石等）、带入转炉内的高炉渣、侵蚀的炉衬等。化学分析表明，炼钢炉渣的主要成分是 CaO、SiO_2、Fe_2O_3、FeO、MgO、P_2O_5、MnO、CaS 等，这些物质在炉渣中能以多种形式存在，除了上面所说的简单分子化合物以外，还能形成复杂的复合化合物，如 $2FeO \cdot SiO_2$、$2CaO \cdot SiO_2$、$4CaO \cdot P_2O_5$ 等。炉渣的氧化性和化学成分在很大程度上控制了吹炼过程中的反应速度。如果吹炼要在脱碳时同时脱磷，则必须控制（FeO）在一定范围内，以保证石灰不断溶解，形成一定碱度、一定数量的泡沫化炉渣。

微课-成渣过程及造渣途径

开吹后，铁水中硅、锰、铁等元素氧化生成 SiO_2、MnO、FeO 等氧化物进入渣中。这些氧化物相互作用生成许多矿物质，吹炼初期渣中主要矿物组成为各类橄榄石（铁、锰、镁、钙）SiO_4 和玻璃体 SiO_2。随着炉渣中石灰溶解，由于 CaO 与

SiO_2 的亲和力比其他氧化物大，CaO 逐渐取代橄榄石中的其他氧化物，形成硅酸钙；随碱度增加形成 $CaO \cdot SiO_2$、$3CaO \cdot 2SiO_2$、$2CaO \cdot SiO_2$、$3CaO \cdot SiO_2$，其中最稳定的是 $2CaO \cdot SiO_2$。到吹炼后期，C—O 反应减弱，（FeO）有所提高，石灰进一步溶解，渣中可能产生铁酸钙。表 4-6 为炉渣中的化合物及其熔点。

表 4-6　炉渣中的化合物及其熔点

化合物	矿物名称	熔点/℃	化合物	矿物名称	熔点/℃
$CaO \cdot SiO_2$	硅酸钙	1550	$CaO \cdot MgO \cdot SiO_2$	钙镁橄榄石	1390
$MnO \cdot SiO_2$	硅酸锰	1285	$CaO \cdot FeO \cdot SiO_2$	钙铁橄榄石	1205
$MgO \cdot SiO_2$	硅酸镁	1557	$2CaO \cdot MgO \cdot 2SiO_2$	镁黄长石	1450
$2CaO \cdot SiO_2$	硅酸二钙	2130	$3CaO \cdot MgO \cdot SiO_2$	镁蔷薇灰石	1550
$FeO \cdot SiO_2$	铁橄榄石	1205	$2CaO \cdot P_2O_5$	磷酸二钙	1320
$2MnO \cdot SiO_2$	锰橄榄石	1345	$CaO \cdot Fe_2O_3$	铁酸钙	1230
$2MgO \cdot SiO_2$	镁橄榄石	1890	$2CaO \cdot Fe_2O_3$	正铁酸钙	1420

4.4.2.2　石灰的溶解

石灰的溶解在成渣过程中起着决定性的作用，通常在顶吹转炉和底吹转炉吹炼前期从炉内取出的石灰块表面存在着高熔点、致密坚硬的 $2CaO \cdot SiO_2$ 外壳，它阻碍石灰的溶解；但在复吹转炉中从炉内取出的石灰块样中均没有发现 $2CaO \cdot SiO_2$ 外壳，其原因可认为是底吹气体加强了熔池搅拌，加快了（FeO）向石灰渗透作用的结果。从图 4-72 $CaO\text{-}FeO\text{-}SiO_2$ 三元渣系相图可以看出，随着（FeO）含量增加，渣系熔点降低。

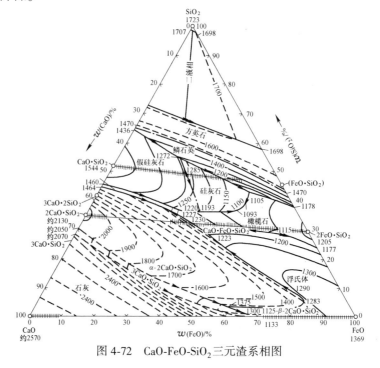

图 4-72　$CaO\text{-}FeO\text{-}SiO_2$ 三元渣系相图

影响石灰溶解的主要因素有以下几种：

（1）炉渣成分。实践证明，炉渣成分对石灰溶解速度有很大影响。有研究表明，石灰溶解与炉渣成分之间的统计关系为：

$$V_{CaO} = k(CaO + 1.35MgO + 2.75FeO + 1.90MnO - 39.1) \qquad (4\text{-}16)$$

式中　　　　　　　　V_{CaO}——石灰在渣中的溶解速度，kg/m^2；

　　　　　　　　　　k——比例系数；

CaO，MgO，FeO，MnO——渣中氧化物浓度，%。

由式（4-16）可见，（FeO）对石灰溶解速度影响最大，它是石灰溶解的基本熔剂。其主要原因是它能生成低熔点物质，显著降低炉渣黏度，改善炉渣对石灰的润湿和向石灰孔隙中的渗透，加速石灰溶解过程的传质。

渣中（MnO）对石灰溶解速度的影响仅次于（FeO），故在生产中可在渣料中配加锰矿，而使炉渣中加入 6% 左右的（MgO）也对石灰溶解有利，因为 CaO-MgO-SiO_2 系化合物的熔点都比 $2CaO \cdot SiO_2$ 低。

（2）温度。熔池温度高，高于炉渣熔点以上，可以使炉渣黏度降低，加速炉渣向石灰块内的渗透，使生成的石灰块外壳化合物迅速熔融而脱落成渣。

（3）熔池的搅拌。加快熔池的搅拌，可以显著改善石灰溶解的传质过程，增大反应界面，提高石灰溶解速度。

（4）石灰质量。表面疏松，气孔率高，反应能力强的活性石灰，有利于炉渣向石灰块内渗透，也扩大了反应界面，加速了石灰溶解过程。目前，在世界各国转炉炼钢中都提倡使用活性石灰，以利快成渣，成好渣。

（5）采用合适的氧枪枪位，既可以促进石灰的熔化，又可以避免发生喷溅，还可以使在碳的激烈氧化期炉渣不会出现"返干"的现象。

（6）采用合成渣可以促进熔渣的快速形成。

4.4.3　成渣路线

在转炉冶炼的条件下，可以用 CaO-FeO_n-SiO_2 三元相图研究冶炼过程中的成渣路线，其他次要组分可按性质归入这 3 个组分中。如图 4-73 所示（单渣操作时），转炉吹炼初期，炉渣成分大致位于图中的 A 区，为酸性初渣区；通常终渣碱度为 3~5，渣中（FeO）含量为 15%~25%，其位置大致在 C 区。

由初渣到终渣可以有 3 条路线，即 ABC、$AB'C$ 和 $AB''C$。按成渣时渣中（FeO）含量可将 ABC 称为铁质成渣途径（也称高氧化铁成渣途径），ABC 称为钙质成渣途径（也称低氧化铁成渣途径）。介于两者间的 $AB''C$ 成渣途径最短，要求冶炼过程迅速升温，容易导致激烈的化学反应和化渣不协调，一般很少采用。

（1）钙质成渣途径（ABC）。通常采用低枪位操作。由于脱碳速度大，渣中（FeO）含量降低很快，炉渣成分进入多相区较早，石灰块周围易生成致密的 C_2S 外壳层，炉渣处于返干阶段较久。直到吹炼后期碳氧化缓慢时，渣中（FeO）含量才开始回升，炉渣成分走出多相区，最后达到终点成分 C。这种操作的优点是炉渣对炉衬侵蚀较小，但前期去磷、硫的效果较差，适用于低磷（$w[P] < 0.07\%$）、硫原料吹炼低碳钢。

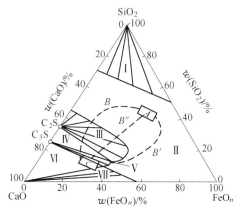

图 4-73　转炉冶炼过程中炉渣成分的变化

Ⅰ—L+SiO$_2$；Ⅱ—L；Ⅲ—L+C$_2$S；Ⅳ—L+C$_2$S+C$_3$S；

Ⅴ—L+C$_3$S；Ⅵ—L+C$_3$S+CaO；Ⅶ—L+CaO

吹炼初期渣中 $w(TFe) = 4\% \sim 10\%$，$w(MnO) = 1.5\% \sim 3.0\%$，炉渣碱度 1.5 ~ 1.7。炉渣中的矿相以镁硅钙石为主，占总量的 50%，玻璃相（钙镁橄榄石）占 40% ~ 50%，并有少量未熔石灰。吹炼中期炉渣碱度 2.0 ~ 2.7，$w(TFe) = 5\% \sim 10\%$，炉渣矿相组成以硅酸二钙为主，占总矿相的 60% ~ 65%，其余为钙镁橄榄石和少量游离 MgO。

"钙质成渣路线"吹炼过程较为平稳，喷溅较少，但炉渣易返干；炉渣对炉衬的化学侵蚀较轻，但容易产生炉底上涨。太钢、本钢以及其他几个低磷铁水炼钢的转炉厂均采用钙质成渣路线。

（2）铁质成渣途径（$AB'C$）。通常采用高枪位操作。炉渣中（FeO）含量在较长时间内一直比较高，所以石灰溶解比较快，炉渣成分一般不进入多相区，直至吹炼后期渣中（FeO）含量才会下降，最后到达终点成分 C。由于高（FeO）炉渣泡沫化严重，容易产生喷溅，同时炉渣对炉衬侵蚀较严重。但是在吹炼初、中期去磷、硫效果较好，因而这种操作适用于较高磷、硫原料吹中碳钢或高碳钢。

吹炼初期渣中 $w(TFe)$ 约 20% ~ 25%，$w(MnO) = 8\% \sim 12\%$，炉渣碱度 1.2 ~ 1.6。渣中的矿相以铁锰橄榄石为主。这种炉渣在熔池温度较低的情况下，脱磷率可达 70%。吹炼中期炉渣碱度升高，炉渣中 $w(FeO) = 10\% \sim 18\%$，$w(MnO) = 6\% \sim 10\%$。炉渣的矿相组成主要是 40% ~ 50% 的镁硅钙石（3CaO·MgO·2SiO$_2$）和约 30% 的橄榄石，还出现约 8% ~ 10% 的硅酸二钙（2CaO·SiO$_2$）和 RO 相。吹炼终点渣中 $w(TFe)$ 在 18% ~ 22% 范围内，终渣矿相以硅酸三钙、硅酸二钙为主，各占 35% ~ 40%，尚有 10% 左右的铁酸钙、RO 相和少量未熔 MgO。炉渣碱度 3.0 ~ 3.5。

"铁质成渣路线"的特点是：炉渣活性度高，未熔石灰少，石灰消耗低，有较高的脱磷能力。在铁水 $w[P] = 0.07\% \sim 0.10\%$ 时，终点钢中 $w[P]$ 可降低到 0.012% 以下。宝钢转炉，日本、欧洲的大型转炉多数采用"铁质成渣路线"，转炉生产优质深冲钢。

梅钢150t复吹转炉冶炼中磷铁水，整个成渣过程基本上是铁质成渣路线，即在整个吹炼过程中（FeO）保持在20%以上，保证炉渣具有良好的流动性和促进石灰快速溶解。吹炼前期 $w(\text{FeO})$ 在35%~40%，炉渣碱度在2.0左右；而在吹炼终点（FeO）在20%~25%，炉渣碱度在3.5~4.0。

4.4.4 泡沫渣

微课-泡沫渣
及其控制

泡沫渣是由弥散在熔渣中的气泡和气泡之间的液体渣膜构成的发泡熔体。

在吹炼过程中，由于氧气流股对熔池的作用，会产生许多金属液滴。这些金属液滴落入炉渣后，与FeO作用生成大量的CO气泡并分散于熔渣之中，形成气-熔渣-金属密切混合的乳浊液。分散在熔渣中的小气泡的总体积往往超过熔渣本身的体积，熔渣成为薄膜，将气泡包住并使其隔开，引起熔渣发泡膨胀，形成泡沫渣。在正常情况下，泡沫渣的厚度一般为1~2m，甚至3m。

课件-泡沫渣
及其控制

4.4.4.1 泡沫渣的作用

熔渣被泡沫化后，钢、渣、气三相之间的接触面积大为增加，可使传氧过程及钢-渣间的物化反应加速进行，冶炼时间大大缩短；同时，熔渣的泡沫化，使得在不增加渣量的情况下，渣的体积显著增大，渣层的厚度成倍增加，对炉气的过滤作用加强，可减少炉气带出的金属和烟尘，提高金属收得率。但若控制不当，严重的泡沫渣也会导致事故。

4.4.4.2 熔渣泡沫化的条件

（1）要有足够的气体进入熔渣。这是熔渣泡沫化的外部条件，向熔渣吹入气体，或熔池内有大量气体通过钢渣界面向渣中转移均可促使熔渣泡沫化。例如熔池内的碳氧反应，因其反应的产物是CO气体，而且要通过渣层向外排出，故具有促使熔渣起泡的作用。

（2）熔渣本身要有一定的发泡性。这是熔渣泡沫化的内部条件。衡量熔渣发泡性的标准有两个：一是泡沫保持时间，它是测量泡沫渣由一个高度降到另一个高度时所用的时间，又称为泡沫寿命。泡沫寿命越长，熔渣的发泡性越好。二是泡沫渣的高度，它是测量在一定的供氧速度下，泡沫渣所能达到的最大高度，此值愈大熔渣的发泡性愈好。

4.4.4.3 影响泡沫渣形成的因素

SiO_2 或 P_2O_5 都是表面活性物质，能够降低熔渣的表面张力，它们生成的吸附薄膜常常成为稳定泡沫的重要因素。但单独的 SiO_2 或 P_2O_5 对稳定气泡的作用不大，若两者同时存在，效果最好。因为 SiO_2 能增加薄膜的黏性，而 P_2O_5 能增加薄膜的弹性，这都会阻碍小气泡的聚合和破裂，有助于气泡稳定在熔渣中。FeO、Fe_2O_3 和 CaF_2 含量的增加也能降低熔渣的表面张力，有利于泡沫渣的形成。

熔渣中固体悬浮物对稳定气泡也有一定作用。当熔渣中存在着 $2CaO \cdot SiO_2$、$3CaO \cdot P_2O_5$、CaO 和 MgO 等固体微粒时，它们附着在小气泡表面上，能使气泡表面薄膜的韧性增强、黏性增大，并阻碍小气泡的聚合和破裂，从而使泡沫渣的稳定期延长。当熔渣中析出大量的固体颗粒时，气泡膜变脆而破裂，熔渣就会出现返干现象。所以熔渣的黏度对熔渣的泡沫化有一定影响，但也不是说熔渣越黏越利于泡沫化。

另外，低温有利于熔渣泡沫的稳定。

总之，影响熔渣泡沫化的因素是多方面的，不能单独强调某一方面，而应综合各方面因素加以分析。

4.4.4.4　吹炼过程中泡沫渣的形成及控制

吹炼前期熔渣碱度低，并含有一定数量的 FeO、SiO_2、P_2O_5 等，主要是这些物质的吸附作用稳定气泡。

吹炼中期碳激烈氧化，产生大量的 CO 气体，由于熔渣碱度提高，形成了硅酸盐及磷酸盐等化合物，SiO_2 和 P_2O_5 的活度降低，SiO_2 和 P_2O_5 的吸附作用逐渐消失，稳定气泡主要依靠固体悬浮微粒。此时如果能正确操作，避免或减轻熔渣的返干现象，就能控制合适的泡沫渣。

吹炼后期脱碳速度降低，只要熔渣碱度不过高，稳定泡沫的因素就会大大减弱，一般不会产生严重的泡沫渣。

若吹炼过程中氧压低、枪位过高，渣中 TFe 含量大量增加，则使泡沫渣发展，严重的还会产生泡沫性喷溅或溢渣；相反，若枪位过低，尤其是在碳氧化激烈的中期，渣中 TFe 含量低，又会导致熔渣的返干而造成金属喷溅。所以，只有控制得当才能够保持正常的泡沫渣。

4.4.5　造渣方法

常用的造渣方法有单渣操作、双渣操作、留渣操作等。应根据铁水成分及吹炼钢种的要求确定造渣方法。

微课-
造渣方法

4.4.5.1　单渣操作

单渣操作就是在冶炼过程中只造一次渣，中途不倒渣、不扒渣，直到终点出钢。

当铁水硅、磷、硫含量较低，或者钢种对磷、硫要求不严格，以及冶炼低碳钢种时，均可以采用单渣操作。

课件-
造渣方法

单渣操作工艺比较简单，吹炼时间短，劳动条件好，易于实现自动控制。单渣操作的脱磷效率在 90% 左右，脱硫效率在 35% 左右。

4.4.5.2　双渣操作

在冶炼中途分一次或几次除去约 1/2~2/3 的熔渣，然后加入渣料重新造渣的操作方法称为双渣法。在铁水含硅量较高或含磷量大于 0.5%，或虽然含磷不高但吹炼优质钢，或吹炼中、高碳钢种时一般采用双渣操作。

最早采用双渣操作是为了脱磷，现在除了冶炼低锰钢外已很少采用。但当前有的转炉终点不能一次拉碳，需多次倒炉并添加渣料后吹，这是一种变相的双渣操作，实际对钢的质量、消耗以及炉衬都十分不利。

采用双渣法操作时，要注意两个问题：一是倒出炉渣的数量。一般是根据铁水成分和冶炼钢种的要求决定去硫和去磷任务的大小，倒出 1/2 或 2/3 的炉渣。二是倒渣时机。理论上应选在渣中的磷含量最高、FeO 含量最低的时候进行倒渣操作，以获得较高去磷率、低铁损的理想效果。生产实践表明，吹炼低碳钢时，倒渣操作应该在钢中含碳量降至 0.6% ~ 0.7% 时进行，因为此时炉渣已基本化好，磷在渣、钢之间的分配接近平衡；同时脱碳速度已有所减弱，渣中（FeO）的浓度较低（约 12%）。吹炼中、高碳钢时，倒渣操作应提前到钢液含碳量为 1.2% ~ 1.5% 时进行，否则后期化渣困难，去磷的效率低。

无论吹炼低碳钢还是高碳钢，可在倒渣前 1min 适当提枪或加些萤石改善炉渣的流动性，以便于倒渣操作。

4.4.5.3 留渣操作

留渣操作就是将上炉终点熔渣的一部分或全部留给下炉使用。终点熔渣一般有较高的碱度和 $w(\text{FeO})$ 含量，而且温度高，对铁水具有一定的去磷和去硫能力。留到下一炉，有利于初期渣及早形成，并且能提高前期去除磷、硫的效率，有利于保护炉衬，节省石灰用量。留渣操作必须定期更换炉渣。

在留渣操作时，兑铁水前首先要加石灰稠化熔渣，避免兑铁水时产生喷溅，造成事故。

溅渣护炉技术在某种程度上可以看作是留渣操作的特例。

根据以上的分析比较，单渣操作简单稳定，有利于自动控制，因此对于硅、硫、磷含量较高的铁水，最好经过铁水预处理，使其进入转炉之前就符合炼钢要求，这样生产才能稳定，有利于提高劳动生产率，实现过程自动控制。

4.4.6 确定渣料加入量

加入炉内的渣料，主要指石灰和白云石数量，还有少量助熔剂。

4.4.6.1 石灰加入量确定

石灰加入量主要根据铁水中硅、磷含量和炉渣碱度确定。

A 炉渣碱度确定

碱度高低主要根据铁水成分确定，一般来说铁水含磷、硫低，炉渣碱度应控制在 2.8 ~ 3.2；中等磷、硫含量的铁水，炉渣碱度应控制在 3.2 ~ 3.5；磷、硫含量较高的铁水，炉渣碱度应控制在 3.5 ~ 4.0。

B 铁水吹炼

铁水吹炼时，石灰加入量可用以下公式计算。

（1）铁水含 $w(\text{P}) < 0.30\%$。$R = w(\text{CaO})/w(\text{SiO}_2)$：

$$W = \frac{2.14w(\text{Si})}{w(\text{CaO}_{\text{有效}})} \times R \times 1000 \tag{4-17}$$

式中　　　　R——碱度，$w(CaO)/w(SiO_2)$；

$w(CaO_{有效})$——石灰中有效 CaO 的质量分数，%；$w(CaO_{有效}) = w(CaO_{石灰}) - Rw(SiO_{2石灰})$；

　　　　2.14——SiO_2/Si 的分子量之比，它的含义是 1kg 的硅氧化后生成 2.14kg 的 SiO_2。

　　　　$w(Si)$——铁水中硅的质量分数，%。

（2）铁水含 $w(P) > 0.30\%$，$R = w(CaO)/[w(SiO_2) + w(P_2O_5)]$：

$$W = \frac{2.2[w(Si) + w(P)]}{w(CaO_{有效})} \times R \times 1000 \tag{4-18}$$

式中　2.2——$1/2[(SiO_2/Si) + (P_2O_5/P)]$ 的分子量之比；

　　　$w(P)$——铁水中磷的质量分数，%。

4.4.6.2　确定白云石加入量

白云石加入量根据炉渣中要求的 $w(MgO)$ 含量确定，一般炉渣中 $w(MgO)$ 含量控制在 6%~8%。炉渣中的 $w(MgO)$ 含量由石灰、白云石和炉衬侵蚀的 MgO 带入，故在确定白云石加入量时要考虑它们的相互影响。

（1）白云石应加入量 $W_白$，kg/t：

$$W_白 = \frac{渣量 \times w(MgO_渣)}{w(MgO_白)} \times 1000 \tag{4-19}$$

式中　$w(MgO_白)$——白云石中 MgO 的质量分数，%；

　　　$w(MgO_渣)$——炉渣中 MgO 的质量分数，%。

（2）白云石实际加入量 $W'_白$。白云石实际加入量中，应减去石灰中带入的 MgO 量折算的白云石数量 $W_灰$ 和炉衬侵蚀进入渣中的 $w(MgO)$ 量折算的白云石数量 $W_衬$。下面通过实例计算说明其应用。

$$W'_白 = W_白 - W_灰 - W_衬 \tag{4-20}$$

例 4-2　设渣量为金属装入量的 12%，炉衬侵蚀量为装入量的 1%，炉衬中含 $w(MgO) = 40\%$。

铁水成分：$w(Si) = 0.7\%$，$w(P) = 0.2\%$，$w(S) = 0.04\%$；

石灰成分：$w(CaO) = 90\%$，$w(MgO) = 3\%$，$w(SiO_2) = 2\%$；

白云石成分：$w(CaO_白) = 40\%$，$w(MgO_白) = 35\%$，$w(SiO_{2白}) = 3\%$；

终渣要求：$w(MgO_渣) = 8\%$，碱度 $R = 3.5$。

解：白云石应加入量：

$$W_白 = \frac{12\% \times 8\%}{35\%} \times 1000 = 27.4\text{kg/t}$$

炉衬侵蚀进入渣中 MgO 折算的白云石数量：

$$W_衬 = \frac{1\% \times 40\%}{35\%} \times 1000 = 11.4\text{kg/t}$$

石灰中带入 MgO 折算的白云石数量：

$$W_{灰} = W(MgO_{灰}/MgO_{白}) = \frac{2.14 \times 0.7\%}{90\% - 3.5 \times 2\%} \times 3.5 \times 1000 \times \frac{3\%}{35\%}$$

$$= 5.4 \text{kg/t}$$

实际白云石加入量：

$$W'_{白} = 27.4 - 11.4 - 5.4 = 10.6 \text{kg/t}$$

（3）白云石带入渣中 CaO 折算的石灰数量：

$$10.6 \times 40\%/90\% = 4.7 \text{kg/t}$$

（4）实际入炉石灰数量：

石灰加入量 W-白云石折算石灰量 $= \dfrac{2.14 \times 0.7\%}{90\% - 3.5 \times 2\%} \times 3.5 \times 1000 - 4.7 = 58.5 \text{kg/t}$

（5）石灰与白云石入炉比例：

$$白云石加入量/石灰加入量 = 10.6/48.4 = 0.18$$

在工厂生产实际中，由于石灰质量不同，白云石入炉量与石灰之比可达 0.20~0.30。

4.4.6.3 助熔剂加入量

转炉造渣中常用的助熔剂是氧化铁皮和萤石。萤石化渣快，效果明显，但对炉衬有侵蚀作用；另外价格也较高，所以应尽量少用或不用，规定萤石用量应小于 4kg/t。氧化铁皮或铁矿石也能调节渣中 FeO 含量，起到化渣作用，但它对熔池有较大的冷却效应，应视炉内温度高低确定加入量，一般铁矿或氧化铁皮加入量为装入量的 2%~5%。

4.4.7 渣料加入时间

通常情况下，顶吹转炉渣料分两批或三批加入。第一批渣料在兑铁水前或开吹时加入，加入量为总渣量的 1/2~2/3，并将白云石全部加入炉内。第二批渣料加入时间是在第一批渣料化好后，铁水中硅、锰氧化基本结束后分小批加入，其加入量为总渣量的 1/3~1/2。若是双渣操作，则是倒渣后加入第二批渣料。第二批渣料通常是分小批多次加入，多次加入对石灰溶解有利，也可用小批渣料来控制炉内泡沫渣的溢出。第三批渣料视炉内磷、硫去除情况而决定是否加入，其加入数量和时间均应根据吹炼实际情况而定。无论加几批渣，最后一小批渣料必须在拉碳倒炉前 3min 加完，否则来不及化渣。

复吹转炉渣料的加入通常可根据铁水条件和石灰质量而定：当铁水温度高和石灰质量好时，渣料可在兑铁水前一次性加入炉内，以早化渣，化好渣。若石灰质量达不到要求，渣料通常分两批加入，第一批渣料要求在开吹后 3min 内加完，渣料量为总渣量的 2/3~3/4，第一批渣料化好后加入第二批渣料，且分小批量多次加入炉内。

单渣操作时，渣料一般都是分两批加入。具体数量各厂不同，见表 4-7。

表 4-7 转炉渣料加入时间与批量的关系

转炉容量/t	批数	渣料加入时间					加入时间
		石灰	矿石	萤石	铁皮	生白云石	
石钢 40	I	1/2~2/3	1/3	1/3		2/3~3/3	开吹时加入
	II	1/3~1/2	1/3	2/3		1/3~0	开吹 3~6min 时加入
	III	根据实际炉况调整					终点前 3min 加完
邯钢 120	I	1/2		1/2	1/2	2/2	几乎与降枪同时加入
	II	1/2		1/2	1/2		开吹 4min 后开始分小批加入
	III	根据实际炉况调整					终点前 3~4min 加完

4.4.8 转炉渣况判断

4.4.8.1 经验预测

通常情况下，渣料化好、渣况正常的标志是：炉口的火焰比较柔软，炉内传出的声音柔和、均匀。这是因为，如果渣已化好、化透，炉渣被一定程度泡沫化了，渣层较厚，此时氧枪喷头埋没在泡沫渣中吹炼，氧气射流从枪口喷出及其冲击溶池时产生的噪声大部分被渣层吸收，传到炉外的声音就较柔和；同时，从溶池中逸出的 CO 气体的冲力也大为减弱，在炉口处燃烧时的火焰也就显得较为柔软。

如果炉口的火焰由柔软逐渐向硬直的方向发展，炉内传出的声音也由柔和渐渐变得刺耳起来，表明炉渣将要出现"返干"现象。

如果炉内传出的声音渐渐变闷，炉口处的火焰也逐渐转暗且飘忽无力；同时，还不时地从炉口溅出片状泡沫渣，说明炉渣正在被严重泡沫化，渣面距炉口已经很近，不久就会发生喷溅。

4.4.8.2 音频化渣仪预测

近年来，一些钢厂使用音频化渣仪对转炉炼钢中的两大难题（即"返干"和喷溅）进行预测和预报（图 4-74~图 4-77），并取得了不错的效果。

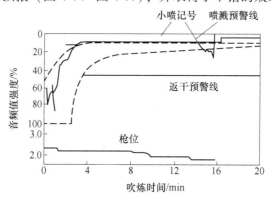

图 4-74 小喷溅的音频化渣

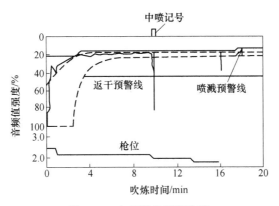

图 4-75 中喷溅的音频化渣

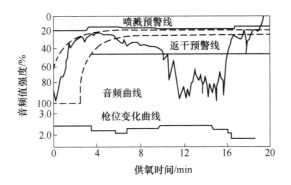

图 4-76 返干的音频化渣

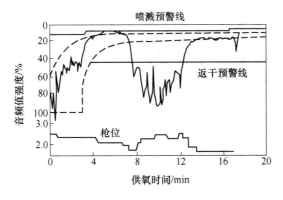

图 4-77 严重返干的音频化渣

音频化渣仪的工作原理是：音频化渣仪将安装在炉口附近的定向取声装置采集到的炉口噪声进行信号转换、选频、滤波、放大、整形后输入计算机，由计算机在显示器上的音频化渣图中绘制冶炼过程中的音频化渣曲线，间接反映渣层厚度或渣面的高低，同时对吹炼过程中可能发生的喷溅或"返干"进行预报，并由报警装置发出声、光信号。

音频化渣应用软件具有"自适应"的微调功能，在任何一座转炉上运行几炉后，便能自动将"二线一区"调节到适合当前炉况的正确位置。

4.4.9　石灰石造渣技术

目前氧气转炉炼钢使用的活性石灰主要用各式竖窑、套筒窑或回转窑生产，整个煅烧过程历时几小时到十几小时，石灰冷却后再送到转炉厂使用。这一过程一方面损失了石灰煅烧过程获得的高温物理热；另一方面，石灰石分解消耗的热量来自燃气或燃煤的燃烧，燃气或燃煤的燃烧额外排放出大量的 CO_2、SO_2 和 NO_x。因此，传统的"煅烧石灰-转炉炼钢"工艺并不符合低碳和节能减排的要求。

如果改变煅烧石灰的位置，把原来在石灰窑里进行的过程改在转炉中进行，就形成了一种新的炼钢方法，由"石灰造渣炼钢法"转变为"石灰石造渣炼钢法"，即由图 4-78 的过程改变成了图 4-79 的过程。

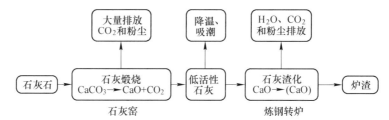

图 4-78　现行石灰造渣炼钢法的煅烧石灰转炉炼钢过程

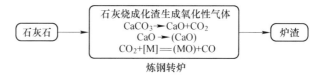

图 4-79　新的石灰石造渣炼钢法的石灰煅烧转炉炼钢过程

采用石灰石造渣炼钢的主要意义在于：

（1）使原来在两个反应器中进行的反应（$CaCO_3$ 的分解反应和 CaO 的化渣反应）合并在 1 个反应器中完成，因而减少了生产工序；

（2）石灰石在转炉里急速加热完成石灰煅烧，仅需要 1~2min，因此相对于在石灰窑中数小时的煅烧，热量的无功耗散可忽略不计；

（3）石灰石在铁水面上分解出的 CO_2 可参与铁水中元素的氧化反应，生成的 CO 可作为能源回收；

（4）石灰石在转炉内煅烧生成石灰后无须出炉转运，不再浪费生成石灰携带的物理热；

（5）石灰石直接装入转炉，与现行的"煅烧石灰—转炉炼钢"过程相比，需要增加转炉热量供给，可通过增加铁水装入、减少冷铁料装入以维持热平衡的方法来解决。

2009 年北京科技大学李宏和曲英两位教授申请了"一种在氧气顶吹转炉中用石灰石代替石灰造渣炼钢的方法"的发明专利，并分别在出钢量为 40t 和 60t 的转炉上进行了数十炉试验，石灰石代替石灰的比例范围为 25%~100%，铁水温度为

1300℃左右，冷铁料加入量为 0～12%，供氧强度与不加石灰石一样。从吹炼过程看，开吹 3min 左右加入两批渣料后，炉口溢出了泡沫渣，可见用石灰石造渣，有促进化渣、提高炉渣氧化性的作用。从吹炼结果看，随石灰石代替石灰的比例增加，终点 L_p 升高幅度较大，吹氧至终点所需时间与石灰造渣法大致相等，转炉回收煤气有所增加。

但"石灰石造渣炼钢法"与"石灰造渣炼钢法"存在很大的区别。采用石灰石造渣时，石灰几乎未经预热直接升温到 1350～1500℃，属于超高温快速煅烧（煅烧时间小于 10min），且这一煅烧温度远高于传统活性石灰的适宜煅烧温度 1050～1200℃。

因此，在使用过程中存在两个方面的问题：

（1）安全性。当大量使用石灰石时，超高温快速煅烧是否存在因快速升温而使石灰石产生严重爆裂，及因石灰石高速分解引起熔池喷溅的问题。

（2）有效性。高温快速煅烧获得的石灰是否会因煅烧温度过高使 CaO 晶粒长大、气孔率下降而被"死烧"，从而没有足够高的活性参与转炉前期造渣脱磷。

采用石灰石造渣法炼钢，既可以为企业带来巨大的经济利益，也可以因节能、减排粉尘和 CO_2 而带来巨大的社会、环境效益，宜大力推广。然而，目前用石灰石代替活性石灰炼钢的钢厂，在转炉造渣过程中需要的 CaO 仅 15%～20% 来自石灰石，而进一步提高替代还存在一些问题，还有很多理论上和实践上的工作需要进一步研究完成。

4.4.10　散状材料供应设备

散状材料供应系统一般由储存、运送、称量和向转炉加料等几个环节组成。整个系统由存放料仓、运输机械、称量设备和向转炉加料设备组成。目前国内典型散状材料供应方式是全胶带上料（图 4-80）。工艺流程如下：

课件-散装
料供应方式

低位料仓→固定胶带运输机→转运漏斗→可逆胶带运输机→高位料仓→称量料斗→电磁振动给料器→汇集料斗→转炉。

（1）低位料仓。低位料仓兼有储存和转运的作用。低位料仓的数目和容积应保

课件-散装
料供应系统
设备组成

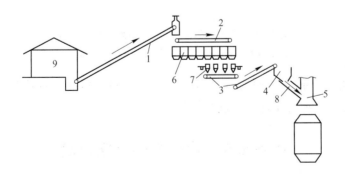

图 4-80　全胶带上料系统

1—固定胶带运输机；2—可逆式胶带运输机；3—汇集胶带运输机；4—汇集料斗；
5—烟罩；6—高位料仓；7—称量料斗；8—加料溜槽；9—散状材料间

证转炉连续生产的需要。

（2）输送系统。目前大、中型转炉车间，散状材料从低位料仓运输到转炉上的高位料仓都采用胶带运输机。为了避免厂房内粉尘飞扬污染环境，有的车间对胶带运输机整体封闭，同时采用布袋除尘器进行胶带机通廊的净化除尘；也有的车间在高位料仓上面采用管式振动运输机代替敞开的可逆活动胶带运输机配料（图4-81），并将称量的散状材料直接进入汇集料斗，取消汇集胶带运输机。

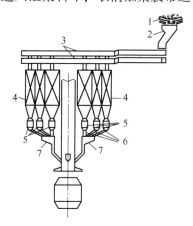

图4-81　固定胶带和管式振动输送机上料系统
1—固定胶带运输机；2—转运漏斗；3—管式振动输送机；4—高位料仓；
5—称量漏斗；6—电磁振动给料器；7—汇集料斗

（3）给料系统。高位料仓的作用是临时储料，保证转炉随时用料的需要。料仓的布置形式有独用、共用和部分共用三种。如图4-82所示。

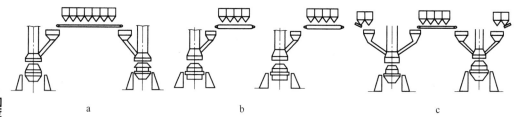

a　　　　　　　　　　　　b　　　　　　　　　　　　c

图4-82　共用、独用、部分共用高位料仓布置
a—共用高位料仓；b—独用高位料仓；c—部分共用高位料仓

微课-
温度控制

课件-
温度制度

为了保证及时而准确地加入各种散状材料，给料、称量和加料都在转炉的中央控制室由操作人员或电子计算机进行控制。

任务4.5　转炉炼钢温度控制

4.5.1　温度控制的重要性

温度控制包括氧化终点温度控制和冶炼过程温度控制两方面。终点温度控制得好坏会直接影响冶炼过程中的能量消耗、合金元素的收得率、炉衬的使用寿命及成品钢的质量等技术经济指标。因此，为了快而多地去除钢中的有害杂质，保护或提取某些有益元素，加快吹炼过程成渣速度，加快废钢熔化，减少喷溅，提高炉龄等，都必须控制好吹炼过程温度。此外，各钢种都有其要求的出钢温度。出钢温度过低会造成回炉、水口结瘤使浇注中断、包底凝钢等；出钢温度过高会造成水口窜钢漏钢、拉漏、钢水二次氧化严重等各种高温缺陷和废品，并影响炉衬和氧枪的寿命。

4.5.2 出钢温度确定

出钢温度的高低受钢种、锭型和浇注方法的影响，其确定原则是：

（1）保证浇注温度高于所炼钢种凝固温度 50~100℃（小炉子偏上限，大炉子偏下限）。

（2）应考虑到出钢过程和钢水运输、镇静时间、钢液吹氩时的降温，一般为 40~80℃。

（3）应考虑浇注方法和浇注锭型大小。若浇小钢锭时，出钢温度要偏高些。若是连铸，出钢温度要适当高些（比模铸钢水高出 20~50℃）。

此外，开新炉第一炉要求提高 20~30℃；连铸第一炉提高 20~30℃；一般钢种出钢温度为 1660~1680℃；高碳钢为 1590~1620℃。

出钢温度可用式（4-21）计算：

$$T = T_f + \Delta T_1 + \Delta T_2 \tag{4-21}$$

式中 ΔT_1——钢水过热度，℃；模铸钢水过热度一般取 50~100℃，小型转炉偏上限，大型转炉偏下限；连铸中间包钢水过热度与钢种、坯型有关，如低合金钢方坯取 20~25℃，板坯取 15~20℃；

ΔT_2——出钢、精炼、运输（出钢完毕至精炼开始之前、精炼完毕至开浇之前）过程温降，以及钢水从钢包至中间包的温降，℃，出钢温降包括钢流温降和加入合金温降；

T_f——钢水凝固温度，℃；与钢水成分有关，可用式（4-22）计算：

$$T_f = 1538 - \sum (w[i]\Delta T_i) - 7 \tag{4-22}$$

式中 1538——纯铁的凝固点；

$w[i]$——钢中某元素的质量分数；

ΔT_i——1%的 i 元素使纯铁凝固温度的降低值，其数据见表4-8。

表 4-8 溶解于铁中的元素为 1%时，纯铁凝固点的降低值

元素	适用范围 /%	凝固点降低值 /℃	元素	适用范围 /%	凝固点降低值 /℃
C	<1.0	65	Ti		18
	1.0	70	Sn	0~0.3	10
	2.0	75	Co		1.5
	2.5	80	Mo	0~0.3	2

元素	适用范围/%	凝固点降低值/℃	元素	适用范围/%	凝固点降低值/℃
C	3.0	85	B		90
	3.5	91	Ni	0~9.0	4
	4.4	100	Cr	0~18.0	1.5
Si	0~3.0	8	Cu	0~0.3	5
Mn	0~1.5	5	W	18%W, 0.66%C	1
P	0~0.7	30	As	0~0.5	14
S	0~0.08	25	H_2	0~0.003	1300
Al	0~1.0	3	O_2	0~0.03	80
V	0~1.0	2	N_2	0~0.03	90

对特殊钢种，也可用经验公式

$$T_f = 1538 - \{100.3w[C] - 22.4(w[C])^2 - 0.61 + 13.55w[Si] - 0.64(w[Si])^2 +$$
$$5.82w[Mn] + 0.3(w[Mn])^2 + 0.2w[Cu] + 4.18w[Ni] +$$
$$0.01(w[Ni])^2 + 1.59w[Cr] - 0.007(w[Cr])^2\} \tag{4-23}$$

4.5.3 热量来源及支出

4.5.3.1 热量来源

氧气转炉炼钢的热量来源主要是铁水的物理热和化学热。物理热是指铁水带入的热量，它与铁水温度有直接关系；化学热是铁水中各元素氧化后放出的热量，它与铁水化学成分直接相关。

在炼钢温度下，各元素氧化放出的热量各异，它可以通过各元素氧化放出的热效应来计算确定。

表4-9为炼钢温度下，每氧化1kg元素熔池吸收的热量及氧化1%元素使熔池的升温数。

表 4-9　氧化 1kg 元素熔池吸收的热量（kJ）及氧化 1%元素使熔池升温度数

反　应	氧气吹炼时的反应温度/℃		
	1200	1400	1600
$[C] + \{O_2\} = \{CO_2\}$	$\dfrac{244}{33061}$	$\dfrac{240}{32517}$	$\dfrac{236}{31973}$
$[C] + \dfrac{1}{2}\{O_2\} = \{CO\}$	$\dfrac{84}{11300}$	$\dfrac{83}{11174}$	$\dfrac{82}{11048}$
$[Fe] + \dfrac{1}{2}\{O_2\} = (FeO)$	$\dfrac{31}{4072}$	$\dfrac{30}{4018}$	$\dfrac{29}{3967}$

续表 4-9

反　　应	氧气吹炼时的反应温度/℃		
	1200	1400	1600
$[Mn] + \frac{1}{2}\{O_2\} = (MnO)$	$\frac{47}{6340}$	$\frac{47}{6328}$	$\frac{47}{6319}$
$[Si] + \{O_2\} + 2(CaO) = (2CaO \cdot SiO_2)$	$\frac{152}{20674}$	$\frac{142}{19293}$	$\frac{132}{17828}$
$2[P] + \frac{5}{2}\{O_2\} + 4(CaO) = (4CaO \cdot P_2O_5)$	$\frac{190}{25738}$	$\frac{181}{24524}$	$\frac{173}{23352}$

注：条件为：渣量为装入金属料的15%，炉衬吸热为装入金属料的10%；表中分母表示氧化1kg元素熔池吸
　　收的热量；表中分子表示氧化1%元素时每吨钢液的升温数。

由表 4-9 可以看出：

（1）氧气吹炼，碳与其他元素的发热能力较高。这就是氧气顶吹转炉热效率高、热量有富余的原因。

（2）碳的发热能力随其燃烧的完全程度而异。完全燃烧时的发热能力比硅、磷高。顶吹氧气转炉内一般只有15%左右的碳完全燃烧成 CO_2，大部分的碳没有完全燃烧；但因铁水中碳含量高，因此，碳仍然是主要热源。

（3）发热能力大的元素是 Si 和 P，它们是转炉炼钢的主要发热元素；Mn 和 Fe 的发热能力不大，不是主要热源。

必须指出，铁水中究竟哪些元素是主要发热元素，不仅要看元素氧化反应的热效应的大小，而且与元素的氧化总量有关。吹炼低磷铁水时，供热最多的是碳，其次是硅，其余元素不是主要的；若吹炼高磷铁水，供热最多的是碳和磷。

4.5.3.2　热量消耗

习惯上，转炉的热量消耗可分为两部分：一部分为直接用于炼钢的热量，即用于加热钢水和熔渣的热量；一部分为未直接用于炼钢的热量，即废气、烟尘带走的热量，冷却水带走的热量，炉口炉壳的散热损失和冷却剂的吸热等。

4.5.4　冷却剂的冷却效应

4.5.4.1　各种冷却剂的比较

要准确控制熔池温度，用废钢作为冷却剂效果最好，但为了促进化渣，提高脱磷效率，可以搭配一部分铁矿石或氧化铁皮。目前我国各厂采用定矿石调废钢或定废钢调矿石等两种冷却制度。

4.5.4.2　各种冷却剂的冷却效应

在一定条件下，加入1kg冷却剂消耗的热量就是冷却剂的冷却效应。

冷却剂吸收的热量包括将冷却剂提高温度消耗的物理热和冷却剂参加化学反应消耗的化学热两个部分：

$$Q_冷 = Q_物 + Q_化 \qquad (4\text{-}24)$$

$Q_物$取决于冷却剂的性质以及熔池的温度:

$$Q_物 = c_固(t_熔 - t_0) + \lambda_熔 + c_液(t_出 - t_熔) \qquad (4\text{-}25)$$

式中　$c_固$, $c_液$——分别为冷却剂在固态和液态时的质量热容, kJ/(kg·℃);

$\qquad$ t_0——室温,℃;

$\qquad$ $t_出$——给定的出钢温度,℃;

$\qquad$ $t_熔$——冷却剂的熔化温度,℃;

$\qquad$ $\lambda_熔$——冷却剂的熔化潜热, kJ/kg。

$Q_化$不仅与冷却剂本身的成分和性质有关, 而且与冷却剂在熔池内参加的化学反应有关。不同条件下, 同一冷却剂可以有不同的冷却效应。

(1) 铁矿石的冷却效应。铁矿石的物理冷却吸热是从常温加热至熔化后直至出钢温度吸收的热量, 化学冷却吸热是矿石分解吸收的热量。

铁矿石的冷却效应可以通过式 (4-26) 计算:

$$Q_矿 = m\left[c_矿·\Delta t + \lambda_矿 + w(\mathrm{Fe_2O_3}) \times \frac{112}{160} \times 6459 + w(\mathrm{FeO}) \times \frac{56}{72} \times 4249\right]$$

$$(4\text{-}26)$$

式中　　m——铁矿石质量, kg;

$\qquad$ $c_矿$——铁矿石的质量热容, kJ/(kg·℃), $c_矿$ = 1.016kJ/(kg·℃);

$\qquad$ Δt——铁矿石加入熔池后需温升数,℃;

$\qquad$ $\lambda_矿$——铁矿石的熔化潜热, 209kJ/kg;

$\qquad$ 160——$\mathrm{Fe_2O_3}$的相对分子质量;

$\qquad$ 112——两个铁原子的相对原子质量之和;

6459, 4249——分别为在炼钢温度下, 由液态 $\mathrm{Fe_2O_3}$ 和 FeO 还原出 1kg 铁时吸收的热量。

设铁矿石成分: $w(\mathrm{Fe_2O_3})$ = 81.4%, $w(\mathrm{FeO})$ = 0%, 矿石一般是在吹炼前期加入, 所以温升取 1325℃, 则 1kg 铁矿石的冷却效应为:

$$Q_矿 = 1 \times \left[1.016 \times (1350 - 25) + 209 + 81.4\% \times \frac{112}{160} \times 6459\right] = 5236\mathrm{kJ/kg}$$

$\mathrm{Fe_2O_3}$的分解热所占比重很大, 铁矿石冷却效应随 $\mathrm{Fe_2O_3}$ 含量而变化。

(2) 废钢的冷却效应。废钢的冷却作用主要靠吸收物理热, 即从常温加热到全部熔化, 并提高到出钢温度所需要的热量。可用式 (4-27) 计算:

$$Q_废 = m\left[c_熔 t_熔 + \lambda + c_液(t_出 - t_熔)\right] \qquad (4\text{-}27)$$

1kg 废钢在出钢温度为 1680℃时的冷却效应是:

$$Q_废 = 1 \times \left[0.699 \times (1500 - 25) + 272 + 0.837 \times (1680 - 1500)\right] = 1454\mathrm{kJ/kg}$$

式中　0.699, 0.837——分别为固态钢和液态钢的质量热容, kJ/(kg·℃);

$\qquad$ 1500——废钢的熔化温度,℃;

$\qquad$ 25——室温 24℃的数值;

$\qquad$ λ——熔化潜热, kJ/kg;

$\qquad$ 1680——出钢时钢水温度,℃。

（3）氧化铁皮的冷却效应。氧化铁皮的冷却效应与矿石的计算方法基本上一样。如果铁皮的成分是 $w(FeO) = 50\%$，$w(Fe_2O_3) = 40\%$，$w(其他氧化物) = 10\%$，则 1kg 铁皮的冷却效应是：

$$Q_{皮} = 1 \times \left[1.016 \times (1350 - 25) + 209 + 40\% \times \frac{112}{160} \times \right.$$

$$\left. 6459 + 50\% \times \frac{56}{72} \times 4249 \right] = 5016 kJ/kg$$

氧化铁皮的冷却效应与矿石相近。

用同样的方法可以计算出生白云石、石灰等材料的冷却效应。如果规定废钢的冷却效应为 1.0，则铁矿石的冷却效应是 5236/1454 = 3.60；氧化铁皮为 5016/1454 = 3.44。由于冷却剂的成分有变化，所以冷却效应也在一定的范围内波动。从以上计算可以知道 1kg 铁矿石的冷却效应约相当于 3kg 废钢的冷却效应。为了使用方便，将各种常用冷却剂冷却效应换算值列入表 4-10。

表 4-10　常用冷却剂冷却效应换算值

冷却剂	重废钢	轻薄废钢	压块	铸铁件	生铁块	金属球团
冷却效应	1.0	1.1	1.6	0.6	0.7	1.5
冷却剂	无烟煤	焦炭	Fe-Si	菱镁矿	萤石	烧结矿
冷却效应	-2.9	-3.2	-5.0	1.5	1.0	3.0
冷却剂	铁矿石	铁皮	石灰石	石灰	白云石	
冷却效应	3.0~4.0	3.0~4.0	3.0	1.0	1.5	

4.5.4.3　冷却剂的加入时间

吹炼过程中还应根据炉内各个时期冶金反应的需要及炉温的实际情况调整熔池温度，保证冶炼的顺利进行。

（1）吹炼初期。如果碳火焰上来得早（之前是硅、锰氧化的火焰，发红），表明炉内温度已较高，头批渣料已化好，可适当提前加入二批渣料；反之，若碳火焰迟迟上不来，说明开吹以来温度一直偏低，则应适当压枪，加强各元素的氧化，提高熔池温度，然后再加二批渣料。

（2）吹炼中期。可据炉口火焰的亮度及冷却水（氧枪进出水）的温差来判断炉内温度的高低，若熔池温度偏高，可加少量矿石；反之，压枪提温，一般可挽回 10~20℃。

（3）吹炼末期。接近终点（据耗氧量及吹氧时间判断）时，停吹测温，并进行相应调整：若温高，加石灰降温；若温低，加 Fe-Si 并点吹提温。

4.5.5　生产中温度控制

在生产实际中，温度的控制主要是根据所炼钢种、出钢后间隔时间的长短、补炉材料消耗等因素来考虑废钢的加入量。对一个工厂来说，由于所用的铁水成分和温度变化不大，因而渣量变化也不大，故吹炼过程的热消耗较为稳定。若所炼钢种发生改变，出钢后炉子等铁水、吊运和修补炉衬使间隔时间延长和炉衬降温，必然引起吹炼过程中热消耗发生变化，因而作为冷却剂的废钢加入量也应作相应调整。

4.5.5.1　影响终点温度的因素

在生产条件下影响终点温度的因素很多，必须经综合考虑，再确定冷却剂加入的数量。

（1）铁水成分。铁水中硅、磷是强发热元素，其含量过高，可以增加热量，但也会给冶炼带来诸多问题，因此有条件应进行铁水预处理脱硅、磷。据 30t 转炉测定，当增加 $w(Si) = 0.1\%$ 时，可升高炉温 14℃。

（2）铁水温度。铁水温度的高低关系到带入物理热的多少，所以在其他条件不变的情况下，入炉铁水温度的高低影响终点温度的高低。铁水温度每升高 10℃，钢水终点温度可提高 6℃。

（3）铁水装入量。铁水装入量的增加或减少，均使其物理热和化学热有所变化，在其他条件一定的情况下，铁水比越高，终点温度也越高。30t 转炉铁水量每增加 1t，终点温度可提高 8℃。

（4）炉龄。转炉新炉衬温度低、出钢口又小，因此炉役前期终点温度要比正常吹炼炉次高 20～30℃才能获得相同的浇注温度，所以冷却剂用量要相应减少；炉役后期炉衬薄，炉口大，热损失多，所以除应适当减少冷却剂用量外，还应尽量缩短辅助时间。

（5）终点碳含量。碳是转炉炼钢的重要发热元素。根据某厂的经验，终点碳 $w[C]<0.24\%$ 时，每增减碳 $w[C]=0.01\%$，出钢温度要相应减增 2～3℃，因此，吹炼低碳钢时应考虑这方面的影响。

（6）炉与炉的间隔时间。间隔时间越长，炉衬散热越多。在一般情况下，炉与炉的间隔时间在 4～10min。间隔时间在 10min 以内可以不调整冷却剂用量，超过10min 时要相应减少冷却剂的用量。

另外，由于补炉而空炉时，应根据补炉料的用量及空炉时间减少冷却剂用量。据 30t 转炉测定，空炉 1h 可降低终点温度 30℃。

（7）枪位。采用低枪位操作，会使炉内化学反应速度加快，尤其是脱碳速度加快，供氧时间缩短，单位时间内放出的热量增加，热损失相应减少。

（8）喷溅。喷溅会增加热损失，因此对喷溅严重的炉次，要特别注意调整冷却剂的用量。

（9）石灰用量。石灰的冷却效应与废钢相近，石灰用量大则渣量大，造成吹炼时间长，影响终点温度。所以当石灰用量过大时，要相应减少其他冷却剂用量。据30t 转炉测算，每多加 100kg 石灰降低终点温度 4.7℃。

（10）出钢温度可根据上一炉钢出钢温度的高低调节本炉的冷却剂用量。

4.5.5.2　确定冷却剂用量的经验数据

通过物料平衡和热平衡计算确定冷却剂加入数量比较准确，但很复杂，很难快速计算。若采用电子计算机就可以依吹炼参数的变化快速进行物料平衡和热平衡计算，准确控制温度。目前多数厂家都是根据经验数据进行简单计算确定冷却剂调整数量。

知道了各种冷却剂的冷却效应和影响冷却剂用量的主要因素以后，就可以根据上炉情况和对本炉温度有影响的各个因素的变动情况综合考虑，进行调整，确定本炉冷却剂的加入数量。表 4-11 为 30t 转炉的温度控制的经验数据。

表 4-11 30t 氧气顶吹转炉温度控制经验数据

因　　素	变动量	终点温度变化量/℃	调整矿石量/kg
铁水 $w(C)$ /%	±0.10	±9.74	±65
铁水 $w(Si)$ /%	±0.10	±15	±100
铁水 $w(Mn)$ /%	±0.10	±6.14	±41
铁水温度/℃	±10	±6	±40
废钢加入量/t	±1	∓47	∓310
铁水加入量/t	±1	±8	±53
停吹温度/℃	±10	±10	±66
终点 $w[C]$ < 0.2%	±0.01%	∓3	∓20
石灰加入量/kg	±100	∓5.7	∓38
硅铁加入量/kg·炉⁻¹	±100	±20	±133
铝铁加入量/kg·t⁻¹	±7	±50	±333
加合金量（硅铁除外）/kg·t⁻¹	±7	∓10	∓67

4.5.6　物料平衡和热平衡计算

物料平衡是计算炼钢过程中加入炉内和参与炼钢过程的全部物料（包括铁水、废钢、氧气、冷却剂、渣料和被侵蚀的炉衬等）与炼钢过程的产物（包括钢水、熔渣、炉气、烟尘等）之间的平衡关系，如图 4-83 所示。

在转炉设计中，应根据当地资源情况确定各原始设计数据，再根据已投产的转炉实际生产数据作出一定的假设，最后进行计算。通过计算结果，确定各项生产工艺参数。下面以顶吹转炉为例进行计算。

4.5.6.1　原始数据的选取

A　原材料成分

铁水、废钢成分见表 4-12。

表 4-12　铁水、废钢成分　　　　　　　（质量分数,%）

原料	C	Si	Mn	P	S	温度/℃
铁水	4.240	0.84	0.58	0.150	0.037	1250
废钢	0.18	0.20	0.42	0.022	0.024	25

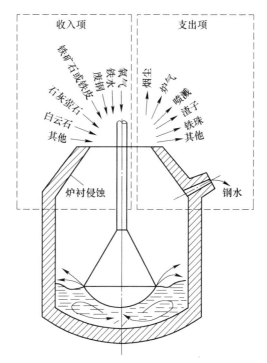

图 4-83　氧气顶吹转炉物料和热平衡

渣料和炉衬成分见表 4-13；各原料的热容见表 4-14；反应的热效应见表 4-15。

表 4-13　渣料和炉衬材料成分　　　　　　　　　（质量分数，%）

种类	CaO	SiO_2	MgO	Al_2O_3	S	P	CaF_2	FeO	Fe_2O_3	烧减	H_2O	C
石灰	91.0	2.0	2.0	1.5	0.05					3.45		
矿石	1.0	4.61	0.42	1.10	0.07			29.4	61.8		0.50	
萤石		6.0	0.48	1.78	0.09	0.44	89.0				2.00	
白云石	55.0	3.0	33.0	3.0					1.0	5.0		
炉衬	54.0	2.0	38.0	1.0								5.0

表 4-14　各材料的热容

项目	固态平均热容/kJ·(kg·K)$^{-1}$	熔化潜热/kJ·kg^{-1}	液（气）态平均热容/kJ·(kg·K)$^{-1}$
生铁	0.744	217.468	0.8368
钢	0.699	271.96	0.8368
炉渣		209.20	1.247
炉气			1.136
烟尘	1.000	209.20	
矿石	1.046	209.20	

表 4-15 反应热效应（25℃）

元 素	反 应	元素反应热/kJ·kg⁻¹
C	$[C]+1/2O_2 = CO$	10940
C	$[C]+O_2 = CO_2$	34420
Si	$[Si]+O_2 = SiO_2$	28314
P	$2[P]+5/2O_2 = P_2O_5$	18923
Mn	$[Mn]+1/2O_2 = MnO$	7020
Fe	$[Fe]+1/2O_2 = FeO$	4020
Fe	$2[Fe]+3/2O_2 = Fe_2O_3$	6670
SiO₂	$SiO_2+2CaO = 2CaO·SiO_2$	2070
P₂O₅	$P_2O_5+4CaO = 4CaO·P_2O_5$	4020

B 假设条件

根据各类转炉生产实际过程假设：

（1）炉渣中铁珠量为渣量的 8%；

（2）喷溅损失为铁水量的 1%；

（3）熔池中碳的氧化生成 90%CO、10%CO₂；

（4）烟尘量为铁水量的 1.6%，其中烟尘中 $w(FeO) = 77\%$，$w(Fe_2O_3) = 20\%$；

（5）炉衬的侵蚀量为铁水量的 0.4%；

（6）炉气温度取 1440℃，炉气中自由氧含量为总炉气量的 0.4%；

（7）氧气成分：98.4%氧气，1.4%氮气。

C 冶炼钢种及规格成分要求

冶炼低碳钢，以 Q235 钢为例，其规格成分如下：

$w[C] = 0.14\% \sim 0.22\%, w[Si] = 0.12\% \sim 0.30\%, w[Mn] = 0.40\% \sim 0.65\%$，$w[P] \leqslant 0.045\%$，$w[S] \leqslant 0.040$。

4.5.6.2 物料平衡计算

根据铁水、渣料质量以及冶炼钢种要求，采用单渣操作。以 100kg 铁水为计算基础。

（1）渣量及成分计算。

1）铁水中元素氧化量见表 4-16。

表 4-16 铁水中元素氧化量   （%）

项目	元 素				
	C	Si	Mn	P	S
铁水	4.24	0.85	0.58	0.150	0.037
钢水	0.14	0	0.17	0.015	0.025
氧化量	4.10	0.85	0.41	0.135	0.012

说明：参考转炉脱磷、脱硫情况，取脱磷率90%，脱硫率35%；钢水中残余锰占铁水 [Mn] 的30%~40%，取30%，钢水中 [C] 取规格下限，因合金加入后还要增碳。

2）各元素耗氧量及氧化产物量见表4-17。

表4-17　铁水中元素氧化耗氧量、氧化产物量

元素	反　应	元素氧化量/kg	耗氧量/kg	氧化产物量/kg
C	[C] + 1/2O_2 = CO	4.10 × 90% = 3.69	3.69 × 16/12 = 4.82	3.69 × 28/12 = 8.61
C	[C] + O_2 = CO_2	4.10 × 10% = 0.41	0.41 × 32/12 = 1.094	0.41 × 44/12 = 1.403
Si	[Si] + O_2 = SiO_2	0.85	0.85 × 32/28 = 0.972	0.84 × 60/28 = 1.82
Mn	[Mn] + 1/2O_2 = MnO	0.41	0.41 × 16/55 = 0.119	0.41 × 71/55 = 0.529
P	2[P] + 5/2O_2 = P_2O_5	0.135	0.135 × 80/62 = 0.174	0.135 × 142/62 = 0.309
S	[S] + O_2 = SO_2	0.01 × 1/3 = 0.004	0.004 × 32/32 = 0.004	0.004 × 64/32 = 0.008
S	[S] + (CaO) = CaS + [O]	0.01 × 2/3 = 0.008	0.008 × (−16)/32 = −0.004	0.008 × 72/32 = 0.018
Fe	[Fe] + 1/2O_2 = FeO	0.782	0.782 × 16/46 = 0.223	1.096*
Fe	2[Fe] + 3/2O_2 = Fe_2O_3	0.033	0.033 × 48/112 = 0.014	0.047*
	总计	6.322	7.417	

＊：假定炉内气化脱硫1/3；铁的氧化由渣量反算得出。

3）渣料加入量：

①矿石加入量及其成分见表4-18。为了化渣，本例中加入矿石1%，而不另加氧化铁皮（若不加矿石，改用氧化铁皮，则成分不同）。其中：[S] + (CaO) = (CaS) + [O]。

$$(CaS) 生成量 = 0.001 × \frac{72}{32} ≈ 0.002 kg/t$$

$$消耗 CaO 量 = 0.001 × \frac{56}{32} ≈ 0.002 kg/t$$

表4-18　矿石加入量及成分

成　分	质量/kg	成　分	质量/kg
Fe_2O_3	1×61.80% = 0.618	FeO	1×29.40% = 0.294
SiO_2	1×4.61% = 0.0461	Al_2O_3	1×1.10% = 0.011
CaO	1×1.0% = 0.01	MgO	1×0.42% = 0.004
S	1×0.07% ≈ 0.001	H_2O	1×0.50% = 0.005

②萤石加入量及其成分见表4-19。根据冶金部转炉操作规程，萤石加入量≤4kg/t，本例取4kg/t。其中：2[P] + 5/2{O_2} = (P_2O_5)。

$$(P_2O_5) 生成量 = 0.002 × \frac{142}{62} = 0.004 kg/t$$

表 4-19　萤石加入量及成分

成　　分	质量/kg	成　　分	质量/kg
CaF_2	0.4×89.0% = 0.346	MgO	0.4×0.48% = 0.002
SiO_2	0.4×6% = 0.024	S	0.4×0.09% = 0.000036 （可以忽略）
Al_2O_3	0.4×1.78% = 0.007	H_2O	0.4×2% = 0.008
P	0.4×0.44% = 0.002		

③白云石加入量及成分见表 4-20。为了提高炉衬寿命，采用白云石造渣，控制渣中 $w(MgO)$ 含量在 6%~8% 范围内。根据已投产转炉的经验，生白云加入量在 30~40kg/t，轻烧白云石加入量在 20~40kg/t，本例取轻烧白云石 30kg/t。

表 4-20　轻烧白云石加入量及成分

成分	质量/kg	成分	质量/kg
CaO	3.0×44% = 1.65	MgO	3.0×33% = 0.99
SiO_2	3.0×3% = 0.09	Fe_2O_3	3.0×1% = 0.03
Al_2O_3	3.0×3% = 0.09	烧减	3.0×4% = 0.15

其中：烧减是指白云石中 $CaCO_3 \cdot MgCO_3$ 分解产生的 CO_2 气体。

④炉衬侵蚀量及其成分见表 4-21。转炉炉衬在炉渣作用下，将被侵蚀和冲刷进入渣中，本例取铁水量的 0.5%。

表 4-21　炉衬侵蚀量及成分

成分	质量/kg	成分	质量/kg
CaO	0.5×55% = 0.27	SiO_2	0.5×2% = 0.01
MgO	0.5×38% = 0.19	C	0.5×5% = 0.025
Al_2O_3	0.5×1% = 0.004		

其中：炉衬中碳的氧化与金属中氧化生成的 CO 和 CO_2 比例相同。

C→CO 数量：$0.025 \times 90\% \times \dfrac{28}{12} = 0.053kg$；

C→CO_2 数量：$0.025 \times 10\% \times \dfrac{44}{12} = 0.009kg$；

共消耗氧量：$0.053 \times \dfrac{16}{28} + 0.009 \times \dfrac{32}{44} = 0.037kg$。

⑤石灰加入量及成分见表 4-22。根据铁水成分，取终渣碱度 $R = 3.5$。

$$石灰加入量 = \dfrac{2.14 \times w(Si) \times R - 白云石带入 CaO 量}{w(CaO_{有效})} \times 100\%$$

$$= \frac{2.14 \times 0.85 \times 3.5 - 1.65}{91 - 3.5 \times 2} \times 100$$

$$= 5.61 \text{kg}/100\text{kg} \text{ 铁水}$$

表 4-22　石灰加入量及成分

成分	质量/kg	成分	质量/kg
CaO	5.61×91% = 5.05	SiO$_2$	5.61×2% = 0.11
MgO	5.61×2% = 0.11	S	5.61×0.05% = 0.003
Al$_2$O$_3$	5.61×1.5% = 0.08	烧减	5.61×3.45% = 0.19

说明：若要详细计算石灰加入量，则可用下式：

$$石灰加入量 = \frac{\sum(\text{SiO}_2) \times R - \sum(\text{CaO})}{w(\text{CaO}_{有效})}$$

$\sum(\text{SiO}_2)$ = 铁水(Si)生成的(SiO$_2$) + 炉衬、矿石、白云石、萤石带入的(SiO$_2$)

$\sum(\text{CaO})$ = 白云石、矿石、炉衬带入的(CaO) - 铁水、矿石中硫消耗的 CaO 量

其中：　　　　　　　　$\text{S} \rightarrow \text{CaS}$：$0.003 \times \frac{72}{32} = 0.007\text{kg}$

⑥渣中铁的氧化物。对于冶炼 Q235 钢，根据已投产转炉渣中含 $\sum(\text{FeO})$ 量，取 $w(\text{FeO}) = 10\%$，$w(\text{Fe}_2\text{O}_3) = 5\%$。

⑦终渣总量及成分。表 4-18～表 4-23 中若不计（FeO）、（Fe$_2$O$_3$）在内的炉渣成分，则终渣总量及成分见表 4-23，由表 4-23 可得：

$$\text{CaO} + \text{MgO} + \text{SiO}_2 + \text{P}_2\text{O}_5 + \text{MnO} + \text{Al}_2\text{O}_3 + \text{CaF}_2 + \text{CaS} = 11.819\text{kg}$$

已知 $w(\text{FeO}) = 10\%$，$w(\text{Fe}_2\text{O}_3) = 5\%$，则其余渣量应占渣量总数的 85%。故总渣量为 11.819÷85% = 13.90kg。

由此可见：（FeO）= 13.90 × 10% = 1.39kg，（Fe$_2$O$_3$）= 13.90 × 4% = 0.695kg。

由于矿石和白云石中带入部分（FeO）和（Fe$_2$O$_3$），实际铁氧化产物为：

（FeO）= 1.39 - 0.294 = 1.096kg，（Fe$_2$O$_3$）= 0.695 - 0.618 - 0.03 = 0.047kg

故：　　　　　　[Fe] 氧化量 $= 1.006 \times \frac{56}{72} + 0.047 \times \frac{112}{160} = 0.815\text{kg}$

表 4-23　终渣质量及成分

成分	氧化产物/kg	石灰/kg	矿石/kg	白云石/kg	炉衬/kg	萤石/kg	总计/kg	占比/%
CaO		5.05	0.01	1.65	0.27		6.98	40.20
MgO		0.11	0.004	0.99	0.19	0.002	1.30	9.34
SiO$_2$	1.82	0.11	0.046	0.09	0.01	0.024	2.11	14.18
P$_2$O$_5$	0.309					0.004	0.314	2.26
MnO	0.429						0.529	3.80
Al$_2$O$_3$		0.08	0.011	0.09	0.004	0.007	0.203	1.46
CaF$_2$						0.346	0.346	2.46

续表 4-23

成分	氧化产物 /kg	石灰 /kg	矿石 /kg	白云石 /kg	炉衬 /kg	萤石 /kg	总计 /kg	占比/%
CaS	0.018	0.007	0.002				0.027	0.19
FeO	1.096		0.294				1.39	10.00
Fe_2O_3	0.047		0.618	0.03			0.695	4.00
合计							13.90	100.00

（2）冶炼中的吹损计算。根据假设条件，渣中铁珠量为渣量的 8%，喷溅损失为铁水量的 1%，烟尘损失为铁水量的 1.6%。故可得到：

渣中铁珠量 = 13.90×8% = 1.112kg

喷溅铁损量 = 100×1% = 1.0kg

烟尘铁损量 $= 100 \times 1.6\% \left(77\% \times \frac{56}{72} + 20\% \times \frac{112}{160} \right) = 1.182kg$

元素氧化损失 = 6.322kg（表 4-18）

吹损总量 = 1.112+1.0+1.182+6.322 = 9.616kg

钢水量 = 100−9.616 = 90.384kg

（3）氧气消耗量计算。主要是元素氧化耗氧 7.417kg（表 4-17），烟尘铁氧化消耗氧 $100×1.6\% \left(77\% \times \frac{16}{72} + 20\% \times \frac{48}{160} \right) = 0.37kg$，其次炉衬中碳氧化耗氧 0.037kg，故总耗氧量为 7.824kg，换算为标准体积为 $7.824 \times \frac{22.4}{32} = 5.48m^3/100kg = 54.8m^3/t$，若考虑到氧气利用率为 75%～90%，生产实际中供氧量为 60～70m³/t。

由于氧气不纯，含有 1.5%N_2，故供氧时带入 N_2 为 7.824×1.5% = 0.117kg，其体积量为：

$$0.117×22.4÷28 = 0.094m^3/100kg$$

（4）炉气量及成分。炉内产生的炉气由 CO、CO_2、SO_2、H_2O、N_2 和自由 O_2 组成，把以上计算的炉气成分除自由 O_2 以外占炉气体积总量的 99.5%，由表 4-24 可得：

$$CO + CO_2 + SO_2 + H_2O + N_2 = 7.986m^3$$

故炉气总量为 7.986/99.5% = 8.026m³。自由 O_2 量为 8.026×0.5% = 0.04m³，其质量为 0.04×32/22.4 = 0.057kg。

表 4-24　炉气量及成分

成分	质量/kg	体积/m³	体积/%
CO	8.61+0.053	8.663×22.4/28 = 6.93	86.34
CO_2	1.503+0.19+0.009+0.15	1.842×22.4/44 = 0.943	11.74
SO_2	0.008	0.008×22.4/64 = 0.003	0.04

成分	质量/kg	体积/m³	体积/%
H_2O	0.005+0.008	0.013×22.4/18=0.016	0.20
N_2	0.117	0.094	1.17
O_2	0.057	0.04	0.40
总计	10.71	8.026	100.0

（5）物料平衡表。把以上各种物质的总收入和总支出汇总起来，便可得到物料平衡表 4-25。

$$计算误差 = \frac{收入项 - 支出项}{收入项} \times 100\% = -0.266\%$$

表 4-25 物料平衡表

收　　入			支　　出		
项目	质量/kg	占比/%	项目	质量/kg	占比/%
铁水	100.00	84.44	钢水	90.384	76.14
石灰	5.61	4.74	炉渣	13.90	11.71
白云石	3.0	2.53	炉气	10.71	9.02
矿石	1.0	0.84	烟尘	1.60	1.34
萤石	0.4	0.34	喷溅	1.0	0.84
炉衬	0.5	0.42	铁珠	1.112	0.94
氧气	7.824	6.61			
氮气	0.117	0.10			
总计	118.451	100.00	总计	118.706	100.00

4.5.6.3 热平衡计算

为了简化计算，取加入炉内的炉料温度均为 25℃。

A 热收入

热收入主要是铁水的物理热和元素氧化的化学热。

（1）铁水物理热。根据传热原理计算物理热。

铁水熔点：

$T_f = 1539 - (100 \times 4.24 + 8 \times 0.85 + 5 \times 0.58 + 30 \times 0.15 + 25 \times 0.037) - 7$
$= 1093℃$

铁水物理热 $= 100 \times [0.744(1093 - 25) + 217.486 + 0.8368(1250 - 1093)]$
$\qquad\qquad\quad = 114343.76kJ$

（2）铁水中元素氧化放热和成渣热。根据表 4-16、表 4-18 和表 4-24 数据可以计算如下：

$C \longrightarrow CO$：　　　　　　　　$3.69 \times 10940 = 40368.6kJ$

$C \longrightarrow CO_2$：　　　　　　　　$0.41 \times 34420 = 14142.2kJ$

Si $\longrightarrow$ SiO$_2$：	$0.85 \times 28314 = 24066.9$kJ
Mn $\longrightarrow$ MnO：	$0.41 \times 7020 = 2878.2$kJ
P $\longrightarrow$ P$_2$O$_5$：	$0.135 \times 18923 = 2554.6$kJ
Fe $\longrightarrow$ FeO：	$0.782 \times 4020 = 3143.64$kJ
Fe $\longrightarrow$ Fe$_2$O$_3$：	$0.033 \times 6670 = 220.1$kJ
SiO$_2$ $\longrightarrow$ 2CaO·SiO$_2$：	$2.11 \times 2070 = 4367.4$kJ
P$_2$O$_5$ $\longrightarrow$ 4CaO·P$_2$O$_5$：	$0.315 \times 4020 = 1242.18$kJ
总计	92353.8kJ

（3）烟尘氧化放热。$1.6 \times \left(77\% \times \dfrac{56}{72} \times 4020 + 20\% \times \dfrac{112}{160} \times 6670\right) = 5346.13$kJ。

（4）炉衬中碳氧化放热。$0.5 \times 5\%(90\% \times 10940 + 10\% \times 34420) = 332.2$kJ。

因此，炉内热收入总量为：

$$114343.76 + 92353.8 + 5346.13 + 332.2 = 212375.9 \text{kJ}$$

B　热支出

（1）钢水物理热：

钢水熔点：$T_f = 1539 - (65 \times 0.14 + 5 \times 0.17 + 30 \times 0.015 + 25 \times 0.024) - 7 = 1521℃$。

出钢温度：$T = 1521 + 30 + 57 + 40 = 1648℃$。

钢水物理热：$90.384[0.699 \times (1521 - 25) + 271.96 + 0.8368(1648 - 1521)] = 128701.2$kJ。

（2）炉渣物理热。计算取炉渣终点温度与钢水温度相同。

炉渣物理热：$13.90 \times [1.247 \times (1648 - 25) + 209.2] = 31039.8$kJ。

（3）矿石分解吸热：$1 \times \left(29.4\% \times \dfrac{56}{72} \times 4020 + 61.8\% \times \dfrac{112}{160} \times 6670 + 209.20\right) = 4013.9$kJ。

（4）烟尘物理热：$1.6[1.0 \times (1450 - 25) + 209.20] = 2614.7$kJ。

（5）炉气物理热：$10.71 \times 1.136 \times (1450 - 25) = 17337.3$kJ。

（6）渣中铁珠物理热：$1.12 \times [0.744(1521 - 25) + 217.468 + 0.8368(1648 - 1521)] = 1609.2$kJ。

（7）喷溅金属物理热：$1 \times [0.744(1521 - 25) + 217.468 + 0.8368(1648 - 1521)] = 1423.9$kJ。

（8）吹炼过程热损失。吹炼过程热损失包括炉体和炉口的热辐射、对流和传导传热、冷却水带走热等，它根据炉容大小而异，一般为热量总收入的3%~8%，本例取热损失为5%。所以吹炼过程热损失为：$212375.9 \times 5\% = 10618.8$kJ。

（9）废钢耗热。总的热收入减去以上热支出，得到的富余热量用加入废钢来调节。富余热量：$12375.9 - (128701.2 + 31039.8 + 4013.9 + 2614.7 + 17337.3 + 1609.2 + 1423.9 + 10618.8) = 15017.1$kJ。

1kg 废钢熔化耗热：$1 \times [0.699 \times (1521 - 25) + 271.96 + 0.8368(1648 - 1521)] =$

1432.9kJ。

废钢加入量：15017.1/1432.9＝10.5kg。

C　热平衡表

把全部热收入和热支出汇总，得到热平衡表4-26。

$$热效率 = \frac{钢水物理热 + 矿石分解热 + 废钢熔化热}{热收入} \times 100\% = 69.56\%$$

表4-26　热平衡表

热　收　入			热　支　出		
项目	热量/kJ	占比/%	项目	热量/kJ	占比/%
铁水物理热	114343.76	53.84	钢水物理热	128701.2	60.60
元素放热和成渣热	92353.8	43.73	炉渣物理热	31039.8	14.62
C	54448.7	25.65	矿石分解热	4013.9	1.89
Si	24066.9	11.33	烟尘物理热	2614.7	1.23
Mn	2878.2	1.36	炉气物理热	17337.3	8.16
P	2554.6	1.20	铁珠物理热	1609.2	0.76
Fe	3363.7	1.58	喷溅物理热	1423.9	0.67
SiO_2	3767.4	1.77	吹炼过程热损	10618.8	5.00
P_2O_5	1242.2	0.58	废钢熔化热	15017.1	7.07
烟尘氧化放热	5346.1	2.52			
炉衬C放热	332.2	0.16			
共计	212375.9	100.00	共计	212375.9	100.00

4.5.6.4　吨钢物料平衡

废钢加入后，忽略废钢中含硅、锰元素的氧化损失，使钢水量达到100.884kg（90.384＋10.5），即是使用100kg铁水、10.5kg废钢可以生产出100.884kg钢水。根据比例关系，用100/100.884乘以表4-26中各项，就可得到吨钢物料平衡表4-27。

表4-27　吨钢物料平衡

收　　入			支　　出		
项目	质量/kg	占比/%	项目	质量/kg	占比/%
铁水	991.2	77.54	钢水	1000	78.08
废钢	104.8	8.15	炉渣	137.18	10.76
石灰	55.6	4.35	炉气	106.16	8.29
白云石	29.7	2.32	烟尘	15.86	1.24
矿石	9.9	0.77	喷溅	9.91	0.77
萤石	3.96	0.31	铁珠	11.02	0.86

续表 4-27

收　入			支　出		
项目	质量/kg	占比/%	项目	质量/kg	占比/%
氧气	77.55	6.07			
氮气	1.16	0.09			
炉衬	4.96	0.39			
总计	1278.23	100.00	总计	1280.73	100.00

任务 4.6　复吹转炉底部供气制度

我国首钢及鞍钢钢铁研究所分别于 1980 年和 1981 年开始进行复吹的试验研究，并于 1983 年分别在首钢 30t 转炉和鞍钢 150t 转炉采用惰性气体、中性气体搅拌熔池，透气砖的寿命有待进一步改进和提高，另外，因制氧机缺乏回收氩气的问题，已是我国能否尽快发展顶底复合吹炼的关键之一。

微课-顶底复吹
转炉的类型
及底吹气体

4.6.1　复吹转炉工艺类型

自顶底复吹转炉投产以来，已命名的复吹方法达数十种之多，按照吹炼工艺目的主要分为四种类型：

课件-复吹转
炉类型和底
吹气体

（1）顶吹氧、底吹惰性气体的复吹工艺。其代表方法有 LBE、LD-KG、LD-OTB、NK-CB、LD-AB 等，顶部 100% 供氧气，并采用二次燃烧技术以补充熔池热源；底部供给惰性气体，吹炼前期供氮气，后期切换为氩气，供气强度在 $0.03\sim0.12m^3/(min\cdot t)$ 范围。底都多使用集管式、多孔塞砖或多层环缝管式供气元件。

（2）顶、底复合吹氧工艺。其代表方法有 BSC-BAP、LD-OB、LD-HC、STB、STB-P 等，顶部供氧比为 60%~95%，底部供氧比为 40%~5%，底部的供氧强度在 $0.2\sim2.5m^3/(min\cdot t)$ 范围，属于强搅拌类型，目的在于改善炉内动力学条件的同时，使氧与杂质元素直接氧化，加速吹炼过程。底部供气元件多使用套管式喷嘴，中心管供氧，环管供天然气或液化石油气，或油作冷却剂。

（3）底吹氧喷熔剂工艺。其典型代表有 K-BOP。这种类型是在顶底复合吹氧的基础上，通过底枪，在吹氧的同时，还可以喷吹石灰等熔剂，吹氧强度一般为 $0.8\sim1.3m^3/(min\cdot t)$，熔剂的喷入量取决于钢水脱磷、脱硫的量。除加强熔池搅拌外，还可使氧气、石灰和钢水直接接触，加速反应速度。采用这种复吹工艺可以冶炼合金钢和不锈钢。

（4）喷吹燃料型工艺。这种工艺是在供氧同时喷入煤粉、燃油或燃气等燃料，燃料的供给既可从顶部加入，也可从底部喷入。通过向炉内喷吹燃料，可使废钢比提高，如 KMS 法可使废钢比达 40% 以上；而以底部喷煤粉和顶底供氧的 KS 法还可使废钢比达 100%，即转炉全废钢冶炼。

各种类型转炉的吹炼条件见表 4-28。

表 4-28　各种类型转炉的吹炼条件

工艺方法	LD	LBE；LD-KG	STB；LD-OB	K-BOP	KMS	Q-BOP
类型	顶吹	复吹搅拌	复合吹氧	复吹石灰粉	复吹燃料	底吹
底吹气体	—	N_2，Ar	CO_2，O_2	O_2	O_2	O_2
底吹强度 /$m^3 \cdot (min \cdot t)^{-1}$	—	0.01~0.10	0.15~0.25，0.3~0.8	0.8~1.3	4.0~5.0	4.5~6.0

4.6.2　复合吹炼底吹气体

（1）底吹气体的种类。目前作为底部气源的有氮气、氩气、氧气、CO_2 和 CO，也有采用空气的。

1）氮气（N_2）。氮气是惰性气体，是制氧的副产品，也是惰性气体中唯一价格低廉又最容易制取的气体。氮气作为底部供气气源，无需采用冷却介质对供气元件进行保护。所以，底吹氮气供气元件结构简单，对炉底耐火材料蚀损影响也较小，是目前被广泛采用的气源之一。

2）氩气（Ar）。氩气是最为理想的气体，不仅能达到搅拌效果，而且对钢质无害。但氩气来源有限，同时制取氩气设备费用昂贵，所以氩气耗量对钢的成本影响很大。面对氩气需用量的日益增加，在复合吹炼工艺中，除特殊要求采用全程供给氩气外，一般只用于冶炼后期搅拌熔池。

3）二氧化碳气体（CO_2）。在室温下 CO_2 是无色无味的气体，在相应条件下，它可呈气、液、固三种状态存在。一般情况下化学性质不活泼，不助燃也不燃烧；但在冶炼后期 CO_2 气体还与铁反应：$CO_2 + [Fe] = (FeO) + CO$，这样，造成供气元件受到（FeO）化学侵蚀，烧损加剧。所以，不能使用单一的 CO_2 气体作为底吹气源。可以在吹炼前期供给 CO_2 气体，后期切换为氮气，或 CO_2+N_2 的混合气体；也可以利用 CO_2 气体的冷却效应，在供气元件的端部形成蘑菇体，以保护元件，从而提高供气元件的使用寿命。使用 CO_2 气体为底吹气源虽然不会影响钢质量，但是对冶炼低碳和超低碳钢种不如氩气。

4）一氧化碳（CO）。CO 是无色无味的气体，比空气轻，有剧毒，若使用 CO 为底吹气源，应有防毒、防爆措施，并应装有 CO 检测报警装置，以保安全。

CO 气的物理冷却效应良好，比热容、热传导系数均优于氩气，也比 CO_2 气好。

5）氧气（O_2）。氧气作为复吹工艺的底部供气气源，其用量一般不应超过总供氧量的 10%。吹入的氧气也与熔池中碳反应，产生 2 倍于氧气体积的一氧化碳气体，对熔池搅拌有利，并强化了冶炼，但随着熔池碳含量的减少搅拌力也随之减弱。一般只通少许氧气用于烧开供气元件端部的沉积物，以保证供气元件畅通。

（2）底吹气体的供气压力：

1）低压复吹。低压复吹底部供气压力为 1.4MPa。供气元件为透气砖，透气元件多，操作也比较麻烦。

2）中压复吹。中压复吹底部供气压力为 3.0MPa。采用了 MHP 元件（含有许多不锈钢管的耐火砖。不锈钢管直径约为 1~2mm，一块 MHP 元件含有 100 根不锈钢管，钢管之间用电熔镁砂或石墨砂填充。可在很大范围内调整炉底吹入的气体量）。吹入气体量大，透气元件数目可以减少，供气系统简化，便于操作和控制。

3）高压复吹。高压复吹底部供气压力 4.0MPa。熔池搅拌强度增加，为炼低碳钢和超低碳钢创造了有利条件，金属和合金收得率高。

4.6.3　复合吹炼底部供气元件

微课-底部供
气元件-成片

4.6.3.1　复合吹炼底部供气元件的类型及特点

A　喷嘴型供气元件

（1）单管式喷嘴。早期使用的供气元件是单管式喷嘴。单管式喷嘴主要用于喷吹不需要冷却剂保护的那些气体，如 N_2、Ar、CO_2、天然气等气体。使用单管式喷嘴，当气体出口速度小于声速时，将出现气流脉动引起的非连续性气流中断，造成钢水黏结喷嘴和灌钢，而且气体流股射向液体金属会产生非连续反向脉冲，将加速对元件母体耐火材料的侵蚀。

课件-底部
供气元件

（2）套管式喷嘴。双层套管式喷嘴由双层无缝钢管组成（图 4-84），其中心管通氧气和石灰粉，外层套管内通入冷却剂。外层套管引入速度较高的气浪，以防止内管的黏结堵塞。后来的发展是在喷嘴出口处嵌装耐火陶瓷材料，以提高使用寿命。双层套管的工作好坏不仅与环缝和内管间的压力和面积有关，而且与管壁厚度有关。双层套管式喷嘴的主要缺点是气量调节幅度很小，冶炼中、高碳钢时脱磷困难；流股射入熔池后产生的反坐力仍会对炉底耐火材料造成损坏。

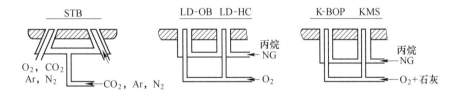

图 4-84　双层套管构造

（3）环缝式喷嘴。这种喷嘴气量调节范围较大，适用于喷吹具有自冷却能力的气体。此种喷嘴由双层套管式喷嘴将内管用泥料堵塞，只由环缝供气，环缝宽度一般 0.5~5.0mm，与套管喷嘴相比，最大气量与最小气量比值由 2.0 增加至 10.0，喷嘴蚀损速度由 0.7~1.2mm 每炉降为小于 0.6mm 每炉。环缝式喷嘴的主要问题是如何保持双层套管的同心度，以使环缝均匀，保证供气稳定。

B　砖型供气元件

（1）砖缝型透气砖。最初的砖型供气元件是由法国 IRSID 和卢森堡 ARBED 联合研制成功的弥散型透气砖。砖内为许多呈弥散分布的微孔（约 100 目，即 $150\mu m$

左右）。因砖的气孔率高、致密度差、气流绕行阻力大，故寿命低。后又研制出砖缝组合型供气元件（也称钢板包壳砖），如图 4-85 所示，它是由多块耐火砖以不同形式拼凑成各种砖缝并外包不锈钢板而成，气体经下部气室通过砖缝进入炉内。由于耐火砖比较致密，寿命比弥散型高。但存在炉役期内钢壳易开裂漏气以及砖与钢板壳间的缝隙不均造成供气不均匀、供气不稳定的缺点。

（2）直孔型透气砖。在发展砖缝型透气砖的同时，奥钢联及北美相继出现直孔型透气砖（图 4-86）。此种砖内分布很多贯通的直孔道。此孔道是在制砖时埋入的许多细的易熔金属丝（直径 1mm 左右），在焙烧过程中熔出形成的。因此砖的致密度比弥散型好，同时气流由直孔道进入炉内，比通过砖层的阻力要小。

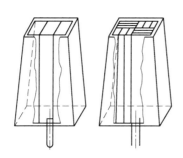

图 4-85　砖缝式供气元件

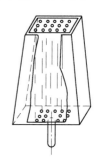

图 4-86　直孔型透气砖

砖型供气元件的最大优点是可调气量范围大，具有能允许气流间断的优点，但耐火材质和气流磨损对其使用寿命影响较大，也不适用于吹氧及喷粉，目前已很少用于复吹转炉。

（3）细金属管多孔塞式。日本钢管公司最早研制成功多孔塞型供气元件（简称 MHP）。它是由埋设在母体耐火材料中的许多不锈钢管组成的（图 4-87），埋设的金属管内径一般为 $\phi 1 \sim 3mm$（多为 $\phi 1.5mm$ 左右）。每块供气元件中埋设的细金属管数通常为 10 ~ 150 根，各金属管焊装在一个集气箱内。此种供气元件调节气量幅度比较大，不论在供气的均匀性、稳定性和寿命上都比较好。经反复实践并不断改进，研制出的新型细金属管砖式供气元件如图 4-88 所示。由图 4-88 可以看出，在砖体外层细金属管处，增设一个专门供气箱，因而使一块元件可分别通入两路气体。在用 CO_2 气源供气时，可在外侧通以少量氩气，以减轻多孔砖与炉底接缝处由于 CO_2 气体造成的腐蚀。

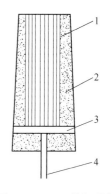

图 4-87　MHP 供气元件
1—细金属管；2—母体耐火材料；
3—集气箱；4—进气箱

细金属管多孔砖的出现，可以说是喷嘴和砖两种基本元件综合发展的结果。它既有管式元件的特点，又有砖式元件的特点。新的类环缝管式细金属管型供气元件（图 4-89）的出现，使环缝管型供气元件有了新的发展，同时也简化了细金属管砖的制作工艺。细金属管型供气元件将是最有发展前途的一种供气元件。

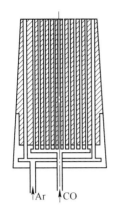
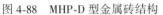
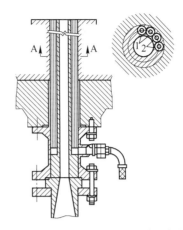

图 4-88　MHP-D 型金属砖结构　　　图 4-89　新的类环缝管式细金属管型供气元件

4.6.3.2　底部供气元件的布置

底部供气元件的分布应根据转炉装入量、炉型、氧枪结构、冶炼钢种及溅渣要求采用不同的方案，主要应获得如下效果：

（1）保证吹炼过程的平稳，获得良好的冶金效果。

（2）底吹气体辅助溅渣以获得较好的溅渣效果，同时保持底部供气元件较高的寿命。常见较为典型的几种可能分布方式如图 4-90 所示。

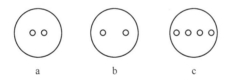

图 4-90　供气元件在底部分布

a—底部供气元件所在圆周位于氧气射流火点以内；b—底部供气元件所在圆周位于氧气射流火点以外；
c—底部供气元件既有位于氧气射流火点以内的，也有位于氧气射流火点以外的

从吹炼角度考虑，采用图 4-90a 方式，渣和钢水的搅拌特性更好，而且由于火点以内钢水搅拌强化，这部分钢水优先进行脱碳，能够控制［Mn］和［Fe］的氧化，因此图 4-90a 方式能获得较好的冶金效果，且吹炼平稳，不易喷溅，但要获得较高的脱磷效率比较困难。采用图 4-90b 方式能获得较高的脱磷效率，但吹炼不够平稳，容易喷溅。采用图 4-90c 方式如果能将内外侧气体吹入适当地组合，就能同时获得图 4-90a、b 方式各自的优点。

从溅渣角度考虑，底部供气元件的分布应该满足底吹 N_2 辅助溅渣工艺的要求。

当底部供气元件位于溅渣 N_2 流股冲击炉渣形成的作用区以内，底部供气元件吹入气体产生的搅拌能被浪费，起不到辅助溅渣的作用，而且导致 N_2 射流流股直接冲击底部供气元件，从而会降低其使用寿命。

当底部供气元件位于溅渣 N_2 流股冲击炉渣形成的作用区以外时，如采用低枪

位操作，冲击区飞溅起来的渣滴或渣片的水平分力对底部供气元件上方的炉渣几乎不产生影响。底部供气元件上覆盖的炉渣主要依靠底部供气元件提供的搅拌能在垂直方向上处于微动状态，时间一长，微动的炉渣逐渐冷却凝固黏附在炉子底部供气元件上，覆盖渣层厚度增加，甚至堵塞底部供气元件。而如果采用高枪位操作，冲击区飞溅起来的渣滴或渣片的水平分力很大，其水平分力给予底部供气元件上方的炉渣很大的水平推力，两者之间的合力指向渣线上下部位，使溅渣量减少，也容易使底部供气元件上覆盖渣层厚度增加，甚至堵塞底部供气元件。

因此，从溅渣效果及底部供气元件寿命考虑，底部供气元件应位于合理枪位下 N_2 流股冲击炉渣形成的作用区外侧附近。

从上面分析可知，底部供气元件的布置必须兼顾吹炼和溅渣效果。在确定布置方案之前，应结合水模实验进一步加以认定。不同钢厂有不同的布置方案，如图 4-91 所示。

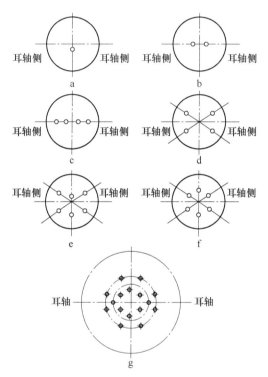

图 4-91　底部供气元件布置图例

a—本钢 120t 转炉；b—鞍钢 180t 转炉；c—日本加古川 250t 转炉；d—武钢二炼钢 90t 转炉；
e—日本京浜制铁所 250t 转炉；f—武钢一炼钢 100t 转炉；g—武钢三炼钢 250t 转炉

鞍钢 180t 复吹转炉两支底部供气元件，镶嵌在炉底位于 0.4D（D 为炉底内径）圆周上且平行于耳轴方向（图 4-91b）。武钢二炼钢有 3 座炉容量为 90t 的顶底复合吹炼转炉，底部供气元件采用武钢公司自产的多孔定向式镁碳质供气砖，4 块供气元件布置在 0.6D 的圆周上（图 4-91d），并与耳轴连线成 30°夹角，与耳轴保持对称。梅钢 150t 复吹转炉（顶枪为 6 孔）底吹透气元件 8 个，对称布置在 0.53D 圆周上。

4.6.4　复吹转炉底部供气制度

复吹转炉的底部供气，首先应保证底部供气元件畅通无阻。因此，无论采用哪种供气元件都必须使底吹供气压力大于炉底喷孔受到的钢水静压和喷孔阻力损失的最低压力。就目前国内使用的各种供气元件来说，在冶炼中底气管路的工作压力均达 0.5MPa 以上。

在设备已经确定的基础上，应根据钢种冶炼的要求确定合理的供气模式，通常以终点渣中 TFe 含量的降低水平作为评价复吹冶金效果的最重要的条件之一。如果终点渣中 TFe 含量高，钢中氧含量也必然高，铁损大、合金消耗多，钢的质量得不到改善，并会加剧炉衬的侵蚀。为了控制终点渣的 TFe 含量，多采用后期大气量、强搅拌工艺。但必须把握好搅拌时机，最好的搅拌时机是在临界碳含量达到之前，否则即使使用高达 $0.2m^3/(min \cdot t)$ 的底吹供气强度（标态），TFe 含量降低的效果也甚微。研究显示，必须在临界碳含量到来之前施以中等搅拌强度，且适当拉长搅拌时间，以达到最佳效果。此外，在强搅拌期，顶吹的供氧量也要适当减小。

底部供气的供气强度视各类复吹工艺的不同而异，搅拌型复吹转炉的底吹供气强度（标态）一般小于 $0.1m^3/(min \cdot t)$，而复合吹氧型复吹转炉的底吹供气强度（标态）大于 $0.2m^3/(min \cdot t)$。

在底吹气体中，若底吹 N_2，将引起钢水增氮，为了减少钢水中 [N] 含量，可在冶炼后期切换为 Ar 气吹炼，并增大供气强度，以去除钢水中 [N]。切换时期应选择在炉内搅拌最好、钢水中 [N] 含量最低时为佳。若是底吹 Ar 和 CO_2 气体，则冶炼中不用切换。

为了进一步降低钢水中氧含量，武钢 80t 复吹转炉采用了在氧枪停吹氧后用底吹 Ar 气的后搅拌工艺。后搅拌操作时，底吹供气强度（标态）大于 $0.035m^3/(min \cdot t)$，搅拌时间为 3min，其结果是钢水中氧含量降低，渣中 TFe 也降低 2% 左右。当后搅拌供气强度（标态）为 $0.035m^3/(min \cdot t)$ 时，钢水降温 5.6℃，并可使钢水中碳含量进一步降低。

目前，复吹转炉的底吹气源一般为两种或两种以上，多的达 4 种以上，所以底部供气系统比较复杂。只有在安全、可靠、操作灵活、控制精度高的前提下，才能确保转炉复吹工艺的顺行。

任务 4.7　转炉炼钢终点控制

终点控制主要是指终点温度和成分的控制。

4.7.1　终点的标志

转炉兑入铁水后，通过供氧、造渣操作，经过一系列物理化学反应，钢水达到了所炼钢种成分和温度要求的时刻，称为"终点"。

到达终点的具体标志是：

（1）钢中碳含量达到所炼钢种的控制范围；

（2）钢中 P、S 含量低于规格下限以下的一定范围；

（3）出钢温度能保证顺利进行精炼、浇注；

（4）对于沸腾钢，钢水应有一定氧化性。

由于脱磷、脱硫比脱碳操作复杂，因此总是尽可能提前让磷、硫去除到终点要求的范围。这样，终点控制便简化为脱碳和钢水温度控制，从广义上讲，终点控制应包括所有影响钢质量的终点操作和工艺因素控制。出钢时机主要根据钢水碳含量和温度，所以终点也称作"拉碳"。终点控制不准确，会造成一系列的危害。

例如拉碳偏高时，需要补吹，也称后吹，渣中 TFe 高，金属消耗增加，降低炉衬寿命。

若拉碳偏低时，不得不改变钢种牌号，或增碳，这样既延长了吹炼时间，也打乱了车间的正常生产秩序，并影响钢的质量。

若终点温度偏低，就需要补吹，这样会造成碳偏低，必须增碳，渣中 TFe 高，对炉衬不利；终点温度偏高，会使钢水气体含量增高、浪费能源、侵蚀耐火材料、增加夹杂物含量和回磷量，造成钢质量降低。

所以准确拉碳是终点控制的一项基本操作。

4.7.2　终点控制方法

微课-
终点控制

课件-
终点控制

终点碳控制的方法有三种，即一次拉碳法（生产中力求采用）、增碳法和高拉补吹法（必要时采用）。

（1）一次拉碳法。按出钢要求的终点碳和终点温度进行吹炼，当达到要求时提枪。

这种方法要求终点碳和温度同时到达目标，否则需补吹或增碳。一次拉碳法要求操作技术水平高，其优点颇多，归纳如下：

1）终点渣 TFe 含量低，钢水收得率高，对炉衬侵蚀量小。

2）钢水中有害气体少，不加增碳剂，钢水洁净。

3）余锰高，合金消耗少。

4）氧耗量小，节约增碳剂。

（2）增碳法。除超低碳钢种外的所有钢种，均吹炼到 $w[C]=0.05\%\sim0.06\%$ 提枪，按钢种规范要求加入增碳剂。增碳法所用碳粉要求纯度高，硫和灰分要很低，否则会玷污钢水。

采用这种方法的优点有：

1）操作简单，生产率高。

2）操作稳定，易于实现自动控制。

3）废钢比高。

（3）高拉补吹法。当冶炼中、高碳钢钢种时，终点按钢种规格稍高些进行拉碳，待测温、取样后按分析结果与规格的差值决定补吹时间。

由于在中、高碳（$w[C]>0.40\%$）钢种的碳含量范围内，脱碳速度较快，火焰没有明显变化，从火花上也不易判断，终点人工一次拉碳很难准确判断，所以通常采用高拉补吹的办法。用高拉补吹法冶炼中、高碳钢时，根据火焰和火花的特征，参考供氧时间及氧耗量，按所炼钢种碳规格要求稍高一些来拉碳，使用结晶定碳和钢样化学分析，再按这一碳含量范围内的脱碳速度补吹一段时间，以达到要求。高拉补吹方法只适用于中、高碳钢的吹炼。

4.7.3　终点的判断

终点的判断（不同冶炼时期火焰的特征）

4.7.3.1　碳的判断

A　看火焰

转炉开吹后，熔池中碳不断被氧化，金属液中的碳含量不断降低。碳氧化时，生成大量的 CO 气体，高温的 CO 气体从炉口排出时，与周围的空气相遇，立即氧化燃烧，形成了火焰。炉口火焰的颜色、亮度、形状、长度是熔池温度及单位时间内 CO 排出量的标志，也是熔池中脱碳速度的量度。

在一炉钢的吹炼过程中，脱碳速度的变化是有规律的。所以能够从火焰的外观来判断炉内的碳含量。在吹炼前期熔池温度较低，碳氧化得少，所以炉口火焰短，颜色呈暗红色；吹炼中期碳开始激烈氧化，生成 CO 量大，火焰白亮，长度增加，也显得有力，这时对碳含量进行准确的估计是困难的；当碳进一步降低到 0.20% 左右时，由于脱碳速度明显减慢，CO 气体显著减少。这时火焰会收缩、发软、打晃，看起来火焰也稀薄些。炼钢工根据自己的具体体会就可以掌握住拉碳时机。

生产中有许多因素影响我们观察火焰和做出正确的判断。主要有如下几方面：

（1）温度。温度高时，碳氧化速度较快，火焰明亮有力。看起来好像碳还很高，实际上已经不太高了，要防止拉碳偏低；温度低时，碳氧化速度缓慢，火焰收缩较早；另外由于温度低，钢水流动性不够好，熔池成分不易均匀，看上去碳好像不太高了，但实际上还较高，要防止拉碳偏高。

（2）炉龄。炉役前期炉膛小，氧气流股对熔池的搅拌力强，化学反应速度快。并且炉口小，火焰显得有力，要防止拉碳偏低；炉役后期炉膛大，搅拌力减弱了，同时炉口变大，火焰显得软，要防止拉碳偏高。

（3）枪位和氧压。枪位低或氧压高，碳的氧化速度快，炉口火焰有力，此时要防止拉碳偏低；反之，枪位高或氧压低，火焰相对软些，拉碳容易偏高。

（4）炉渣情况。炉渣化得好，能均匀覆盖在钢水面上，气体排出有阻力，因此火焰发软；若炉渣没化好，或者有结团，不能很好地覆盖钢水液面，气体排出时阻力小，火焰有力；渣量大时气体排出时阻力也大，火焰发软。

（5）炉口粘钢量。炉口粘钢时，炉口变小，火焰显得硬，要防止拉碳偏低；反之，要防止拉碳偏高。

（6）氧枪情况。喷嘴蚀损后，氧流速度降低，脱碳速度减慢，要防止拉碳偏高。

总之，在判断火焰时，要根据各种影响因素综合考虑，才能准确判断终点碳含量。

B　看火花

从炉口被炉气带出的金属小粒，遇到空气后被氧化，其中碳氧化生成 CO 气体，由于体积膨胀，把金属粒爆裂成若干碎片。碳含量越高（$w[C] > 1.0\%$）爆裂程度越大，表现为火球状和羽毛状，弹跳有力。随碳含量的不断降低，金属粒依次爆裂成多叉、三叉、二叉的火花，弹跳力逐渐减弱。当碳很低（$w[C] < 0.10\%$）时，火花几乎消失，跳出来的均是小火星和流线。只有当稍有喷溅带出金属才能观察到火花，否则无法判断。炼钢工判断终点时，在观察火焰的同时，可以结合炉口喷出的火花情况综合判断。

C 取钢样

取样操作：

（1）将转炉摇至合适的角度，停稳后方可开始取样。

（2）取样要做到快、深（熔池深度 1/3~1/2 处）、满、盖（盖渣）、稳、准，并缓慢准确地倒入样模。

（3）转炉取出的钢样，要插入铝线脱氧。钢样不得带渣和毛刺，把钢样（装进送样炮弹内，通过气动送样装置）及时送到化验室。

在正常吹炼条件下，吹炼终点拉碳后取钢样，将样勺表面的覆盖渣拨开，根据钢水沸腾情况也可判断终点碳含量。

$w[C] = 0.3\% ~ 0.4\%$：钢水沸腾，火花分叉较多且碳花密集，弹跳有力，射程较远。

$w[C] = 0.18\% ~ 0.25\%$：火花分叉较清晰，一般分 4~5 叉，弹跳有力，弧度较大。

$w[C] = 0.12\% ~ 0.16\%$：碳花较稀，分叉明晰可辨，分 3~4 叉，落地呈"鸡爪"状，跳出的碳花弧度较小，多呈直线状。

$w[C] < 0.10\%$：碳花弹跳无力，基本不分叉，呈球状颗粒。

$w[C]$ 再低，火花呈麦芒状，短而无力，随风飘摇。

同样，由于钢水的凝固和在这一过程中的碳氧反应，造成凝固后钢样表面出现毛刺，根据毛刺的多少可以凭经验判断碳含量。

以火花判断碳含量时，必须与钢水温度结合起来，如果钢水温度高，在同样碳含量条件下，火花分叉比温度低时多。因此在炉温较高时，估计的碳含量可能高于实际碳含量；反之，判断碳含量会比实际值偏低些。

人工判断终点取样应注意：样勺要烘烤，黏渣均匀（样勺先粘渣保护），钢水必须有渣覆盖，取样部位要有代表性，以便准确判碳。

D 结晶定碳

终点钢水中的主要元素是 Fe 与 C，碳含量的高低影响钢水的凝固温度；同样，根据凝固温度不同也可以判断碳含量。如果在钢水凝固的过程中连续测定钢水温度，当到达凝固点时，由于凝固潜热补充了钢水降温散发的热量，所以温度随时间变化的曲线会出现一个水平段，这个水平段所处的温度就是钢水的凝固温度，根据凝固温度可以反推出钢水的碳含量。因此吹炼中、高碳钢时终点控制采用高拉补吹，就可使用结晶定碳来确定碳含量。

E 其他判断方法

当喷嘴结构尺寸一定时，采用恒压变枪操作时，单位时间内的供氧量是一定的。在装入量、冷却剂加入量和吹炼钢种等条件都没什么变化时，吹炼 1t 金属所需的氧气量也是一定的，因此吹炼一炉钢的供氧时间和氧耗量变化也不大。这样就可以根据上几炉的供氧时间和氧耗量，作为本炉拉碳的参考。当然，每炉钢的情况不可能完全相同，如果生产条件有变化，其参考价值就要降低。即使是生产条件完全相同的相邻炉次，也要与看火焰、火花等办法结合起来综合判断。

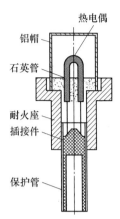

图 4-92　消耗式热
电偶测量头结构

随着科学技术的进步，应用红外、光谱等成分快速测定手段，可以验证经验判断碳的准确性。

4.7.3.2　钢水温度判断

A　热电偶测定钢水温度

目前广泛使用消耗式热电偶来测定钢水温度，它的整个测量头如图 4-92 所示。测温时将测量头插在测温枪（图4-93）的头部。目前我国和国外都是用资源较丰富和价格较低的钨铼丝代替铂铑丝制造消耗式热电偶。

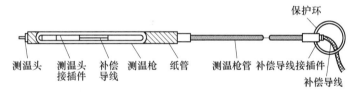

图 4-93　测温枪

到达吹炼终点时将热电偶直接插入熔池钢水中，从电子电位差计上得到温度的读数。此法迅速可靠，其测量原理如图 4-94 所示。两种不同的导体或半导体 A 和 B 分别称为热电极，将两个热电极的一端连接在一起，称为热端，插入钢水中。由于金属中的自由电子数不同，受热后随温度的升高，自由电子的运动速度上升，在两个热电极的另一端（即冷端）产生一个电动势，温度越高，电动势越大。热电偶冷端通过导线与电位差计相连，通过测量电动势的大小可判定温度的高低。当热电极的材料确定以后，热电势的大小仅与热、冷两端点的温度差有关，与线的粗细、长短以及接点处以外的温度无关。

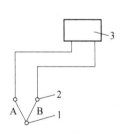

图 4-94　热电偶测温原理
1—热端；2—冷端；
3—电位差计

B　根据火焰特征判断钢水温度

转炉炉口喷射出来的火焰温度是由两部分混合组成的：一部分是从钢水中逸出的 CO 气体的温度，此温度实际上反映了钢水温度；另一部分是 CO 气体在炉口与氧进行完全燃烧后放出的化学热，其使火焰温度升高，在一定的碳含量下，其值可以认为是恒定的，因此可以从火焰颜色来估计火焰温度，估计 CO 气体的温度，最后反映（判断）钢水的温度。

钢水温度高：火焰颜色白亮、刺眼，火焰周围有白烟，且浓厚有力。钢水温度低：火焰颜色较红（暗红），火焰周围白亮少（甚至没有），略带蓝色，并且火焰形状有刺、无力，较淡薄透明；若火焰发暗，呈灰色，则温度更低。

影响判温的因素：

（1）冶炼时期的影响。吹炼到终点收火时，火焰一般较淡薄透明，甚至还可以隐约看到被烟气包围之中的氧枪，呈现出低温的火焰特征，但事实上收火时钢水温度已经很高了，如果在此时单凭火焰特征的一般规律来判温，就会造成很大的误差。

（2）铁水中硅含量的影响。当铁水中硅含量高时，吹炼时间较长，其火焰特征即使正常，它的终点温度也比一般情况要高，没有长期积累的丰富经验是很难从火焰特征上区别开来的。在判温时不考虑此因素的影响容易将钢水温度判低。

（3）返干的影响。冶炼中期有可能产生返干，返干时由于炉渣结块成团致使火焰相对比较白亮，显示钢水温度较高的特征，如为此而加入较多冷却剂，则随着温度的逐渐升高，当结块成团的渣料一旦熔化，往往会造成熔池较大的温降，最终造成终点温度偏低的失误。

（4）废钢铁水比的影响。金属料中若铁水配比过大，就会延长吹炼时间，中后期的火焰仍为正常配比的中期火焰特征，若不注意这一因素的影响，终点温度容易偏高。金属料中若重废钢配比过大或废钢块过大，而中期火焰正常，要防止后期炉温偏低。

（5）补炉后炉次的影响。补炉后第一炉吹炼中，火焰较平时炉次吹炼时产生的火焰要浓厚得多，容易使操作人员误判为温度较高，最后造成低温的后果。其实是由于补炉料的作用，吹炼中产生的火焰与平常炉次的火焰不一样。

C　钢样判断钢水温度

（1）若钢水温度高，样瓢表面的炉渣很容易拨开；钢水白亮活跃，钢样四周冒青烟；拨开炉渣后到钢水突然冒涨的一段时间长；冒涨时飞溅出来的火星也会突然增多。

（2）若钢水温度低，样瓢表面的炉渣不太容易拨开；钢水颜色比较红甚至暗红，看上去钢水混浊发黏；拨开炉渣后到钢水突然冒涨的一段时间短。

（3）在炉长刮开样瓢表面炉渣，使钢水裸露时立即刺铝，同时按下秒表，根据结膜的时间的长短来判断钢水温度的高低。

1）若钢水温度高，当拨开样瓢表面炉渣使钢水裸露和刺铝后，钢水表面从边缘到中心整个表面结膜的时间长。

2）若钢水温度低，钢水表面结膜的时间短。

D　其他判温方法

（1）利用渣样判断钢水温度高低。用样瓢从熔池中取出渣样，倒入样模后进行观察。如渣样四周白亮，从边缘到中央由红变黑的时间长，说明取出的炉渣温度高，也说明熔池中钢水温度较高。这是炉前判温常用的方法之一。

（2）利用喷枪冷却水进出的温差来判温。喷枪冷却水进水温度与出水温度的温差 ΔT 与熔池内钢水温度有着一定的对应关系（在相邻炉次的枪位相近、冷却水流量相仿的情况下）：如果喷枪冷却水的进出水温差大，反映出熔池温度较高；相反，则熔池温度较低。

（3）根据炉膛情况判温。倒炉出钢时可以根据炉膛情况帮助判温：如果钢水温度高，则炉膛较白亮，往往还有泡沫渣涌出；如果炉膛不那么白亮，也没有泡沫渣涌出，渣子发死，说明钢水温度低。

（4）使用测温枪测温。此枪头上装有双金属热电偶头，并配有直读温度数字仪表，使用时把枪插入熔池深部，数秒即可读出温度。测温数据正确但成本较高。终点出钢时必须使用该法。

4.7.3.3　硫的判断

从化渣情况（样瓢表面覆盖的渣子状况以及取样瓢上凝固的炉渣情况）和熔池温度高低来间接判断硫含量的高低。根据渣况判断：如果化渣不良，渣料未化好（或结块、结坨），或未化透，渣层发死，流动性差，说明炉渣碱度较低，反应物和反应产物的传递速度慢，脱硫反应不能迅速进行，可以判断硫可能较高；反之，如果炉渣化好化透，泡沫化适度，流动性良好，脱硫效果必然很好，硫应该较低。

4.7.3.4　磷的判断

根据钢水颜色判断：一般来讲，钢水中磷含量高钢水颜色发白、发亮，有时呈银白色似一层油膜或者发青；如果颜色暗淡发红，则说明钢水中磷含量可能较低。

根据钢水特点判断：钢水中有时出现似米粒状的小点；在碳含量较低时钢样表面有水泡眼呈白亮的小圈出现，此种小圈俗称磷圈。一般，小点和磷圈多，说明钢水中磷含量高；反之，磷含量较低。

根据钢水温度判断：脱磷反应是在钢-渣界面上进行的放热反应。如果钢水温度高，不利于放热的脱磷反应进行，钢中 $w[\mathrm{P}]$ 含量容易偏高；如果钢水温度偏低，脱磷效果好，磷可能较低。

4.7.3.5　锰的判断

根据钢水颜色判断：如果钢水颜色较红，跳出的火花中有小红颗粒随出，说明钢水中锰含量较高。

4.7.4　自动控制

4.7.4.1　转炉的自动控制系统

转炉炼钢的自动控制系统包括计算机系统、称量系统、检测调节系统、逻辑控制系统、仪表显示系统等部分。

转炉计算机自动控制执行过程如下：

（1）上一炉次的终点或出钢时启动本炉次的装料计算。根据装料模型计算出本炉次装入的铁水质量和废钢种类及质量，分别在铁水站和废钢场准备铁水和废钢。称量铁水质量，取样分析和测量铁水温度；按要求的废钢类别称量废钢质量，将这些实际数据输入计算机。

（2）在铁水和废钢装入转炉后，启动副原料和终点控制模型，计算出本炉所需的石灰、白云石、萤石、铁矿石等原料的质量以及吹氧量。

（3）氧枪降入炉内开吹，按钢种要求选择规定的供氧和枪位制度（模式）、副原料加料制度和底吹供气制度进行吹炼。这些标准吹炼制度是随吹炼时间变更的。由于各炉氧耗量不同，为统一操作通常用"氧步"来表示时间，即将氧耗量分成若干等份，每吹一个等份为一个氧步，如某厂取每炉氧耗量的 1/25 为一个氧步。

（4）吹炼到达终点前 2~3min（供氧量占总量的 80%~90% 时），下降副枪测试钢水温度和碳含量。

（5）根据副枪测得的数据，按动态模型计算出为同时命中终点目标应补吹的氧耗量和补加的冷却剂（铁矿石或氧化铁皮等）。

（6）吹炼达到上述氧耗量时自动提升氧枪，用副枪测试终点温度和终点碳。如二者在命中范围内就为同时命中，允许出钢；如果温度或碳含量有一项不命中，需进行再吹处理。

（7）收集和汇总吹炼中的实际数据，对静态和动态模型进行自学习修正。

炼钢计算机控制系统一般分三级（图 4-95）：生产管理级（三级）、过程控制级（二级）和基础自动化级（一级）。过程控制级与生产管理级和基础自动化级通过基于以太网（Ethernet）且采用 TCP/IP 协议的网络系统相连接，同时采用应用软件对基础自动化级进行管理和操作。

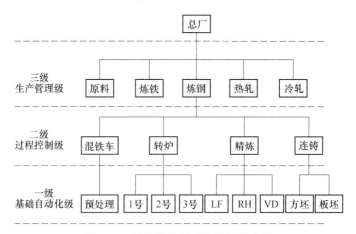

图 4-95　计算机控制系统分级示意图

生产管理级计算机系统，也称为厂级管理系统，其主要功能有作业计划编制、质量设计、物流跟踪、质量跟踪、生产管理、人事管理、财务管理、查询。主要负责生产信息的管理，并将这些信息加工处理后下传给过程控制级，同时接收由过程控制级反馈回来的有关数据，完成数据的分析、存储、查询等操作。

过程控制级主要是对冶炼过程进行监督和控制，完成过程控制模型的计算，并将计算结果和设定值下装到基础自动化级，同时与生产管理级进行数据交换，接收来自基础自动化级的过程数据。主要控制功能有：（1）从管理计算机接收炼钢生产订单和生产计划；（2）向上传输一级系统的过程数据；（3）向一级系统下装设定值；（4）从化学分析室接收铁水、钢水和炉渣的成分分析数据，并存入数据库；（5）原料分析数据管理；（6）完成转炉装料计算；（7）完成转炉第二阶段吹炼的控制计算；（8）生成冶炼记录与日志；（9）将生产数据传送到管理计算机。

基础自动化级主要由 PC 机、可编程逻辑控制器（PIC）或分布式控制系统（DCS）及各种检测设备组成，它是整个控制系统的硬件保证。一级系统包括废钢供应、铁水供应和转炉操作三部分，其主要功能是接收过程控制级下装数据，以完成冶炼过程中各种操作，并将采集到的过程信息传给过程控制级。

转炉自动化控制的具体要求：

（1）根据目标钢种要求和铁水条件，能确定基本命中终点的吹炼工艺方案。

（2）能精确命中吹炼终点，通常采用动态校正方法修正计算误差，保证终点控制精度和命中率。

（3）具备容错性，可消除各种系统误差、随机误差和检测误差。

（4）响应迅速，系统安全可靠。

4.7.4.2　静态控制

静态控制是按照已知的原材料条件和吹炼钢种的终点成分和温度，依据物料平衡和热平衡原理，参考统计分析和操作经验确定的基本公式，计算铁水、废钢、冷却剂、渣料、铁合金及供氧量的加入量；并按计算结果装料和吹炼，吹炼过程中不作任何修正，这种控制方法称静态控制。

静态控制属预测控制类型，据此建立的静态数学模型有三种类型。

A　理论模型

理论模型是根据炼钢反应理论，以物料平衡和热平衡为基础建立的，具有一定的通用性。但实用效果不好，其原因在于理论模型还不十分完善，生产中的有些实际情况在模型中没有完全反映。建立模型的大致步骤如下：

（1）确定建立物料平衡和热平衡时的假定条件和经验值、实验值；

（2）确定物料平衡和热平衡方程式；

（3）把平衡方程式转换为控制方程；

（4）从控制方程角度对物料平衡和热平衡的各项进行分类，分为待测量、应求量、未知量和目标值，应用假定和经验式解出未知量；

（5）联立方程组，解出供氧量和冷却剂消耗量。

B　统计模型

统计模型是运用数理统计和多元回归的方法对大量的实际生产数据进行处理，整理出装料的数学关系式。

C　增量模型

增量模型是把整个炉设期间工艺因素变比的影响看作是一个连续过程，因而可忽略相邻炉次间的炉容变化及原、辅材料理化性质变化等对吹炼的影响，仅以上炉实际冶炼情况作为参考，对本炉次与上炉次相比发生改变的工艺因素相对变化造成的影响进行计算，以此作为本炉次操作的数学模型，增量模型的一般表达式为：

$$y_1 = y_0 + a_1(x_{1-1} - x_{1-0}) + a_2(x_{2-1} - x_{2-0}) + \cdots + a_i(x_{i-1} - x_{i-0}) + A$$

$$(4-28)$$

式中　y_1——本炉次采用的工艺参数；

　　　y_0——上炉次采用的工艺参数；

　　　x_{i-1}——本炉次的工艺条件自变量；

　　　x_{i-0}——上炉次的工艺条件自变量；

　　　a_i——各工艺条件 x_i 对终点控制的影响系数；

　　　A——修正常数项。

目前我国在氧气转炉自动控制上使用较多的是增量模型。

静态控制只考虑始态与终态的变量关系，不考虑变量随时间的变化，其吹炼轨迹在吹炼过程中不能得到修正，其终点碳、温度同时命中率不高，一般为50%～60%，它无法适应吹炼中炉子不断变化的特点要求，很难达到较高的控制精度。

4.7.4.3　动态控制

与静态控制相比，动态控制具有更大的适应性和准确性，可实现最佳控制。

动态控制是在静态控制的基础上，根据吹炼过程中检测到的炉内成分、温度和熔渣状况等结果，采用统计分析和总结操作经验的方法，建立动态模型，对吹炼过程进行干预，使转炉冶炼终点命中率提高，实现对过程的计算机控制。动态控制的关键在于迅速、准确地取得吹炼过程中的信息。

A　转炉动态信息检测

a　副枪测量系统

微课-副枪的
构造及工作
原理

视频-副枪

副枪是判断吹炼终点最成熟的方法，副枪的功能随探头的不同而不同，可以在不倒炉情况下快速测定钢液温度、碳含量或氧含量，并具有取样的功能，根据需要还能测定熔池液面高度和渣层厚度。

副枪主要由传动机构、枪体和探头三部分构成，其探头结构如图 4-96 所示。此外，还包括探头自动装卸和回收机构及其他附属装置。副枪设备可从预热过的储头箱中自动选头，将探头装到副枪头部，并在转炉上方移动，可从烟罩上方的专门开孔下降至钢水熔池内。测温取样过程为：在探测器内有一个装了热电偶的样杯，测量时，副枪下降，探头进入钢水，先测出熔池温度，同时钢液进入样杯内，在副枪迅速上升时，样杯内的热电偶测出杯内钢液的结晶过程曲线，然后由起始结晶温度迅速判断钢水的含碳量。供静态和动态控制模型和操作人员使用，并取钢水样送至检化验室进行检测分析。

副枪在设计时，可确保接受各种不同类型的探头，比如 TSC 探头（测温、取样、定碳）、TSO 探头（测温、取样、定氧）和 T 探头（仅用于测温）。其中，TSO 探头可以测定熔池液位，探头从熔池向外提升穿过钢-渣界面时，氧含量的信号将

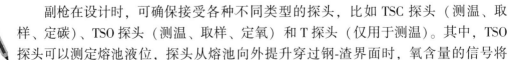

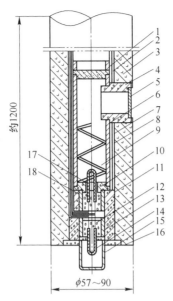

图 4-96　副枪探头结构

1—压盖；2—样杯盖；3—大纸管；4—进钢水样嘴；5—挡板；6—样杯；7—样杯保护纸管；
8—保护纸；9，17—脱氧剂；10—样杯底座；11，13—小纸管；12，16—快干水泥；
14—U 形石英管；15—保护罩；18—中纸管

发生一次跳跃，温度信号发生一次改变，这两个结果都能判定钢水熔池的深度和渣层厚度。宝钢是我国最早使用副枪的厂家，现在我国钢铁厂使用的副枪 80% 以上是由达涅利康力斯提供的。达涅利康力斯的副枪系统于 1998 年在武钢副枪系统项目中首次打入中国市场，之后在梅钢、本钢、济钢、安钢、湘钢、兴澄特钢、马钢、天铁等得到应用。

　　b　转炉炉气分析系统

　　转炉炉气分析系统由气体取样系统、质谱仪和专用计算机组成，某厂炉气分析系统的组成如图 4-97 所示。LOMAS 烟气采集和处理系统可以采集温度高达 1800℃、烟尘含量高达 100mg/m³ 的气体。分析系统借助每一转炉上的两个探头来保证无间断连续性的测量，通过在线分析质谱仪对 LOMAS 系统采集处理后的转炉烟气进行成分分析。其主要特点是分析速度快、精度高，同时分析不同流量的转炉烟气中六种主要气体 CO、CO_2、O_2、N_2、Ar、H_2 成分的周期小于 1.5s。由于能对转炉烟气中 CO、CO_2 和 O_2 含量的变化进行及时、准确的测定，所以便于动态模型对吹炼后期脱碳速率变化进行计算，为终点的 $w[C]$、温度预报提供准确的计算依据。烟气分析动态控制系统计算流程如图 4-98 所示。

　　炉气分析定碳根据碳平衡原理，通过测定炉气量和炉气中 CO 和 CO_2 成分，由炉气成分和炉气流量的乘积求脱碳速度，然后将脱碳速度在吹炼期间积分，求出脱碳量。最后由初始入炉碳含量减去脱碳量，即可求出终点碳含量。

　　与副枪相比，炉气分析动态控制在终点碳含量预报、成渣过程控制、锰与磷的控制、喷溅预报、提高金属收得率、节约合金消耗以及延长炉衬寿命方面具有综合

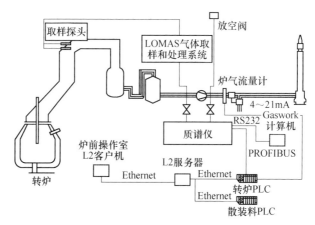

图 4-97 炉气分析系统组成

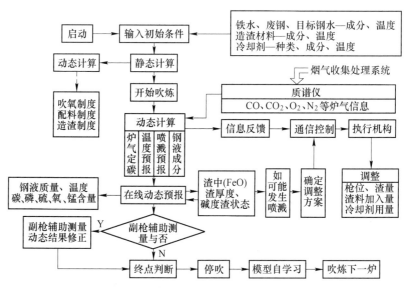

图 4-98 烟气分析动态控制系统计算流程

优势,并且投入和操作费用较低,因此在国外转炉中应用普遍。迄今为止,国外许多大型钢厂都采用了炉气分析或炉气分析加副枪的动态模型控制转炉生产,碳和温度命中率均超过90%。

B 转炉终点动态控制方法

目前,我国大部分钢厂在转炉终点控制上多采用副枪点测和静态、动态相结合的终点控制方法。静态控制主要用于吹炼前半期,此时熔池中的 C、Si 浓度较高,吹入的氧气几乎全部用于氧化这些元素。但到吹炼后期,有一定量的氧用于铁的氧化,氧的分配不好掌握,致使碳和温度偏离模型预测轨道,因此用动态控制进行修正。动态控制主要有轨道跟踪法、动态停吹法等。

a 轨道跟踪法

根据转炉吹炼末期的脱碳速度和温升速度具有一定规律的特点,事先绘出标准曲线存入计算机；冶炼末期计算机根据其检测系统测得的钢液的温度和含碳量等信息，利用脱碳速度和温升速度与氧消耗量的数学模型计算出预计曲线并进行相应的修正操作；如此反复，步步逼近，使冶炼过程顺利到达终点。

具体做法：计算机设计出预计的脱碳速度曲线和温度曲线后，立即（积分）算出达到终点碳所需的氧 Q_c 和终点温度所需的氧 Q_T，若：

$Q_c = Q_T$，不必调整操作，继续吹之即可；

$Q_c > Q_T$，按 Q_c 吹之，同时由计算机求出所需冷却剂的数量并立即加入炉内，以同时命中；

$Q_c < Q_T$，当供氧量即将达到 Q_c 时，提枪吹至 Q_c（降低脱碳速度并提温），以便同时命中。

b　动态停吹法

吹炼接近终点时，计算机针对检测系统测得的信息，根据通过回归分析建立的脱碳速度、温升速度与氧气消耗、含碳量相关的数学模型，选择最佳停吹点，并吹至该点停吹。

最佳停吹点的条件：含碳量和温度同时命中；或命中两项中的一项，而另一项不需补吹，稍做调整即可达到目标要求。

C　全自动吹炼控制

尽管动态控制校正了静态控制的计算误差，能提高终点 [C]、温度的控制精度和命中率，但还存在以下不足：

（1）不能对造渣过程进行有效监测和控制，不能降低转炉喷溅率；

（2）不能对终点 [S]、[P] 进行准确控制，由于 [S]、[P] 不符合成分要求而增加后吹次数；

（3）不能实现计算机对整个吹炼过程进行闭环在线控制。

为了解决以上问题，日本从 20 世纪 80 年代开始着手开发转炉全自动冶炼控制技术并获得成功。采用全自动冶炼控制技术，可以很好地校正炼钢过程产生的系统误差（检测仪表带来的）、随机误差（不确定影响因素引起）、操作误差（操作者引起），确保控制精度和系统的稳定性。从过程上讲，全自动冶炼控制技术通常包括以下控制模型：

（1）静态模型。确定吹炼方案，保证基本命中终点。

（2）吹炼控制模型。利用炉气成分信息，校正吹炼误差，全程预报熔池成分（C、Si、Mn、P、S）和熔渣成分变化。

（3）造渣控制模型。利用炉渣检测信息，动态调整顶枪枪位和造渣工艺，避免吹炼过程"喷溅"和"返干"。

（4）终点控制模型通过终点副枪校正或炉气分析校正，精确控制终点，保证命中率。

转炉全自动吹炼技术即采用人工智能技术提高模型的自学习和自适应能力。利用机仿人脑从事推理、规划、设计、思考、学习等思维活动，解决需要专家才能处理好的复杂问题。

日本钢管福山厂在原有的以静态模型、副枪动态控制模型、废气信息模型为中心的自动吹炼系统的基础上，建立了预测和判断化渣状态及终点成分估计的专家系统，构造了新型的全自动吹炼控制系统。该系统的整体功能构成如图 4-99 所示，其特点是：能在理论上模型化的功能尽可能用数学模型表示；对定量化和模型化困难的功能采用专家系统模型。为此，该系统增加如下功能：（1）吹炼前根据吹炼条件决定最佳控制模式的吹炼设计功能；（2）吹炼中根据吹炼状态变化的吹炼调整功能；（3）吹炼末期的调整指示以及停吹后判断可否出钢的出钢判断功能。

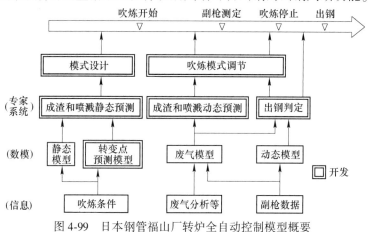

图 4-99　日本钢管福山厂转炉全自动控制模型概要

吹炼设计功能，由反应转变点预报模型和应用专家系统的静态化渣喷溅预报模型构成。用前者计算出现转变点的时间，根据后者得出的参数决定操作量。反应转变点预报模型将吹炼过程分为脱硅期、脱碳期和低碳期三个反应期，计算它们各自的转变点；同时将整个过程分成 15 点作为控制变更的定时，并用数学模型分别估计各点的钢水温度，用于静态化渣喷溅预报模型中。应用专家系统的静态化渣喷溅预报模型，根据铁水等静态吹炼的初期信息分别用 5 级来评价化渣好坏和喷溅的可能性。

吹炼调整功能，首先对来自传感器的信息和废气模型计算结果进行平滑处理，然后用动态化渣喷溅预报模型，分别以 5 级来评价化渣是否良好和喷溅的可能性。根据这些评价值由矩阵表确定应调整的对象和操作量。调整操作的对象有氧枪高度、顶枪氧量、底吹气体量和种类、副原料投入量、矿石加入速度、炉口压力、烟罩高度等。该模型从其中自动地选择几个最佳的操作对象进行调整。

出钢判断功能，根据吹炼中副枪测试数据和动态模型计算结果判定停吹前是否需要吹炼调整指导以及停吹后有无必要用副枪测试，同时在终点使用副枪测试时判定可否出钢。

■ 课程思政

杨金安：泼钢识碳听声辨温

杨金安，洛阳市中信重工机械股份有限公司铸锻公司冶炼车间电炉班班长、金牌首席员工。先后荣获河南省五一劳动奖章、中原大工匠、全国机械冶金建材系统李斌式十大金牌工人、中国重型机械行业大工匠、全国五一劳动奖章，2019 年获得全国大国工匠年度人物。以他名字命名的杨金安大工匠工作室先后荣获洛阳市示范性劳模创新工作室、河南省劳模（技能人才）创新工作室、全国示范性劳模和工匠人才创新工作室等荣誉称号。

"炼钢是个细活，比绣花还考验人的耐性。"——杨金安

炼了 30 多年钢的杨金安，炼就了一双"火眼金睛"，靠观察就可以比较精确地判断钢水温度和碳含量。

身怀绝技

粗炼炉中的钢水，在高温下红得发白，火红的"浪花"不时翻卷；旁边等待加氧的师傅已浑身湿透，脑门不停冒汗，却一动不动。他正盯着准备泼钢水的杨金安……

只见一米七八个头、高大强壮的杨金安小心翼翼地抖动前臂，把刚从炉中舀出来的钢水很有技巧地泼在地上……看着溅起的钢花发叉量，杨金安心里有了底："老王，吹氧吧，含碳量不到 18 个！"只见他右手挥舞，声音洪亮。师傅见他这般模样，也会心一笑，放心地按下了控制键，氧枪随之入炉，注入氧气。钢水表面波澜不惊，内里却已在发生剧烈的氧化反应。

"吹氧量和炉内钢水碳含量要严格控制好，不然氧枪入炉吹氧时，炉内钢水中的碳元素就会和氧气猛烈反应导致钢水大翻腾，容易造成安全事故。"控制吹氧的师傅介绍道，如果没有杨金安的"泼钢识碳"，他们就必须先给炉子断电，然后取样分析；之后再给炉子送电加热操作，一来一回，至少耽误三分钟，要额外耗费近千千瓦时电。

一双火眼金睛，看出的含碳量和仪器相差无几，光凭这，一年就能给企业省下上百万元电费。

攻坚克难

石化加氢反应器是石油炼化的重要一环，反应过程高温、高压，极具腐蚀性，对反应容器材质要求极高，必须由特制的石化加氢钢锭一次浇注成型。因此炼出的石化加氢钢锭大小就直接决定了反应容器的大小，也就决定了石油炼化的生产效率。客户找上门，开口就要 300 吨的石化加氢钢锭。公司领导思忖，原料投入大，工艺要求高，一旦失败，损失上千万元……

杨金安挺身而出，主动请缨。他把关原材料，设计每个流程的参数，频频取样观察温度和元素含量……终于，炼出了世界领先的 338 吨石化加氢钢锭，为企业实现收入近 3000 万元。

勇担重任

广西大藤峡水电站，有两扇世界上最大的闸门，高近 50 米，重达上千吨。承载这万钧之力的闸门底枢——蘑菇头，承重的同时还要耐磨，50 年只允许磨损不超过 5 毫米，制作蘑菇头的钢材就成为关键。最终，在杨金安等人的努力下，蘑菇头顺利炼出，大藤峡水电站如期建成。

如今，杨金安继续勇挑重担，带领他的团队炼出的特种钢材，已被运用到我国大型水利设施等诸多领域中。

思考：杨金安的绝活是如何炼成的？

任务 4.8　出　　钢

微课-转炉
出钢操作

当转炉吹炼终点符合要求时，接着就是摇炉出钢。在转炉出钢过程中，为了减少钢水吸气和有利于合金加入钢包后的搅拌均匀，需要适当的出钢持续时间。转炉出钢持续时间为 50～100t，转炉为 3～6min，大于 100t 转炉为 4～8min。出钢口广泛采用镁碳质的出钢口套砖或整体出钢口，在生产中要对出钢口进行严格检查和维护，并定期更换。

课件-出钢操作

4.8.1　红包出钢

红包出钢，就是在出钢前对钢包进行有效的烘烤，使钢包内衬温度达到 800～1000℃，以减少钢包内衬的吸热，从而达到降低出钢温度的目的。我国某厂使用的 70t 钢包，经过煤气烘烤使包衬温度达 800℃左右，取得了显著的效果：

（1）采用红包出钢，可降低出钢温度 15～20℃，因而可增加废钢 15kg/t。

（2）出钢温度的降低，有利于提高炉龄。实践表明，出钢温度降低 10℃，可提高炉龄 100 炉次左右。

（3）红包出钢，可使钢包中钢水温度波动小，从而稳定浇注操作，提高钢坯（锭）质量。

4.8.2　挡渣出钢

转炉炼钢过程是氧化过程，也是一个造渣过程，吨钢产生氧化性炉渣约 100～150kg，出钢过程中，部分高氧化性熔渣进入钢包（称为出钢带渣或下渣），造成诸多不利影响：

（1）钢水回磷，夹杂物增多，影响高附加值优质钢的开发及钢水质量的提高；

（2）增加精炼工序负担，精炼效率降低，合成渣用量增多；

（3）增加脱氧剂和合金用量；

（4）出钢口和钢包耐火材料的寿命缩短，钢包黏渣现象增多。

在转炉出钢过程中，由于熔渣的密度小于钢水而浮于钢水面上，转炉出钢过程的下渣分 3 个阶段：其中约 15% 的下渣发生在出钢开始阶段（转炉倾动 38°～50°），约

60%被出钢过程中形成的旋涡吸出，约25%发生在出钢后期至出钢结束阶段。

4.8.3 挡渣方法及效果

4.8.3.1 各种挡渣方法

转炉出钢挡渣方法有很多，如挡渣帽法、挡渣球法、挡渣塞法、气动挡渣法、滑板挡渣法、电磁挡渣法等。其中，阻挡一次下渣用挡渣帽法，阻挡二次下渣采用挡渣球法、挡渣塞法、气动挡渣法、电磁挡渣法、滑板挡渣法等。常用的挡渣方法如图4-100所示。

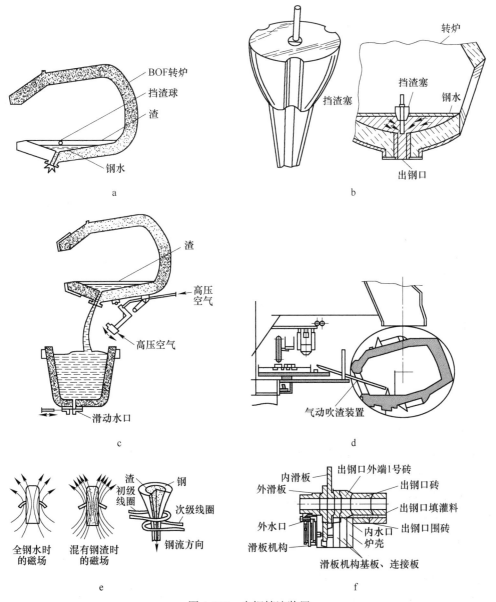

图 4-100　出钢挡渣装置

a—挡渣球法；b—挡渣塞法；c—气动挡渣器法；d—气动吹渣法；e—电磁挡渣法；f—滑板挡渣法

A　挡渣帽法

出钢前挡渣帽放置于出钢口内,出钢倾炉时,挡住液面浮渣,随后钢水流出时又能将挡渣帽冲掉或熔化,使钢水流入钢包中,其结构如图4-101所示。不足之处是:铁皮挡渣帽表面硬而光滑,放在出钢口内不牢固,且熔点低,易熔化。轻质耐材挡渣帽加工成本较高。

B　挡渣球

挡渣球是1970年日本新日铁公司研制成功的挡渣方法。挡渣球的构造如图4-102所示。

图4-101　挡渣帽示意图　　　　　　图4-102　挡渣球构造示意图

挡渣球也有好多种,目前国内使用最多的是用生铁铸成的空心球体,内装砂子,外涂高铝耐火水泥。其挡渣原理是,出钢过程中将挡渣球投入炉内,由于密度的关系挡渣球悬浮在钢液与炉渣之间,并随钢液的流动而移动,当炉内的钢液流尽时,挡渣球正好下落,堵住出钢孔,避免后期下渣。投球的方式有人工投掷和机械投掷两种,目前各厂多为机械投掷。

投球地点一般选在出钢孔的周围,若投入的挡渣球距出钢孔太远,随着出钢的进行,炉内温度下降,熔渣的黏度增加,挡渣球的游动的阻力加大,钢液出净时其很难移动到位挡住炉渣。当然,也不希望投入炉内的挡渣球正好出钢孔的正上方,因为该处钢液的负压较大,挡渣球会在此负压和自身重力的共同作用下立即下落堵住处钢孔,使炉内的钢液出不净而造成浪费。投球地点距出钢孔的最佳距离,与出钢孔的直径、终渣的黏度及投球时间等因素有关。

考虑到出钢口受侵蚀变大的问题,挡渣球直径应较出钢口直径稍大,以起到挡渣作用。挡渣球一般在出钢量达1/2~2/3时投入,若投球过早,挡渣球要浸泡在熔池中较长时间,有被熔化的可能;反之,若投球过晚,炉内的钢液就要出完,而此时熔渣的黏度已较大,挡渣球的移动阻力增加,很难及时到位而使挡渣失败。熔渣黏度大,适当提前投入挡渣球,可提高挡渣命中率。

C　挡渣塞挡渣

1987年Michael D. Labate总结了德国(当时西德)挡渣棒在美国使用的经验,发明了具有挡渣和抑制涡流双重功能的挡渣塞,如图4-103所示。该装置呈陀螺形,粗端有3个凹槽、6个棱角,能够破坏钢水涡流,减少涡流卷渣。

德国曼内斯曼胡金根厂在220t转炉上用挡渣塞挡渣。武钢1996年开发设计了类似的陀螺形挡渣塞,如图4-104所示。其上部为组合式空心结构,下部为带导向杆的陀螺形,与挡渣球类装置相比,具有可灵活调节比重,能自动且准确地到达预定位置,成本低、成功率高的特点。

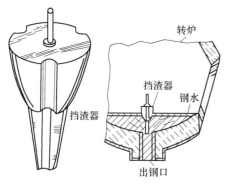

图4-103 能抑制涡流的挡渣

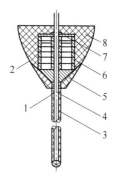

图4-104 陀螺形挡渣塞

1—导向杆；2—挡渣塞本体；3—耐火材料；

4—杆芯；5—芯片座板；6—芯片；

7—芯片盖；8—耐火材料

图4-105所示为一种典型的挡渣塞装置示意图。在转炉出钢结束前开动挡渣塞小车，由塞杆作导向将挡渣塞伸入出钢口内。由于挡渣塞具有一个适宜的密度，故使其可以始终漂浮在钢渣界面处（图4-106），并随着钢水面下降而下降，逐渐靠近出钢口，当钢水出净，挡渣塞就自然落在出钢口碗上，挡住了炉渣流向钢包。

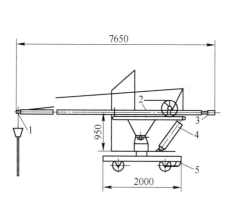

图4-105 出钢挡渣塞装置

1—夹紧装置；2—齿条；3—夹紧缸；

4—移动缸；5—传动装置

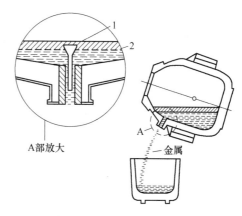

图4-106 挡渣塞挡渣过程

1—锥形浮塞；2—渣-金属界面

正确使用挡渣塞技术，可使流入钢包内的炉渣量小于2.4kg/t钢，对于250t的钢包来说，浮在钢水面上的渣层厚度仅为20mm左右。但该技术依然存在加入时间和定位准确性方面的问题。挡渣塞反应速度慢，初期和末期下渣较多。

D 气动挡渣

气动挡渣是非常先进的一种挡渣方法，是一个不依靠密封面的挡渣方法，它从炉体外面将强气流吹入出钢口，从而堵住渣流。出钢过程中，钢水（及炉渣）通过感应线圈从炉口流出，不同质的液体（不同比例的钢水炉渣）通过感应线圈时会产生不同的感应电流，从而使感应线圈感应出钢水中的带渣量，当带渣量超过了3%

左右时，气动挡渣设备的自动系统会打开气动阀门，从气塞中喷出的高压气流（一般为氩气或压缩空气）将正在流出的液体（钢水及炉渣）全部压回炉内，同时摇起炉子完成挡渣操作。

E　电磁挡渣法

日本钢管公司发明了电磁挡渣法。该方法是在转炉出钢口外围安装电磁泵，出钢时启动电动泵，通过产生的磁场使钢流直径变细，使得出钢口上方钢液面产生的吸入涡流高度降低，可以有效防止炉渣通过出钢口流出。该公司在 240t 转炉上安装了可产生约 1400Gs 磁场的电磁泵，使下渣量大大减小，挡渣效果显著，出钢时间约 20min，钢水温度几乎不降低。但由于钢流细，出钢时间太长，需要 15～20min，生产效率大大降低。

F　滑板挡渣法

转炉滑板挡渣系统主要由出钢口滑板挡渣机构、耐火材料、液压驱动系统、自动下渣检测装置、管网系统和离线更换维护装置等组成。其设备组成见图 4-107。出钢口滑板挡渣机构的装置如图 4-108 所示。

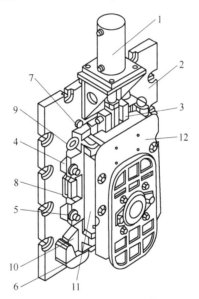

图 4-107　滑板挡渣系统装置

1—油缸组件；2—连接板；3—滑动滑板砖安装框架；4—螺栓固定座；
5—压紧螺栓；6—导向装置；7—定位块；8—固定滑板砖安装框架；9—吊环螺栓；
10—楔形定位；11—滑板砖压紧框架；12—挡渣板

自动下渣检测技术是控制转炉下渣比较理想的手段。该技术利用红外摄像进行熔渣检测，通过与滑板系统相结合，最大程度地减少下渣量。其原理是：利用熔渣与钢水在红外频率范围内不同的辐射行为，通过摄像、显示评估装置实时监控出钢过程，根据系统设定，检测到下渣时，立即发出警报，并启动封板堵上出钢口（或快速摇炉）。该技术能够连续实时检测出钢状况，精准区别炉渣和钢水，响应速度快，能够及时判定钢水和炉渣的转变。如图 4-109 所示。

当下渣检测装置检测到出钢下渣时，系统将自动发出关闭滑板挡渣机构的指令

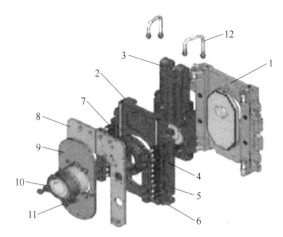

图 4-108 出钢口滑板挡渣机构装置

1—安装板；2—门框；3—滑动框；4—顶紧套；5—弹簧压板；

6—面压螺栓；7—弹簧；8—固定隔热板；9—活动隔热板；10—顶紧器；11—螺栓；12—空冷管

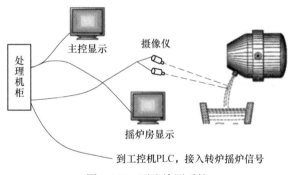

图 4-109 下渣检测系统

信号，液压油缸带动推拉杆运动使内滑板和外滑板相对运动，使两块滑板砖流钢孔的位置发生变化，通过重合全开、错位半开和分开关闭实现转炉控流挡渣出钢，原理如图 4-110 所示。

转炉红外下渣检测系统根据钢渣与钢水在特定光波波段的差异，使用摄像仪拍摄出钢图像，并将图像送到工控机，在图像采集卡处理后，由软件对采集的图像信号进行识别处理，自动分辨出钢流中的钢水和钢渣。

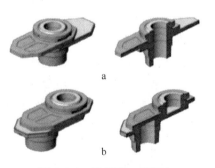

图 4-110 滑板开、关组合

a—开；b—关

在吹炼过程中，滑板处于打开状态，准备出钢前滑板关闭，转炉倾角达到出钢位置时，滑板打开出钢，出完钢，根据下渣检测发出的下渣信号，滑板关闭，最后炉子复位过程中滑板打开，自动清理出钢口内余渣。

滑板挡渣反应快，效果较好，是目前转炉出钢挡渣效果最佳的方法，但成本较高，安装和更换不方便。为了滑板机构安装、拆卸快捷方便，转炉滑板机构及消耗件通常选用整体更换，离线更换滑板，以缩短滑板机构更换时间。

G　挡渣料法挡渣

此法也称硬吹或干渣吹炼法。它是以改变渣的流动性的方法实现挡渣，即在吹炼结束时喷射一种固态混合物，提高渣稠度，使渣局部或全部凝固，或在出钢口上部渣面投入粒状耐火材料，形成块状堵塞物，防止渣流出。

4.8.3.2　挡渣出钢效果

转炉采用挡渣出钢工艺后，取得了良好的效果：

(1) 减少了钢包中的炉渣量和钢水回磷量；

(2) 提高了合金收得率；

(3) 降低了钢水中的夹杂物含量；

(4) 提高了钢包使用寿命。

表 4-29 为不同挡渣方法的挡渣效果。

表 4-29　不同挡渣方法的挡渣效果

挡渣工艺	挡渣成功率/%	下渣到钢包渣厚/mm	挡渣效果
锥形铁皮挡渣帽+挡渣球挡渣	60	100~120	一般
锥形铁皮挡渣帽+气动挡渣	60	90~100	好
锥形铁皮挡渣帽+挡渣塞挡渣	80	70~80	较好
滑动水口+AMEPA 红外下渣检测技术	100	≤40	最好

4.8.4　钢包顶渣改质

钢包顶渣主要来自三个方面：一是转炉出钢带下的转炉终渣（一般占 80% 以上）；二是钢包耐火材料的侵蚀；三是脱氧合金化过程中的氧化产物。为此在提高挡渣效率的同时，应开发和使用钢包渣改质剂。其目的一是降低熔渣的氧化性，减小其影响；二是形成合适的脱硫、吸收上浮夹杂物的精炼渣。

在出钢过程中加入预熔合成渣，经钢水混冲，完成炉渣改质和钢水脱硫的冶金反应，此法称为渣稀释法。改质剂由石灰、萤石、铝矾土或电石等材料组成。另一种炉渣改质方法是渣还原处理法，即出钢结束后，添加如 $CaO+Al$ 粉或 $Al+Al_2O_3+SiO_2$ 等改质剂。

钢包渣改质后的成分是：碱度 $R \geqslant 2.5$；$w(FeO+MnO) \leqslant 3.0\%$；$w(SiO_2) \leqslant 10\%$；$w(CaO)/w(Al_2O_3) = 1.2 \sim 1.5$；脱硫效率为 $30\% \sim 40\%$。

钢包渣中 $(FeO+MnO)$ 含量的降低，形成还原性熔渣，是吸附夹杂良好的精炼渣，其为最终达到精炼效果创造了条件。

4.8.5　覆盖渣

挡渣出钢后（以及精炼后），为了钢水保温和有效处理钢水，应根据需要配制钢包覆盖渣（覆盖剂），在出完钢后加入钢包中。其作用为：（1）保温，减少钢水输送或浇注过程中钢水温降；（2）隔绝空气，防治钢水二次氧化；（3）吸收钢水面上浮的非金属夹杂物。

钢包覆盖渣应具有保温性能良好，含磷、硫量低的特点。生产覆盖渣常用的碱性原料有石灰、硅灰石、白云石、轻烧白云石、苦菱土、轻烧镁粉等。常用的保温材料有膨胀珍珠岩、膨胀蛭石、膨胀石墨、硅藻土、漂珠等，膨胀珍珠岩、膨胀蛭石和膨胀石墨还可提高覆盖渣铺展性。

首钢使用的覆盖渣由 30%~35% 铝渣粉，15%~20% 处理木屑，10%~20% 膨胀石墨、珍珠岩、萤石粉组成，使用量为 1kg/t 左右。这种渣在浇完钢后仍呈液体状态，易于倒入渣罐。在实际生产中广泛使用炭化稻壳作为覆盖渣，保温性能好，密度小，质量轻，浇完钢后不粘挂在钢包上，因而在使用中受到欢迎。根据高洁净度钢水的要求，可采用复合型覆盖渣，即由多种矿物组成的机械混合物，其具有良好的保温性能和冶金性能。

4.8.6　摇炉操作

（1）摇炉倒渣操作。

1）开始倒渣：

①将摇炉手柄缓慢拉至 0~+90° 之间的小档位置，使转炉慢速向前倾动。

②当炉口出烟罩后，拉动手柄至 +90° 位置，使炉子快速前倾。

③当炉子倾动至 +60° 位置时，将手柄拉至 "0" 位，让炉子停顿一下。

④然后将摇炉手柄拉至 0~+90° 之间的小档位置，慢速逐步将炉子摇平（炉渣少量流出为止）此时立即将手柄放回 "0" 位。

⑤此时看清炉长手势指挥。例如，指挥炉口要高一点，即前倾已过位；指挥炉口要低一点，即炉子前倾不足。此时按要求的倾动方向点动；即快速拉小档和 "0" 位数次到位。注意炉子倾动到位后立即将摇炉手柄放回 "0" 位；这时炉子保持在流渣的角度上，保持缓慢的正常流渣状态。流渣过程中还需根据炉长手势向下点动一两次炉子。

2）倒渣结束：

①将摇炉手柄由 "0" 位拉至 -90°，炉口向上回正。

②当炉子回到 +45° 时，摇炉手柄拉向 "0" 位，让炉子停顿一下，再将手柄拉向 0~-90° 之间的小档位置，使炉子慢速进烟罩。

③当炉子转到垂直位置时即炉子零位，将手柄拉至 "0" 位置。在炉子 "0" 位处倾动机构设有限位装置，以帮助达到正确的 "0" 位。此时摇炉倒渣操作结束。

（2）摇炉出钢操作。

1）将炉倾地点选择开关放置于 "炉后" 位置，摇炉工进入炉后操作房。

2）按动钢包车进退按钮，试动钢包车。若无故障则等待炉前出钢命令；若有故障立即通知炉长及炉下操作工暂停出钢并立即处理钢包车故障，力争准时出钢。

3）接到炉长出钢的命令后，向后摇炉，至开出钢口位置，配合操作工打开出钢口。

4）摇炉工面对钢包和炉子的侧面，一只手操纵摇炉开关，一只手操纵钢包车开关。

5）开动钢包车将其定位在估计钢流的落点处，摇动炉子开始出钢。开始时炉子要快速下降，使出钢口很快冲过前期下渣区（钢水表面渣层），尽量减少前期下渣的下渣量。

6）见钢后可停顿一下，以后再根据钢流情况逐步压低炉口，使钢水正常流出。炉口的位置应该尽可能低，以提高液层的高度。但出钢炉口低位有限制，必须保正大炉口不下渣；钢流不冲坏钢包和溅在包外。

7）压低炉口的同时，不断移动钢包车，保证钢水流入钢包中。

8）钢流见渣，即出钢完毕，快速摇起炉子，尽量减少后期进入钢包的下渣量。一般出钢完毕见渣时炉长会发出命令，所以出钢后期一边要自己密切观察钢流变化，一边要注意听炉长命令。

9）出钢完毕，摇起炉子至堵出钢口位置。进行堵出钢口操作。

10）摇炉工返回炉前操作室，将炉倾地点选择开关放置于"炉前"位置。摇正炉子，然后可能进行下列几种操作：

①加少量生白云石护炉后，进行前倒渣操作。此时因炉内无钢水加入，倒渣角度可较大，倒净炉渣为止；然后摇炉加料，开始下一炉钢的操作。

②加炉渣稠化剂，进行一系列溅渣护炉操作。

③前倒渣后补炉操作。

（3）摇炉的安全操作。

1）防止摇翻炉子。操作时思想不集中；零位未放正，或扳错了摇炉手柄方向，该向上倾动（指炉口）的炉子朝下倾动了；或者朝下倾动的炉子到了要求的工作位置未制动，继续朝下倾动，均会摇翻了炉子，使大量钢水、渣子翻入过跨轨道，造成金属损失，使冶炼生产无法继续下去，还可能造成清渣操作人员伤亡和钢包车、渣包车等设备的损坏。由国外引进的转炉有的倾动机构采用正负力矩设计，很容易摇翻炉子。

2）防止倒渣事故：

①炉子倒渣前，必须按动请求倒渣按钮（即与炉下清渣组联系），得到回讯（即同意倒渣）后，才开始倒渣，这样炉下操作人员可以离开并保证炉下有渣包。

②倒渣时应防止渣子起浪头。渣子起浪头会造成渣、钢泼出，烫伤炉前操作工，所以倒渣操作必须注意炉内渣、钢平稳。

③防止倒渣时炉子过低，钢水流出，烧穿炉口水箱将引起爆炸，造成炉前操作人员伤害和损坏设备的严重事故。

3）防止兑铁水时发生大喷事故：

①不留渣操作。出钢完毕，必须注意倒净渣子，经过检查后再兑铁水（如果溅渣护炉不在此列）。氧化性过高的炉次必须到掉渣。

②如果进行留渣操作，则必须尽量做到不留钢水或少留钢水；兑铁水前先加冷料，如加废钢、白云石、石灰等冷料，并摇动炉子，使炉渣黏稠，甚至结坨，此时再兑入铁水，由于铁水不可能与黏的甚至结坨的钢、渣充分混合，大大减缓了碳氧

反应的速度，可避免大喷发生。兑铁水先加冷料就是这个道理。

4.8.7　开堵出钢口操作

（1）开出钢口。准备工具有撬棒、短撬棒、锤头、氧气管等。

1）接到炉长准备出钢命令后，由摇炉工将炉子摇至-75°左右，定位在开出钢口的操作位置。

2）由一人握短撬棒，对准出钢口中心位置，捅开出钢口。

3）若上述办法捅不开，则数人共握长撬棒，将长撬棒中心线对准出钢口中心线，合力捅开出钢口。

4）若上述办法仍无效，则由一个人手握撬棒，对准出钢孔，另一人用锤头敲打短撬棒将出钢口凿通。

5）若仍不见效，可使用氧气管烧开出钢口。

一般情况下一人即可开好出钢孔，后几种情况较少使用。

（2）堵出钢口：

1）出钢完毕，将炉子摇起至-75°左右，定位在出钢口位置。

2）取一团拌好的火泥并根据出钢口大小确定火泥的用量，捏成圆锥状。

3）将火泥放于右手掌中，使锥底平面放在掌上，瞄准出钢口的位置，用推铅球的姿势，把火泥团投到出钢口上。

4）用顶棒将出钢口上的火泥推紧孔口，封死出钢口。

5）对较大的出钢口，所用的火泥团较大，可将它置于铁锹上，由一人执锹送至出钢口处，另一个用顶棒将火泥推进孔口内，完成堵出钢口操作。

6）检查出钢口是否封严。

任务 4.9　脱氧合金化

4.9.1　不同钢种的脱氧

目前，氧气转炉绝大多数采用沉淀脱氧，对一些有特殊要求的钢种还可以配合以钢包内扩散脱氧（合成渣洗）和真空碳脱氧（真空处理及吹 Ar 搅拌）等。加入脱氧剂的方法、数量、时间、地点、顺序等都直接影响脱氧效果和钢水成分的命中率。

微课-脱氧
合金化

4.9.1.1　镇静钢的脱氧

转炉镇静钢的脱氧操作通常有两种方法。

（1）采用炉内脱氧方式。即炉内加 Si、Mn 合金和 Al（或铝铁）预脱氧，钢包内加锰铁等补充脱氧。在炉内脱氧因脱氧产物容易上浮，残留在钢中的夹杂物较少，钢的洁净度较高；而且，预脱氧后钢水含量显著降低，可提高和稳定钢包内加入合金的收得率，特别是对于易氧化的贵重元素如 Ti、V 等更有实际意义，并可减少钢包内合金含量。缺点是占炉子作业时间，且炉内脱氧元素收得率低，回磷量较大。

课件-脱氧
合金化

有时在冶炼优质合金钢的情况下，采用这种炉内脱氧方法。其操作要点是：到达终点后，倒出大部分炉渣，再加少量石灰使渣稠化，以提高合金收得率和防止回磷；加入脱氧剂后可摇炉助熔，加入难熔合金时可配加 Si-Fe 及 Al 等吹氧助熔。钢包内的脱氧剂应在出钢至 1/4～1/3 时开始加，到 2/3～3/4 时加完，以利于钢水成分、温度的均匀化和稳定合金收得率。

（2）采用钢包内脱氧方式。即将全部脱氧剂都加入钢包内。其优点是脱氧剂收得率高，回磷量较少，且有利于提高转炉生产率和延长炉龄。因此，目前转炉生产的大多数钢种都采用钢包内脱氧方式。一般情况下，直接以固态形式加入少量的易熔合金；而对难熔合金或需要大量加入的合金则可预先在炉内熔化，然后加入钢包内，这样可获得更稳定的脱氧效果。

钢包内脱氧的操作要点是：锰铁加入量较多时，应适当提高出钢温度；而硅铁加入量大时，应相应降低出钢温度。脱氧剂力求在出钢中期均匀加入（加入量大时可将 1/2 合金在出钢前加在钢包底）。加入次序一般先弱后强（不是用复合脱氧剂时），即先加锰铁，而后加硅铁、硅锰和铝。这样更利于快速形成脱氧产物，加速其上浮。但需要加入易氧化元素（如钒、钛、硼等）时，应先加入强脱氧剂铝、硅铁等，以减少钒、钛等的烧损，提高和稳定其收得率。出钢时应避免过早下渣，特别是对含磷量有严格限制的钢种。钢包内应加入少量石灰，防止回磷。

应当指出，生产实践和一些研究表明，对脱氧产物上浮速度起决定性作用的不是产物自身的性质，而是钢水的运动状态。向钢包内加入脱氧剂时产生的一次脱氧产物，在有钢流强烈搅拌的情况下，绝大多数都能在 3～5min 内顺利上浮排除。可见，虽然按先弱后强的次序加入合金有易于产物的上浮，但也不必苛求。

此外，各种炉外精炼技术，都可看成是钢包内脱氧的继续和发展，它们能在一定程度上综合完成脱氧、除气、脱碳（或增碳）和合金化的任务。

4.9.1.2　沸腾钢的脱氧

沸腾钢的含碳量一般为 0.05%～0.27%，含锰量为 0.25%～0.70%。为了保证钢水在模内正常的沸腾，要求根据 C、Mn 含量控制钢中的含氧量在适当的范围。钢中 C、Mn 含量高，终点钢水的氧化性宜相应强些；反之，则宜弱些。

沸腾钢主要用锰铁脱氧，脱氧剂全部加入钢包内，出钢时需加适当的铝，以调节钢液的氧化性。沸腾钢含碳越低，则加铝应该越多（C 含量小于 0.1% 时，一般加铝约为 100g/t 钢）。

应该特别注意锰铁的含硅量不应大于 1%。否则钢中含硅量增加，将造成模内沸腾微弱，降低钢锭质量。

生产含碳量较高的沸腾钢（含碳量为 0.15%～0.22%）时，为了保证钢水的氧化性，可吹炼至低碳（含碳量为 0.08%～0.10%）出钢后再在钢包内增碳。

4.9.1.3　半镇静钢脱氧

半镇静钢的脱氧程度比镇静钢弱，比沸腾钢强，钢水含氧量接近于与碳平衡时的含量，即 $\Delta[O]=0$。这种钢在凝固时会析出少量的气体，使其产生的气泡体积与钢水冷凝收缩的体积大致相等，因而对脱氧控制严格。半镇静钢一般用少量的硅铁和铝脱氧，而用锰铁合金化，钢中含硅量 $w[Si]<0.14\%$。

4.9.2 合金的加入原则

（1）脱氧剂的选择原则。脱氧剂的选择应满足下列原则：

1）脱氧元素与氧的亲和力比铁、碳大。

2）脱氧剂熔点比钢水温度低，以保证合金熔化，均匀分布，均匀脱氧。

3）脱氧产物易于从钢水中排出。要求脱氧产物熔点低于钢水温度，密度要小，在钢水中溶解度小，与钢水界面张力大等。

4）残留于钢中的脱氧元素对钢性能无害。

5）脱氧剂应该来源广，价格便宜。

（2）脱氧剂的加入顺序：

1）普通钢（一般钢种）脱氧顺序是先弱后强，具体加入顺序是 Fe-Mn→Fe-Si→Al。这样可使弱脱氧剂在钢水内均匀分布，再加入强脱氧剂，便于形成低熔点的化合物，成为液体颗粒，使脱氧产物易上浮而排除，但该加入法在高氧位下使用了相对较贵的 Fe-Mn、Fe-Si 合金，造成合金浪费。另外，由于铝的密度小、氧化性强，加入过程中在钢液表面燃烧，造成钢中 $w[O]$、$w[Al]_s$（s 表示酸溶铝）不稳定以及铝的浪费，影响铸坯质量，且当 $w[Al]_s$ 大于 0.003% 时，可能因生成 Al_2O_3 夹杂而堵塞水口。

2）目前发展趋势是脱氧剂的加入顺序是先强后弱（拉碳较低钢种），或前强中弱后强，例如：Al→Fe-Si→Fe-Mn，这样可提高硅和锰的收得率，而且使收得率稳定。这种脱氧方法提高了脱氧产物中稳定氧化物组成，减少了钢水的相互作用，有利于夹杂物的排除；有利于提高钢的成分合格率和纯净度。为防止加铝过多，发生二次污染，此法应采用保护性浇注。

4.9.3 合金化原则及加入顺序

为了使钢获得一定的物理、化学性能，在出钢过程中需要向钢水中加入适量的各种有关的合金元素以调整钢水成分，使之符合所炼钢种成分的要求，从而保证获得所需的物理、化学性能。这种工艺操作称为合金化。

（1）钢液合金化基本原则：

1）在不影响钢材性能的前提下，按中、下限控制钢的成分以减少合金的用量。

2）合金的收得率要高。

3）溶在钢中的合金元素要均匀分布。

4）不能因为合金的加入使熔池温度产生大的波动。

（2）合金加入顺序：

1）以脱氧为目的合金元素先加，而以合金化为目的合金元素后加，保证合金元素有高而稳定的收得率。

2）易氧化、贵重的合金元素应在脱氧良好的情况下加入。

例如 Fe-V、Fe-Nb、Fe-B 等合金应在 Fe-Mn、Fe-Si、铝等脱氧剂加入后钢水已经良好脱氧时加入，可以提高这些贵重元素的回收率；但也不可太迟，以免造成成分不均匀。

　　3）难熔及不易氧化的合金（如 Fe-Cr、Fe-W、Fe-Mo、Fe-Ni 等）可以先加。

4.9.4　脱氧操作

　　目前大多数钢种采用钢包内脱氧，即在出钢过程中，将全部合金加到钢包内。合金加入时间，一般在钢水流出总量的 1/4 时开始加入，到流出 3/4 时加完。为保证合金熔化和搅拌均匀，合金应加在钢流冲击的部位，或同时钢包吹氩搅拌。出钢过程中应避免下渣，还可在钢包内加一些干净的石灰粉，以避免回磷。其后，应静置数分钟，再进行浇注操作。如果脱氧生成物分离不好，会作为非金属夹杂物残留在钢材中，使钢材性能降低。

　　生产高质量的钢种时，脱氧合金化是在出钢时钢包中进行预脱氧及预合金化，在精炼炉内（包括喂线）进行终脱氧与成分精确调整（合金化）。为使精炼过程中成分调整顺利进行，要求预合金化时被调成分不超过规格中限。

　　对于特殊钢种，如果采用真空精炼方法，对于加入量大的，难熔的 W、Mn、Ni、Cr、Mo 等合金可在真空处理开始时加入，对于贵重的合金元素 B、Ti、V、Nb、RE 等可在真空处理后期或处理完毕再加，一方面能极大地提高合金元素吸收率，降低合金的消耗；另一方面也可以减少钢中氢的含量。

微课-合金
加入量计算

课件-合金
加入量计算

4.9.5　合金加入量计算

　　各种铁合金的加入量可按式（4-29）~式（4-31）计算：

$$合金加入量 = \frac{钢种规格中限 - 终点残余成分}{铁合金中合金元素含量 \times 合金元素吸收率} \times 1000 \qquad (4\text{-}29)$$

$$钢种规格中限 = \frac{钢种规格上限 + 钢种规格下限}{2} \qquad (4\text{-}30)$$

$$合金增碳量 = \frac{合金加入量 \times 合金碳含量 \times 碳吸收率}{1000} \times 100\% \qquad (4\text{-}31)$$

4.9.5.1　沸腾钢合金加入量确定

　　沸腾钢只加 Fe-Mn，并用铝调整钢水氧化性。

　　例 4-3　冶炼 Q235A·F 钢，用高碳 Fe-Mn 脱氧，计算 1t 钢锰铁加入量和锰铁的增碳量。已知条件见表 4-30。

表 4-30　钢种及原料成分

项　　目	w/%		
	C	Si	Mn
Q235A·F	0.14~0.22	<0.07	0.30~0.60
高碳 Fe-Mn	7.0		70
η/%	90		70

解：设余锰量 $w[\text{Mn}]_{\text{余}} = 0.12\%$，$\eta_{\text{Mn}} = 70\%$。

$$钢种锰规格中限 = \frac{钢种锰规格上限 + 钢种锰规格下限}{2}$$

$$= \frac{0.60\% + 0.30\%}{2} = 0.45\%$$

高碳 Fe-Mn 加入量：

$$合金加入量 = \frac{钢种规格中限 - 终点残余成分}{铁合金中合金元素含量 \times 合金元素吸收率} \times 1000$$

$$= \frac{0.45\% - 0.12\%}{70\% \times 70\%} \times 1000 = 6.73\text{kg/t}$$

$$增碳量 = \frac{合金加入量 \times 合金碳含量 \times 碳吸收率}{1000} \times 100\%$$

$$= \frac{6.73 \times 7.0\% \times 90\%}{1000} \times 100\% = 0.042\%$$

答：1t 钢加高碳 Fe-Mn 合金 6.73kg，合金增碳量为 0.042%。

由于合金的加入，增加钢水碳含量，为此终点拉碳应考虑增碳量或者用中碳 Fe-Mn 代替部分高碳 Fe-Mn 脱氧合金化。

例 4-4　冶炼 Q195A·F 钢，用高碳 Fe-Mn、中碳 Fe-Mn 各一半脱氧合金化，铁水和合金成分见表 4-31。

表 4-31　铁水和合金成分

项　目	元素含量（质量分数）/%		
	C	Si	Mn
Q195A·F	0.06~0.12	<0.05	0.25~0.50
铁水	4.20	0.35	0.40
中碳 Fe-Mn	6.8		71
高碳 Fe-Mn	1.0		76

$w[\text{Mn}]_{\text{余}} = 0.08\%$，计算锰铁加入量和增碳量各为多少？

解：锰吸收率：$\eta_{\text{Mn}} = 58\%$，

$$钢种锰规格中限 = \frac{钢种锰规格上限 + 钢种锰规格下限}{2}$$

$$= \frac{0.50\% + 0.25\%}{2} = 0.375\%$$

高碳 Fe-Mn 加入量：

$$合金加入量 = \frac{0.5 \times (钢种规格中限 - 终点残余成分)}{铁合金中合金元素含量 \times 合金元素吸收率} \times 1000$$

$$= \frac{0.5 \times (0.375\% - 0.08\%)}{71\% \times 58\%} \times 1000$$

$$= 3.58\text{kg/t}$$

中碳 Fe-Mn 加入量：

$$合金加入量 = \frac{0.5 \times (钢种规格中限 - 终点残余成分)}{铁合金中合金元素含量 \times 合金元素吸收率} \times 1000$$

$$= \frac{0.5 \times (0.375\% - 0.08\%)}{76\% \times 58\%} \times 1000$$

$$= 3.35 \text{kg/t}$$

$$增碳量 = \frac{合金加入量 \times 合金碳含量 \times 碳吸收率}{1000} \times 100\%$$

高碳 Fe-Mn 增碳量：

$$增碳量 = \frac{3.58 \times 6.8\% \times 90\%}{1000} \times 100\% = 0.022\%$$

中碳 Fe-Mn 增碳量：

$$增碳量 = \frac{3.35 \times 1.0\% \times 90\%}{1000} \times 100\% = 0.003\%$$

总增碳量：

$$0.022\% + 0.003\% = 0.025\%$$

答：每吨钢水加高碳 Fe-Mn 合金 3.58kg，中碳 Fe-Mn 合金 3.35kg，合金增碳量为 0.025%。

4.9.5.2　镇静钢二元合金加入量确定

镇静钢使用两种以上合金脱氧时，合金加入量计算步骤如下：

（1）若用单一合金 Fe-Mn 和 Fe-Si 脱氧时，分别计算 Fe-Mn 和 Fe-Si 加入量。

（2）若用 Mn-Si 合金、Fe-Si、Al-Ba-Si 等复合合金脱氧合金化时，先按钢中锰含量中限计算 Mn-Si 加入量，再计算各合金增硅量；最后把增硅量作残余成分，计算硅铁补加数量。

（3）当钢中 $\dfrac{w[\text{Mn}]_{中} - w[\text{Mn}]_{余}}{w[\text{Si}]_{中}}$ 比值低于硅锰合金中 $\dfrac{w(\text{Mn})}{w(\text{Si})}$ 比值时，根据硅含量计算 Mn-Si 合金加入量及补加 Fe-Mn 量。

例 4-5　冶炼 16Mn 钢，若采用 Mn-Si、Al-Ba-Si、Ca-Si 合金脱氧合金化，每 1t 钢水加 Al-Ba-Si 合金 0.70kg、Ca-Si 合金 0.65kg，计算 Mn-Si 合金和 Fe-Si 合金加入量。各种合金成分见表 4-32。

表 4-32　各种合金成分

项　　目	$w/\%$		
	C	Si	Mn
Mn-Si	1.7	18.5	68.0
Fe-Si		75	

项　目	w/%		
	C	Si	Mn
Al-Ba-Si	0.15	42	
Ca-Si	0.85	56	
16Mn	0.14~0.22	0.20~0.60	1.20~1.60
η/%	90	80	85

设 $w[Mn]_余 = 0.13\%$，计算合金加入量。

解：先计算 Mn-Si 加入量：

$$Mn\text{-}Si\ 合金加入量 = \frac{钢种规格中限 - 终点残余成分}{铁合金中合金元素含量 \times 合金元素吸收率} \times 1000$$

$$= \frac{1.40\% - 0.13\%}{68\% \times 85\%} \times 1000 = 21.97 kg/t$$

$$增硅量 = \frac{合金加入量 \times 合金硅含量 \times 硅吸收率}{1000} \times 100\%$$

21.97kg Mn-Si 合金增硅量：

$$增硅量 = \frac{21.97 \times 18.5\% \times 80\%}{1000} \times 100\% = 0.325\%$$

每吨钢水加入 0.70kg Al-Ba-Si 和 0.65kg Ca-Si 合金的增硅量：

$$Al\text{-}Ba\text{-}Si\ 合金增硅量 = \frac{0.70 \times 42\% \times 80\%}{1000} \times 100\% = 0.0235\%$$

$$Ca\text{-}Si\ 合金增硅量 = \frac{0.65 \times 56\% \times 80\%}{1000} \times 100\% = 0.0291\%$$

因 Si 量不足，补加 Fe-Si 量：

$$Fe\text{-}Si\ 加入量 = \frac{钢种规格中限 - 终点残余成分}{铁合金中合金元素含量 \times 合金元素吸收率} \times 1000$$

$$= \frac{0.40\% - 0.325\% - 0.0235\% - 0.0291\%}{75\% \times 80\%} \times 1000 = 0.373 kg/t$$

答：每吨钢水需加 Mn-Si 合金 21.97kg，Fe-Si 合金 0.373kg。

4.9.6　合金元素的收得率影响因素

在氧气顶吹转炉炼钢中，合金元素的收得率受很多因素的影响，如脱氧前钢水含氧量、终渣的氧化性及元素与氧的亲和力等。

（1）脱氧前钢水的含氧量。脱氧前钢水的含氧量越高，合金元素的烧损量越大，收得率越低。例如，用"拉碳法"吹炼中、高碳钢时，终点钢水的氧化性弱，合金元素烧损少，收得率高，如果钢水温度偏高，收得率就更高；反之，吹炼低碳钢时，终点钢水的氧化性强，合金的收得率低。

（2）终渣的氧化性。终渣的氧化性越强，合金元素的收得率越低。因为终渣中的（ΣFeO）含量高时，钢水中的含氧量也高，使合金元素收得率降低；而且合金元素加入时，必然有一部分消耗于炉渣脱氧，使收得率更低。

由于氧气转炉的合金化操作多是在钢包中进行的，所以，出钢时出钢口或炉口下渣越早，下渣量越大，合金元素的收得率降低越明显。

（3）钢水的成分。钢水的成分不同，合金元素的收得率也不同。表 4-33 为某厂转炉钢元素收得率的经验数据。成品钢规格中元素含量高，合金加入量多，烧损量所占比例就小，收得率就提高。例如，冶炼含硅钢用硅铁进行脱氧合金化时，硅的收得率可达 85%，较一般钢种提高 10% 以上。

表 4-33　某转炉合金化时元素的收得率

钢种		元素收得率/%				
		Mn		Si		V
		Fe-Mn（68%Mn）	Mn-Si	Fe-Si（75%Si）	Mn-Si	Fe-V（45%V）
16Mn		85		80		
20g		78		66		
35 号		85		75		
20MnSi		85		75~80		
25MnSi		88	85~90	80	80	
45MnSiV		90		85		75
沸腾钢	终点碳 0.06%~0.09%	70~75				
	终点碳 0.10%~0.16%	75~82	85~90		80	
镇静钢	终点碳 0.06%~0.09%	73~78	75~80	70~75	75	
	终点碳 0.10%~0.16%	77~83	80~85	75~80	80	

同时使用几种合金脱氧和合金化时，强脱氧剂用量增多，则和氧亲和力小的合金元素的收得率就提高。例如，冶炼硅锰钢时由于硅铁的加入，可使锰的收得率从

一般钢种的 80%~85% 提高到 90%。显然，加铝量增加时，硅、锰的收得率都将有所提高。

（4）钢种。沸腾钢只有含碳量和含锰量的要求，含硅量越低越好，所以只用锰铁进行合金化操作，而且全部加在钢包内；镇静钢中碳、锰、硅是常存元素，所以需要加入锰铁、硅铁、硅锰合金等进行合金化操作，显然沸腾钢调成分时合金元素的收得率与镇静钢合金化时的不会相同。

4.9.7　铁合金供应设备

铁合金的供应系统一般由炼钢厂铁合金料间、铁合金料仓及称量和输送、向钢包加料设备等部分组成。

铁合金由铁合金料间运到转炉车间的方式有以下两种：

（1）铁合金用量不大的炼钢车间。将铁合金装入自卸式料罐，然后用汽车运到转炉车间，再用吊车卸入转炉炉前铁合金料仓。需要时，经称量后用铁合金加料车经溜槽或铁合金加料漏斗加入钢包。

（2）需要铁合金品种多、用量大的大型转炉炼钢车间。铁合金加料系统有两种形式：

1）铁合金与散状料共用一套上料系统，然后从炉顶料仓下料，经旋转溜槽加入钢包，如图 4-111 所示。这种方式不另增设铁合金上料设备，而且操作可靠，但稍微增加了散状材料上料胶带运输机的运输量。

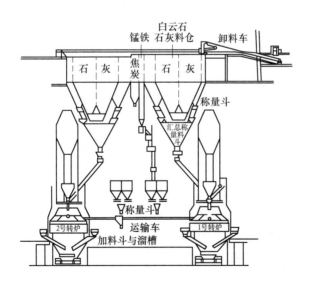

图 4-111　美国扬斯顿公司芝加哥转炉散状料及铁合金系统

2）铁合金自成系统用胶带运输机上料，有较大的运输能力，使铁合金上料不受散状原料的干扰，还可使车间内铁合金料仓的贮量适当减少。对于规模很大的转炉车间，这种流程更可确保铁合金的供应。但增加了一套胶带运输机上料系统，设备重量与投资有所增加。

任务 4.10　转炉少渣冶炼技术

少渣炼钢工艺是随着对铁水进行"三脱"这一举措而产生的。炼钢转炉主要完成调温和脱碳的任务。随着转炉任务的简单化，炼钢渣的量也会减少，从而形成了少渣炼钢的冶炼工艺。少渣炼钢工艺在炼钢的过程中使用的铁水硅的含量相对较低，造渣所用的石灰等溶剂也随之减少，有效降低了渣料的消耗以及对能源的消耗，进而减少了对环境造成的污染。

4.10.1　少渣炼钢工艺路线

目前，常见的转炉炼钢工艺路线主要有以下四种：

第一种是传统的炼钢工艺，欧美各国的炼钢厂多采用这种模式，即铁水先脱硫预处理后再转炉炼钢。通常转炉炼钢渣量占金属量的 10% 以上，转炉渣中（FeO）含量在 17% 左右。此外，渣中还含有约 8% 的铁珠，该工艺钢铁料消耗高。

第二种炼钢工艺是先在铁水沟、混铁车或铁水罐内进行铁水"三脱"预处理，然后在复吹转炉进行少渣炼钢，这种工艺的不足之处是脱磷前必须先脱硅，废钢比低（≤5%），脱磷渣碱度过高，难于利用。

第三种炼钢工艺是 20 世纪 90 年代中后期日本各大钢厂试验研究成功的转炉铁水脱磷工艺，该工艺解决了超低磷钢的生产难题。与第二种工艺路线的明显区别是脱磷预处理移到转炉内进行，转炉内自由空间大，反应动力学条件好，生产成本较低。具体工艺是采用两座转炉双联作业，一座脱磷，另一座接受来自脱磷炉的低磷铁水脱碳，即"双联法"。典型的双联法工艺流程为：高炉铁水→铁水预脱硫→转炉脱磷→转炉脱碳→炉外精炼→连铸。由于受设备和产品的限制，也有在同一座转炉上进行铁水脱磷和脱碳的操作模式，类似传统的"双渣法"。

第四种炼钢工艺是对第三种炼钢工艺进行改进，与第三种工艺的明显不同是将部分脱碳渣（约 8%）返回脱磷转炉，脱磷后的铁水进入脱碳转炉脱碳，该工艺流程如图 4-112 所示。该工艺是目前渣量最少、最先进的转炉生产纯净钢的工艺路线。

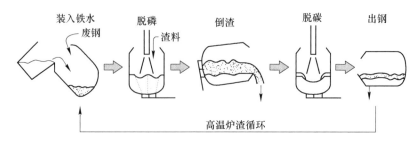

图 4-112　转炉少渣炼钢工艺流程

在上述 1 种转炉炼钢工艺路线中，后三种炼钢工艺铁水经过"三脱"预处理后再脱碳炼钢，能够做到少渣操作。四种转炉炼钢工艺路线的渣量比较如图 4-113 所示。从图 4-113 可以看出，后三种炼钢工艺的吨钢渣量低于 70kg/t。

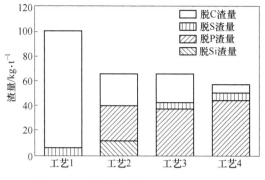

图 4-113 不同转炉炼钢工艺的渣量比较

国外专家认为，少渣炼钢是在转炉炼钢时，每吨金属料加入的石灰量低于 20kg，脱碳炉每吨钢水的渣量低于 30kg。值得指出的是，如果将脱磷转炉每吨金属料产生的 20~40kg 脱磷渣也视为炼钢渣，那么少渣炼钢工艺流程的总渣量约为 50~70kg。

总之，转炉少渣炼钢必须以铁水预处理为前提条件。铁水"三脱"预处理后，铁水中的硅、磷和硫含量基本上达到了炼钢吹炼终点的要求。对少渣炼钢脱碳转炉操作而言，操作任务发生了变化，工艺制度也要进行调整。

4.10.2 工艺制度调整

（1）供气制度。少渣炼钢脱碳转炉全过程顶吹氧枪枪位采用"高—低—低"三段式控制较为合理。由于入炉铁水硅、锰含量较低，碳氧反应提前，渣量很少，前期枪位低会造成金属喷溅。同时硅的减少给炼钢初期成渣带来困难，采用较高枪位操作便于快速成渣，增加吹炼前期渣中氧化铁的含量，然后根据化渣情况逐步降低枪位。与常规吹炼相比，少渣吹炼前期氧气流量应适当降低，吹炼后期加大底吹气体流量有利于减少铁损和提高锰的收得率。

（2）造渣制度。转炉少渣吹炼时，生石灰及其他造渣材料在吹炼开始或吹炼中期投入。一般不加萤石，转炉化渣不良时，可投少量萤石帮助化渣，如铁水硅没有达到控制目标，则配加适量的软硅石。通常，少渣吹炼需结合留渣操作配合使用，即将前一炉的高温、高碱度、高氧化性的终渣留一部分于炉内，然后加入少量石灰或白云石，并兑入铁水进行冶炼。

日本 NKK 福山厂开发的少渣炼钢技术，其渣量控制在吨钢 30kg。新日铁室兰钢厂使用"三脱"铁水炼钢，吨钢石灰消耗 20kg，转炉总渣量减少了 50%。我国宝钢和太钢采用"三脱"铁水进行少渣炼钢试验，结果总渣量减少了 50%。但是，神户制钢在进行少渣吹炼时，发现连续 3 炉以上均采用吨钢渣量小于 20kg 的少渣量操作，炉衬上几乎不附着熔渣，耐火材料易受到侵蚀，从而影响转炉炉龄。因此，神户制钢将渣量控制在每吨钢 40kg 左右。

（3）温度制度。采用"三脱"铁水吹炼时，确定温度制度的关键在于合理选用造渣料和废钢用量，以平衡因铁水温度降低和放热反应元素（硅和磷等）减少导致的热量改变。一般通过减少造渣料和废钢用量就可实现热平衡。

（4）炉内部分合金化。应用"三脱"铁水实现少渣炼钢后，造渣料消耗大幅度减少，如果有富余的热量，可实现锰矿或铬矿直接合金化。如日本钢管公司采用的炉内锰矿合金化工艺，通过控制碱度，降低渣中 $w(FeO)$，使低碳钢水终点锰含量达到 1%，锰的收得率大于 70%。另外，日本的新日铁、JFE、住友金属和神户制钢的炼钢厂在生产含锰低于 1.5% 的合金钢时，采用锰矿直接代替全部锰铁合金，取得了较好的经济效益。

☀ 课程思政

"手撕钢"厚度只有 A4 纸厚度的四分之一，作为一种高端不锈钢，它是航空航天、电子机械等高精尖领域的宠儿。2020 年 8 月太钢成功研发出了 0.015 毫米的产品并实现量产，刷新了"手撕钢"世界纪录。"作为新时代的青年，我们要坚守产业报国初心，勇担大国重器使命，坚持走创新发展之路，努力打造更多自主知识产权的高精尖产品。"手撕钢研发团队核心成员段浩杰说。

创新是一个民族进步的灵魂，是国家兴旺发达的不朽动力，也是个人在学习工作和事业上永久的活力源泉。所以创新能力对于现代大学生的学习和成长来说有着十分重要的意义。纵观古今，能够在科学等领域做出巨大成就的人都有一个共同的优秀品德，那就是能够摒除当时落后的观点，善于创造，用于标新立异独树一帜，能够冒先天下之大不韪，发现前人的错误并改正，解决了前人所没有解决的问题，揭开了神秘自然的面纱。站在巨人的肩膀上思考问题，学习前人思维的精华，加以发酵利用创造出独特的观点以及成果。所以现代大学生想要有所作为，要在学习不断学习前人的知识上，培养和形成属于自己的创造性的思维。这样才能在现代社会拥有自己不一样的成功的人生。

思　考　题

4-1　简述一炉钢的冶炼过程。

4-2　氧气顶吹转炉吹炼过程中钢液成分、炉渣成分和温度是如何变化的？

4-3　什么是装入制度，转炉合理装入量的确定依据有哪些？

4-4　装入制度有哪几种类型，各有何特点？

4-5　氧气射流与熔池的相互作用规律是怎样的？

4-6　简述氧枪枪位与熔池搅拌、熔池温度和渣中（FeO）的关系。

4-7　简述冶炼过程中氧枪枪位如何控制。

4-8　影响石灰溶解的主要因素有哪些？

4-9　转炉炼钢对熔渣有哪些要求？

4-10　简述加速成渣的主要途径。

4-11　炼钢过程中如何控制泡沫渣？

4-12　什么是炉渣返干，如何预防返干，产生返干后如何处理？

4-13 何为泡沫喷溅，产生的原因是什么，出现后如何处理？

4-14 比较废钢、矿石两种冷却剂的优缺点。

4-15 顶底复吹转炉炼钢工艺的类型有几种，各有何特点？

4-16 简述底吹气体的种类和特点。

4-17 底吹供气原件有哪几种，各有何特点？

4-18 简述顶底复吹转炉的冶金特点。

4-19 终点碳控制的方法有哪些？各有什么优点？

4-20 为什么要挡渣出钢，主要有哪几种挡渣方法？

4-21 影响钢水终点氧含量的主要因素有哪些？

4-22 什么叫复合脱氧，它有哪些优点？

4-23 影响合金元素吸收率的因素有哪些？

4-24 解释：炉容比、分阶段定量装入、氧气流量、供氧强度、枪位、单渣操作、双渣操作、留渣操作、泡沫渣、冷却效应、一次拉碳法、红包出钢、沉淀脱氧。

模块五 转炉炉衬与长寿技术

学习目标

知识目标：
- 了解转炉常用耐火的种类及特点。
- 掌握转炉炉衬侵蚀的原理及提高炉衬寿命的措施。
- 掌握溅渣护炉工艺的原理及工艺过程。

技能目标：
- 能够综合分析转炉炉衬损坏的原理及提高转炉炉龄的措施。
- 能够确定合理的溅渣护炉工艺参数。

素质目标：
- 学会辩证的看待问题与分析问题，养成成本意识、质量意识和节约意识。
- 培养综合分析能力和团队协作能力。

任务 5.1 炼钢常用耐火材料

5.1.1 耐火材料的种类

课件-炼钢用
耐火材料

凡是具有抵抗高温及在高温下能够抵抗产生的物理化学作用的材料统称耐火材料。炼钢用耐火材料有非常严格的要求：耐火温度高，高温下的机械性能好，能经受熔渣和钢液的侵蚀和急剧的温度波动，有的还要求在高真空高温下不挥发或不发生分解。炼钢的进步和耐火材料有不可分割的关系。

耐火材料按其原料的化学性质可分为酸性、中性和碱性三类。碱性耐火材料主要组分是 MgO 和 CaO，它们对于炼钢来说是最为重要的耐火材料；酸性耐火材料以 SiO_2 为主要组分；中性耐火材料的主要组分是 Al_2O_3、C、SiC 等。

耐火材料按耐火度的高低可划分为普通型耐火材料、高级耐火材料、特级耐火材料和超级耐火材料。普通级耐火材料的耐火度在 1480～1770℃，高级耐火材料的耐火度在 1770～2000℃，特级耐火材料的耐火度在 2000℃以上，耐火度在 3000℃以上的称为超级耐火材料。

耐火材料按其化学矿物组成可分为硅酸铝质耐火材料、硅质耐火材料、镁质耐火材料和碳质耐火材料等。

耐火材料按照加工方式和外观可分为烧成砖、不烧成砖、电熔砖、不定形耐火材料（包括浇注料、捣打料、可塑料、喷射料等）、绝热材料、耐火纤维、高温陶瓷材料等。

常用耐火材料化学组成见表 5-1。

表 5-1 各种耐火材料的主要化学组成

类 别	主 要 成 分
硅 质	$w(SiO_2) > 93\%$
黏土质	$w(SiO_2) = 50\% \sim 60\%$；$w(Al_2O_3) = 30\% \sim 40\%$
高铝质	$w(Al_2O_3) = 48\% \sim 75\%$
刚 玉	白刚玉 $w(Al_2O_3) > 98\%$；棕刚玉 $w(Al_2O_3) > 94.5\%$
镁 质	$w(MgO) > 85\%$
镁铝质	$w(MgO) > 80\%$；$w(Al_2O_3) = 5\% \sim 12\%$
镁铬质	$w(MgO) = 48\% \sim 80\%$；$w(Cr_2O_3) = 8\% \sim 12\%$
白云石质	$w(MgO) > 36\%$；$w(CaO) > 40\%$
镁碳质	$w(MgO) > 75\%$；$w(C) > 14\%$

5.1.2 耐火材料的性质

（1）耐火度。耐火度是指耐火材料在高温下不软化的性能。耐火材料是多种矿物的组合体，在受热过程中，熔点低的矿物首先软化进而熔化；随着温度的升高，高熔点矿物也逐渐软化进而熔化。因此，耐火材料没有固定的熔点，耐火材料受热软化到一定程度时的温度称为该材料的耐火度。

（2）荷重软化温度。荷重软化温度也称荷重软化点。耐火制品在常温下耐压强度很高，但在高温下承受载荷后就会发生变形，耐压强度显著降低。荷重软化温度就是耐火制品在高温条件下，承受恒定压负荷时发生一定变形的温度。

（3）热震稳定性。耐火材料受到急剧温度变化称作热震（或称热冲击）。由于耐火材料为脆性材料，膨胀率较大而弹性较小，因此在受到热冲击时引起内应力，使材料破裂或剥落。

（4）耐压强度。耐火材料试样单位面积承受的极限载荷称为耐压强度，单位是MPa。在室温下所测耐压强度为耐火材料的常温耐压强度；在高温下所测数值为高温耐压强度。

（5）抗热震性。耐火材料抵抗由于温度急剧变化而不开裂或不剥落的性能称为抗热震性，又称温度急变抵抗性，或耐急冷急热性。耐火材料经常处于温度急剧变化环境，由于耐火材料的导热性较差，使得材料内部会产生应力，当应力超过材料的结构强度极限时就会产生裂纹或剥落。因此，抗热震性也是耐火材料的重要性质之一。

（6）热膨胀性。耐火材料及其制品受热膨胀遇冷收缩，这种热胀冷缩是可逆的变化过程，其热胀冷缩的程度取决于材料的矿物组成和温度。耐火材料的热膨胀性可用线胀率或体积胀率来表示，以每升高 1℃ 制品的长度或体积的相对增长率作为热胀性的量度。即用线膨胀百分率或体积膨胀百分率表示。

（7）导热性。耐火材料及制品的导热能力用导热系数表示，即单位时间内，单位温度梯度、单位面积耐火材料试样通过的热量称为导热系数，也称热导率，单位是 W/(m · K)。

（8）重烧线变化。耐火材料及其制品在高温下长期使用体积发生不可逆变化，也就是继续完成在焙烧过程中未完成的物理化学变化；有些材料产生膨胀，称为重烧膨胀，也称为残存膨胀；有些材料是发生收缩，称为重烧收缩，也称为残存收缩。高温下耐火材料或制品的体积稳定性用膨胀或收缩的数值占原尺寸的百分数表示。

（9）抗渣性。耐火材料在高温下抵抗熔渣侵蚀的能力称为抗渣性，耐火材料的抗渣性与熔渣的化学性质、工作温度和耐火材料的致密程度有关。

对耐火材料的侵蚀包括化学侵蚀、物理溶解和机械冲刷三个方面。化学侵蚀是指熔渣与耐火材料发生化学反应，形成的产物进入熔渣，从而改变了熔渣的化学成分，同时耐火材料遭受蚀损；物理溶解是指由于化学侵蚀和耐火材料颗粒结合不牢固，使得固体颗粒溶解于熔渣之中；机械冲刷是指熔渣流动将耐火材料中结合力差的固体颗粒带走或溶于熔渣中。

（10）气孔率。气孔率是耐火材料制品中气体的体积占制品体积的百分比，表示耐火材料或制品致密程度的指标，耐火材料内气孔与大气相通的叫开口气孔，其中贯穿的气孔称为连通气孔；不与大气相通的气孔称为闭口气孔。耐火材料中全部气孔体积占耐火材料总体积的百分比称为真气孔率，亦称全气孔率。

（11）体积密度。单位体积（包括气孔体积在内）的耐火材料的质量称为体积密度，其单位是 g/cm^3 或 t/m^3。

5.1.3　镁炭砖

目前转炉炉衬普遍采用的是镁炭砖，其优点如图 5-1 所示。镁炭砖的抗渣性强，导热性能好，可避免镁砂颗粒产生热裂；同时由于有结合剂固化后形成的碳网络，将氧化镁颗粒紧密牢固地连接在一起。

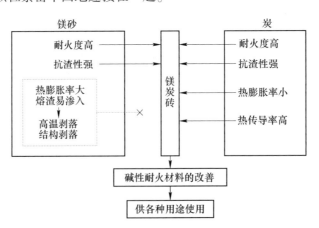

图 5-1　镁炭砖性能

镁炭砖生产用原材料有以下四种：

（1）镁砂。要求镁砂 $w(MgO) > 95\%$，杂质要低；方镁石晶粒直径要大，这样，晶界数目少，晶界面积小，熔渣沿晶粒表面难于渗入。同时镁砂的体积密度要高，

应大于 $3.34\mathrm{g/cm^3}$；气孔率要低，应小于 3%。镁砂中 $m(\mathrm{CaO})/m(\mathrm{SiO_2}) > 2$，这可形成高熔点 $\mathrm{C_2S}(2\mathrm{CaO \cdot SiO_2})$，液相数量少，不会降低砖和制品的高温性能和高温强度。$m(\mathrm{CaO})/m(\mathrm{SiO_2})$ 高，有利于提高镁砂在高温下与石墨共存的稳定性，电熔镁砂是最为理想的材料。

（2）碳素原料。碳素原料性能同样与砖和制品的耐蚀性、耐剥落性、高温强度和抗氧化性等均有直接的关系，所以用于制作镁炭砖的碳素原料必须要符合制砖的技术要求，高纯度石墨是制作镁炭砖的最佳碳素原料。

（3）结合剂。结合剂包括煤焦油、煤沥青、石油沥青及酚醛树脂等，以酚醛树脂最好。

（4）添加剂。抗氧化添加剂包括 Ca、Si、Al、Mg、Zr、SiC、$\mathrm{B_4C}$ 和 BN 等金属元素或化合物，它们的作用有二：一方面是在工作温度之下，添加物或添加物和碳的反应产物与氧的亲和力比碳与氧的亲和力大，先于碳被氧化，从而起到保护碳的作用；另一方面添加剂与氧气、CO 或者碳反应生成的化合物可以改变碳复合耐火材料的显微结构，堵塞气孔，增加致密度，同时阻碍氧及反应产物的渗入扩散等。

任务 5.2　转 炉 炉 衬

课件-
转炉炉衬

5.2.1　转炉内衬用砖

转炉内衬由绝热层、永久层和工作层组成。绝热层一般用多晶耐火纤维砌筑，炉帽的绝热层也有用树脂镁砂打结而成的；永久层各部位用砖也不完全一样，多用低档镁炭砖、焦油白云石砖或烧结镁砖砌筑；工作层全部砌筑镁炭砖。转炉的工作层与高温钢水和熔渣直接接触，会受高温熔渣的化学侵蚀，受钢水、熔渣和炉气的冲刷，以及加废钢时的机械冲撞等，工作环境十分恶劣。

在冶炼过程中由于各个部位工作条件不同，因而工作层各部位的蚀损情况也不一样，针对这一情况，视其损坏程度应砌筑不同的耐火砖，容易损坏的部位砌筑高档镁炭砖，损坏较轻的地方可以砌筑中档或低档镁炭砖，这样整个炉衬的蚀损情况较为均匀，这就是所谓的综合砌炉。综合砌炉可以使炉衬蚀损均衡，提高转炉内衬整体的使用寿命，有利于改善转炉的技术经济指标。

镁炭砖性能与使用部位见表 5-2。

表 5-2　炉衬材质性能及使用部位

性能及使用类别	气孔率 /%	体积密度 /g·cm⁻³	常温耐压强度 /MPa	高温抗折强度 /MPa	使用部位
优质镁炭砖	2	2.82	38	10.4	耳轴、渣线
普通镁炭砖	4	2.76	23	4.6	耳轴部位、炉帽液面以上
复吹供气砖	2	2.84	46	14	复吹供气砖及保护砖
高强度镁炭砖	10~14	2.84~3.0	>40		炉底及钢液面以下

性能及使用类别	气孔率 /%	体积密度 /g·cm⁻³	常温耐压强度 /MPa	高温抗折强度 /MPa	使用部位
合成高钙镁砖	10~14	2.84~3.1	>40		装料侧
高纯镁砖	10~14	2.94	>60		装料侧
镁质白云石烧成砖	2.8	2.8	38.4		装料侧

转炉内衬砌砖情况如下：

（1）炉口部位。这个部位温度变化剧烈，熔渣和高温废气的冲刷比较厉害，在加料和清理残钢、残渣时，炉口受到撞击，因此炉口的耐火砖必须采用具有较高的抗热震性和抗渣性，耐熔渣和高温废气的冲刷，且不易黏钢，即便黏钢也易于清理的镁炭砖。

（2）炉帽部位。这个部位是受熔渣侵蚀最严重的部位，同时还受温度急变的影响和含尘废气的冲刷，故应使用抗渣性强和抗热震性好的镁炭砖。此外，若炉帽部位不便砌筑绝热层时，可在永久层与炉壳钢板之间填筑镁砂树脂打结层。

（3）炉衬的装料侧。这个部位除受吹炼过程熔渣和钢水喷溅的冲刷、化学侵蚀外，还要受到装入废钢和兑入铁水时的直接撞击与冲蚀，给炉衬带来严重的机械性损伤，因此应砌筑具有高抗渣性、高强度、高抗热震性的镁炭砖。

（4）炉衬出钢侧。此部位基本上不受装料时的机械冲撞损伤，热震影响也小，主要是受出钢时钢水的热冲击和冲刷作用，损坏速度低于装料侧。若与装料侧砌筑同样材质的镁炭砖，其砌筑厚度可稍薄些。

（5）渣线部位。这个部位是在吹炼过程中，炉衬与熔渣长期接触受到严重侵蚀形成的。在出钢侧，渣线的位置随出钢时间的长短而变化，大多情况下并不明显；但在排渣侧就不同了，受到熔渣的强烈侵蚀，再加上吹炼过程其他作用的共同影响，衬砖损毁较为严重，需要砌筑抗渣性能良好的镁炭砖。

（6）两侧耳轴部位。这部位炉衬除受吹炼过程的蚀损外，其表面又无保护渣层覆盖，砖体中的碳素极易被氧化，并难于修补，因而损坏严重。所以，此部位应砌筑抗渣性能良好、抗氧化性能强的高级镁炭砖。

（7）熔池和炉底部位。这部位炉衬在吹炼过程中受钢水强烈的冲蚀，但与其他部位相比损坏较轻。可以砌筑含碳量较低的镁炭砖，或者砌筑焦油白云石砖。若是采用顶底复合吹炼工艺，炉底中心部位容易损毁，可以与装料侧砌筑相同材质的镁炭砖。

5.2.2　出钢口用砖

出钢口受高温钢水冲蚀和温度急剧变化的影响，损毁较为严重，因此应砌筑具有耐冲蚀性好、抗氧化性高的镁炭砖。表5-3是出钢口用镁炭砖性能。

5.2.3　复吹转炉底部供气用砖

底部供气砖必须具有耐高温、耐侵蚀、耐冲刷、耐磨损和抗落性强的性能；从

表 5-3 出钢口用镁炭砖性能

试 样	化学成分(质量分数)/%		显气孔率/%	体积密度/g·cm⁻³	常温耐压强度/MPa	常温抗折强度 MPa	抗折强度(1400℃)/MPa	加热1000℃后		加热1500℃后	
	(MgO)	固定碳含量						显气孔率/%	体积密度/g·cm⁻³	显气孔率/%	体积密度/g·cm⁻³
日本品川公司改进的镁炭砖	73.20	19.2	3.20	2.92	39.2	17.7	21.6	7.9	2.89	9.9	2.80
武汉科技大学整体出钢口砖	76.83	12.9	5.03	2.93							

吹炼角度讲，要求气体通过供气砖产生的气泡要细小均匀；供气砖使用安全可靠，寿命尽可能与炉衬寿命同步。为此，镁炭质砖仍然为最佳材料。

5.2.4 对炉衬砖的砌筑要求

转炉炉衬的砌筑质量是炉龄的基础。因此，首先炉衬砖本身的质量必须符合标准规定，然后严格按照技术操作程序砌筑，达到整体质量标准要求。

（1）工作层要采用综合砌炉。

（2）砌筑时必须遵循"靠紧、背实、填严"的原则，砖与砖尽量靠紧，砖缝要小于等于1mm，上下的缝隙要不大于2mm，但必须预留一定的膨胀缝；缝与间隙要用不定形耐火材料填实、捣紧；绝热层与永久层之间、永久层与工作层之间要靠实，并用镁砂填严。

（3）炉底的砌筑一定要保证其水平度。

（4）砌砖合门位置要选择得当，合门砖应使用调整砖或切削加工砖，并要顶紧；砖缝要层层错开，各段错台要均匀。

（5）工作层用干砌，出钢口可以用湿砌；出钢口应严格按技术规程安装、砌筑。

（6）下修转炉的炉底与炉身接缝要严密，以防漏钢。

5.2.5 炉衬砖的更换与维护

5.2.5.1 更换出钢口操作

（1）更换出钢口原则：

1）出钢时间<3min。

2）出钢口形状不规则或内有明显凹坑，出钢钢流散，不能修复或修复后效果无明显改善。

3）出钢口寿命大于300炉。

4）更换出钢口应做好记录。

（2）更换出钢口方法：

1）更换出钢口计划应提前 30min 以上下达，便于准备更换设备及器具。

2）出完钢倒净残渣将转炉摇至大面适当位置，将出钢口内残渣残钢处理干净。确认更换出钢口后，本炉次溅渣结束后，用高压氮气对汽化烟道进行吹扫，清除黏渣。

3）将转炉向下摇至大面适当位置，出钢口钻孔机调整好位置与出钢口角度相适应，保证钻孔角度准确，孔壁光滑，孔道圆整、大小合适，避免损坏出钢口座砖。

4）出钢口孔钻好后将转炉起到大面便于 8.5m 平台安装出钢口的位置。出钢口钻孔同时应准备好新出钢口、出钢口料及出钢口料槽。

5）用插车及专用工具将新出钢口放入钻好的孔道内，调整好位置，用电焊将新出钢口护板焊接在炉壳的出钢口钢板上进行定位（为了便于定位，可在安放新出钢口前在出钢口孔道内填入适量出钢口料）。

6）出钢口定位完成后，应将出钢口护板上部割开便于填入出钢口料。

7）利用插车及出钢口料槽将适量调好的出钢口料填入出钢口，将新出钢口与孔道间隙端部填满压实，并保证烧结 3~5min。

8）烧结出钢口同时，在炉后调好出钢口料。

9）将转炉摇至小面适当位置便于向出钢口灌料，将调好的出钢口料灌入新出钢口与孔道间隙，灌入的出钢口料应注意保持适当翻腾状态，避免灌料不实。

10）灌料过程中应及时观察保证不漏料。

11）更换出钢口所用料量应在一定合理范围内波动，若过多或过少，则应分析清原因并妥善处理。

12）灌料结束后应保证烧结时间 10min 以上。

13）每次换完出钢口后应及时调整挡渣机，确保挡渣锥对位准确。

5.2.5.2　补炉操作

（1）补炉底：

1）将补炉料加入转炉后，将转炉摇至小面 30°，再将转炉摇至大面 -20°，最后将转炉摇直。

2）补炉料塌实 35min 后，缓慢向炉前摇炉至 -80°，用煤氧枪进行烧结，投料量 1t 保证烧结时间≥5min，投料量 2t 保证烧结时间≥15min。

3）待没有黑烟冒出时，方可进行兑铁。

4）兑铁冶炼前先兑入 5~10t 铁水，再次烧结 1min 以上。

（2）补大面：

1）将补炉料加入转炉后，将转炉快速摇至大面 -100°，再慢速继续向下压炉直至补炉料在大面铺平，最后将转炉快速摇至大面 -95°。

2）补炉料塌实 30min 后，用煤氧枪进行烧结，投料量 1t 保证烧结时间

≥20min,投料量 2t 保证烧结时间≥30min。

3）兑铁前先将转炉摇至大面-120°~-150°进行控油,待无油后再进行兑铁操作。

4）兑铁冶炼前先兑入 5~10t 铁水,再次烧结 1min 以上,待液面平静后再兑入剩余铁水。

（3）补小面:

1）先下出钢口管（直径为 120mm 左右的钢管）,再加入补炉料。

2）将补炉料加入转炉后,将转炉快速摇至小面 100°,再慢速继续向下压炉直至补炉料在小面铺平,确保出钢口不被补炉料堵死,再将转炉摇至小面 90°。

3）补炉料塌实 30min 后,用煤氧枪进行烧结,投料量 1t 保证烧结时间≥20min,投料量 2t 保证烧结时间≥30min。

4）兑铁前先将转炉摇至大面-120°~-150°进行控油,待无油后再进行兑铁操作。

5）兑铁冶炼前先兑入 5~10t 铁水,再次烧结 1min 以上,待液面平静后,再兑入剩余铁水。

（4）喷补:

1）喷补枪放置在炉口附近,调节水料配比,以喷到炉口不流水为宜,调料时避免水喷入炉内。

2）调节好料流后立即将喷补枪放置到喷补位。

3）喷补时上下摆动喷头,使喷补部位平滑,无明显台阶。

4）喷补最大厚度不超过 50mm。

5）喷补完后保证烧结时间 5~10min。

5.2.5.3 转炉砌炉操作

（1）砌炉质量要求。首先炉衬砖本身的质量必须符合标准规定;然后严格按照技术操作程序砌筑,达到整体质量标准要求。

1）工作层要采用综合砌炉。

2）砌筑时必须遵循"靠紧、背实、填严"的原则,砖与砖尽量靠紧,砖缝要小于等于 1mm,上下的缝隙要小于等于 2mm,但必须预留一定的膨胀缝;缝与间隙要用不定形耐火材料填实、捣紧;绝热层与永久层之间、永久层与工作层之间要靠实,并用镁砂填严。

3）炉底的砌筑一定要保证其水平度。

4）砌砖合门位置要选择得当,合门砖应使用调整砖或切削加工砖,并要顶紧;砖缝要层层错开,各段错台要均匀。

5）工作层用干砌,出钢口可以用湿砌;出钢口应严格按技术规程安装、砌筑。

6）下修转炉的炉底与炉身接缝要严密,以防漏钢。

（2）转炉砌炉操作。

1）修砌前的准备:

①砌炉用各种耐火材料,必须进行质量检验。

②砌炉用各种设备、工具、炉底车等正常好用，烟道、炉壳内、外黏钢、渣等外出危及安全的残留物必须排除。

③检查各种吊具、架板安全可靠，吊砖时必须平衡。

④按照转炉修砌用砖顺序，在运行车准备好砖料。

⑤提前备好修砌炉用填充料。

⑥炉内操作人员禁止吸烟动火，上炉底由一人统一指挥。

2）转炉的修砌：

①炉底放平，清除内部残渣，用卤水镁砂粉铺平、捣实、找平、砌永久层镁砖，如需要可采用镁火泥湿砌，待自然干燥后，再立砌工作层。

②将炉壳摇至零位，检查烟道内无残钢、渣，氧枪提出氧枪口，并侧移；切断转炉倾动电源，开进修炉车，固定牢，准备修砌熔池、炉身和炉帽。

③熔池、炉身部位永久层用镁砖砌筑，炉帽永久层采用隔热板，不平处可以用镁砂泥抹平，砖缝要错开，内壁要求平整，每层收口处要敲紧；自然干燥后砌工作层。

④炉内托板铺镁砂粉找平，然后砌炉底周围砖，并将砖嵌实，背后缝越小越好。

⑤炉身砌筑时，每层可用调整砖找齐位置，背缝用砌炉镁砂料填实，平缝找平。

⑥砌出钢口时，要求出钢口砖两侧卡紧、砌严，用卤水镁砂泥填实。利用导链将出钢口砖砌好、校正、固定好挡板。

⑦炉帽修砌时，用调整砖调整好位置，最后炉口湿砌，砌紧并抹平。

⑧各层砖砌筑时，要求做到砌紧、塞严，立缝、平缝小于2mm。

3）上炉底操作：

①检查炉体衬砖有无异常，校正炉底车与炉体成水平位置，将炉底吊放到炉底车上，保证炉底中心线与炉壳中心线对齐，试验油压及升降速度。

②上升平台，将炉底顶入炉内，保证炉底工作层与炉底周围镁炭砖接缝大于80mm。

③炉底顶到位后，确认密封圈对正，然后打紧炉底销子，将炉底牢固固定在炉身上。

④砌筑人员从炉口进入炉内，将炉底接缝用的镁质捣打料捣实。

4）拆炉机使用要求：

①拆炉前，先检查拆炉机启动是否正常，是否达到工作状态要求。

②查拆炉机系统正常。

5）拆炉操作：

①停炉后将转炉各部分残渣、残钢清理干净，洗炉、打水。

②拆炉时根据炉衬侵蚀情况，应从炉衬薄的地方开始拆。

③拆下的残砖要及时清理干净。

④拆炉人员在炉体上部有残衬时严禁进入炉体内部操作。

任务 5.3 炉 衬 寿 命

5.3.1 炉衬损坏的原因

在高温恶劣条件下工作的炉衬，损坏的原因是多方面的，主要原因有以下几个方面：

（1）机械磨损。加废钢和兑铁水时对炉衬的激烈冲撞及钢液、炉渣强烈搅拌时造成的机械磨损。

（2）化学侵蚀。渣中的酸性氧化物及（FeO）对炉衬的化学侵蚀作用，炉衬氧化脱碳，结合剂消失，炉渣浸入砖中。

（3）结构剥落。炉渣浸入砖内与原砖层反应，形成变质层，强度下降。

（4）热剥落。温度急剧变化或局部过热产生的应力引起砖体崩裂和剥落。

（5）机械冲刷、钢液、炉渣、炉气在运动过程中对炉衬的机械冲刷作用。

在吹炼过程中，炉衬的损坏是由上述各种原因综合作用引起的，各种作用相互联系，机械冲刷把炉衬表面上的低熔点化合物冲刷掉，因而加速了炉渣对炉衬的化学侵蚀，而低熔点化合物的生成又为机械冲刷提供了易冲刷掉的低熔点化合物，又如高温作用，既加速了化学侵蚀，又降低了炉衬在高温作用下承受外力作用的能力，而炉内温度的急剧变化造成的热应力又容易使炉衬产生裂纹，从而加速炉衬的熔损与剥落。

5.3.2 炉衬砖的蚀损机理

据对镁炭砖残砖的观察，其工作表面比较光滑，但存在着明显的三层结构。工作表面有 1~3mm 很薄的熔渣渗透层，也称反应层；与反应层相邻的是脱碳层，厚度为 0.2~2mm，也称变质层；与变质层相邻的是原砖层。其各层化学成分与岩相组织各异。

镁炭砖工作表面的碳首先受到氧化性熔渣 FeO 等氧化物、供入的 O_2、炉气中 CO_2 等氧化性气氛的氧化作用，以及高温下 MgO 的还原作用，使镁炭砖工作表面形成脱碳层。其反应式如下：

$$(FeO) + C \longrightarrow \{CO\} + Fe$$
$$CO_2 + C \longrightarrow 2\{CO\}$$
$$MgO + C \longrightarrow Mg + \{CO\}$$

砖体的工作表面由于碳的氧化脱除，砖体组织结构松动脆化，在炉液的流动冲刷下流失而被蚀损；同时，由于碳的脱除形成孔隙，或者镁砂颗粒产生微细裂纹，使熔渣从孔隙和裂纹的缝隙渗入，并与 MgO 反应生成低熔点 CMS（CaO·MgO·SiO_2）、C_3MS_2（3CaO·MgO·2SiO_2）、CaO·Fe_2O_3、FeO 及 MgO·Fe_2O_3 固溶体等矿物。起初这些液相矿物比较黏稠，暂时留在方镁石晶粒的表面，或砖体毛细管的入口处。随着反应的继续进行，低熔点化合物不断地增多，液态胶结相黏度逐渐降低，直至不能黏结方镁石晶粒和晶粒聚合体时，引起方镁石晶粒的消融和镁砂颗粒的解体。因而方镁石晶粒分离浮游而进入熔渣，砖体熔损也逐渐变大。熔渣渗透层（也称变质层）流失后，脱碳层继而又成为熔渣渗透层，在原砖层又形成了新的脱碳层。基于上述的共同作用砖体被熔损。

镁炭砖通过氧化—脱碳—冲蚀，最终镁砂颗粒漂移流失于熔渣之中，镁炭砖就是这样被蚕食损坏的。可见提高镁炭砖的使用寿命，关键是提高砖制品的抗氧化性能。

研究认为，镁炭砖出钢口是由于气相氧化—组织结构恶化—磨损侵蚀被蚀损的。

转炉底部镁炭质供气砖的损毁机理除了上述的脱碳—再反应—渣蚀的损毁外，还受到高速钢水的冲刷、熔渣侵蚀、频繁急冷急热的作用以及同时吹入气体的磨损作用等。

5.3.3　提高炉衬寿命的措施

通过对炉衬寿命影响因素的分析来看，若提高炉龄应从改进炉衬材质、优化炼钢工艺、加强对炉衬的维护等方面着手。

（1）提高衬砖质量：

1）提高衬砖中的 MgO 含量。镁砂中 MgO 含量越高，杂质越少，可以降低方镁石晶体被杂质分割的程度，能够阻止熔渣对镁砂的渗透熔损。只有使用体积密度高、气孔率低、方镁石晶粒大、晶粒发育良好、高纯度的优质电熔镁砂，才能生产出高质量的镁炭砖。

2）提高衬砖的碳含量。固定碳在衬砖中起骨架的作用，研究表明，随着固定碳含量的增加，炉渣对砖的侵蚀深度减小。固定碳一般为 14% ~ 16%，最高时可达 18% 以上，使其抗渣侵蚀性能大为提高。

3）提高衬砖的体积密度。制砖工艺的原则是，在确保体积密度大于 $29kg/m^3$ 的前提下，尽可能提高其固定碳含量。

4）保证衬砖的尺寸精度。对砖的外形尺寸也有严格的要求。

（2）提高砌炉质量。采用综合砌炉，做到"砌平、背紧、靠实"。对于某些特殊部位如果用砖不能找平，必须用镁质捣打料填平捣实，最好设计异型砖砌筑。

（3）优化炼钢操作工艺。采用铁水预处理→转炉冶炼→炉外精炼→连续铸钢的现代化炼钢模式生产钢坯。这样，进入转炉的是精料；炉外钢水精炼又可以承担传统转炉炼钢的部分任务；实现少渣操作工艺后，转炉只是进行脱碳升温，不仅可缩短冶炼周期，更重要的是减轻了酸性高氧化性炉渣对炉衬的侵蚀。

转炉实现过程自动控制，提高终点控制命中率的精度，也可以减轻对炉衬的蚀损。转炉应用复吹技术和活性石灰，不仅加快成渣速度，缩短冶炼时间，还降低渣中 $w(TFe)$ 含量，从而也减轻对炉衬的蚀损量。

（4）加强炉体维护。

1）转炉炉衬维护方法。溅渣护炉是日常生产中维护炉衬的主要手段，此外还要根据炉衬砖蚀损的部位和蚀损程度确定其他维护方法。

炉底的维护以补炉为主，根据激光测量仪测定的残砖厚度，确定补炉料的加入数量及烘烤时间，补炉料为镁质冷补炉料或补炉砖。

炉身的装料侧可采用喷补与补炉料补炉相结合维护；耳轴及渣线部位只能采用喷补维护；出钢口根据损坏情况整体更换或用补炉料进行垫补。炉帽部位在正常溅渣条件下可不喷补，需要时可采用喷补维护。

若炉衬的碳含量过高，溅渣结合困难，可采用先喷补一层后再进行溅渣，这样可以得到理想的溅渣层。喷补层是不含碳的耐火材料，溅渣时和炉渣的润湿性好，溅渣的附着率高，有利于提高溅渣层的厚度及结合强度。

喷补或溅渣一般是当炉衬侵蚀掉一半左右（或是内衬减至 200~400m 时）开始进行，衬砖较厚时做预防性喷补是不经济的。当砖衬厚度减薄时，其损毁速度也减慢。有些工厂转炉的出钢侧、装料侧或是炉底侵蚀严重，这时可用镁炭砖残砖进行垫补（黏砖）。垫补的过程大致如下：①在出钢时观察炉渣状况；②将 1/3~1/2 的炉渣倒掉；③向炉内加入 1~3t 镁炭砖残砖；④转动炉体，使炉渣和镁炭砖成分均匀；⑤在垫补位置上冷却、凝固 2~3h，之后可以正常冶炼。

2）转炉炉衬喷补技术。炉衬有局部损坏又不宜用补炉料修补时，如耳轴部位损坏，可采用喷补技术。对局部蚀损严重的部位可集中喷射耐火材料，使其与炉衬砖烧结为一体，对炉衬进行修复。喷补方法有干法喷补、半干法喷补和火焰喷补等，目前多用半干法喷补方式。

①湿法喷补。以镁砂为主料配制的喷补料，装入喷补罐内，添水搅拌混合后，再喷射到指定部位，喷补层厚度可以达到 20~30mm。这种方法灵活方便，喷补一次可以维持 3 炉冶炼。

②半干法喷补。它与湿法喷补的区别在于，喷补料到喷管喷嘴的端部才与水混合，使半湿的喷补料喷射到炉衬待喷补部位。这种方法的喷补层也可以达到 20~30m 厚，并具有耐蚀损的优点，采用者较多。

③火焰喷补。火焰喷补是火法喷补的一种，从实质上讲火法喷补才是真正的干法喷补。其原理是将喷补料送入水冷的喷枪内与燃料、氧气混合燃烧，喷补料处在喷嘴的火焰中立即呈热塑状态或熔融状态，喷射到炉衬的蚀损面上，马上与炉衬烧结在一起。火焰喷补层耐蚀能力很强，一般用于炉衬渣线和炉帽部位的喷补。

动画-
溅渣护炉

3）黏渣挂炉。采用白云石或高氧化镁石灰或菱镁矿造渣，使熔渣中（MgO）含量达到过饱和，并遵循"初期渣早化，过程渣化透，终点渣做黏"的造渣原则。可以减轻初期渣对炉衬侵蚀；出钢过程由于温度降低，方镁石晶体析出，终渣变稠，出钢后通过摇炉，使黏稠熔渣能够附挂在炉衬表面，形成熔渣保护层，从而延长炉衬使用寿命。

微课-溅渣
护炉原理

任务5.4　溅 渣 护 炉

20 世纪 90 年代，美国 LTV 铁公司印第安纳港厂成功开发出转炉溅渣护炉技术。我国引进该技术后，转炉炉龄的最高寿命达到 30000 次以上。溅渣护炉工艺的成功开发是 90 年代转炉护炉工艺的重大突破，它的采用降低了生产成本、加快了冶炼节奏。

课件-溅渣
护炉原理

溅渣护炉是维护炉衬的主要手段。其基本原理是，吹炼终点钢水出净后，留部分（MgO）含量达到饱和或过饱和的终点熔渣，通过喷枪在熔池理论液面以上约 0.8~2.0m 处吹入高压氮气（0.8~0.9MPa），用高速氮气射流把熔渣溅起来，在炉衬表画形成一层高熔点的测渣层，并与炉衬很好地黏结，达到对炉衬的保护和提高炉龄的目的。通过喷枪上下移动可以调整溅渣的部位，溅渣时间一般在 3~4min。

5.4.1 溅渣护炉机理

5.4.1.1 溅渣层的分熔现象

炉渣的分熔现象（也叫选择性熔化或异相分流），是指附着于炉衬表面的溅渣层，其矿物组成不均匀，当温度升高时，溅渣层中低熔点物首先熔化，与高熔点相分离，并缓慢地从溅渣层流淌下来；而残留于炉衬表面的溅渣层为高熔点矿物，提高了溅渣层的耐高温性能。在溅渣层的形成过程中，经过多次"溅渣—熔化—溅渣"的循环和反复使溅渣层表面一些低熔点氧化物发生"分熔"现象，使溅渣层 MgO 结晶和 C_2S（$2CaO \cdot SiO_2$）等高熔点矿物逐渐富集，从而提高溅渣层的抗高温性能，使炉衬得到保护。

5.4.1.2 溅渣层的形成与矿物组成

溅渣层是熔渣与炉衬砖间在较长时间内发生化学反应逐渐形成的，即经过多次的溅渣—熔化—溅渣的往复循环，由于溅渣层表面的分熔现象，低熔点矿物被下一炉次高温熔渣熔化而流失，从而形成高熔点矿物富集的溅渣层。转炉溅渣层的形成机理可概括为：

（1）炉衬表面镁炭砖中碳被氧化形成表面脱碳层。

（2）溅射的炉渣向表面脱碳层内渗透扩散，充填于镁炭砖脱碳产生的气孔内，或与周围 MgO 颗粒烧结，或以镶嵌固溶的方式形成较致密的高 MgO 烧结层。

（3）在烧结层外冷凝沉积的溅渣层经过反复分熔，逐渐形成以高熔点氧化物为主相的致密结合层。

（4）在结合层外继续沉积的炉渣，其成分接近转炉终渣，熔点也与转炉终渣相近，在冶炼中不断地被熔蚀掉，又经过溅渣不断地被重新喷溅和冷凝在结合层表面上。

终点渣 $w(TFe)$ 的控制对溅渣层矿物组成有明显的影响。采用高铁渣溅渣工艺时，终点渣 $w(TFe)>15\%$，由于渣中 $w(TFe)$ 高，溶解了炉衬砖上大颗粒 MgO，使之脱离炉衬砖体进入溅渣层。此时溅渣层的矿物组成以 MgO 结晶为主相，约占 50%~60%；其次是镁铁矿物 $MF(MgO \cdot Fe_2O_3)$，为胶合相，约占 25%；有少量的 C_2S、$C_3S(3CaO \cdot SiO_2)$ 和 $C_2F(2CaO \cdot Fe_2O_3)$ 等矿物均匀地分布于基体中，或填充于大颗粒 MgO 或 MF 晶团之间，因而，溅渣层 MgO 结晶含量远远大于终点熔渣成分；随着终渣 $w(TFe)$ 的增加，溅渣层中 MgO 相的数量将会减少，而 MF 相数量将会增加，导致渣层熔化温度降低，不利于炉衬的维护。因此，要求终点渣的 $w(TFe)$ 应控制在 18%~22% 为宜。若采用低铁渣溅渣工艺，终点渣 $w(TFe)<12\%$，

溅渣层的主要矿物组成是以 C_2S 和 C_3S 为主相，约占 65%～75%；其次是少量的小颗粒 MgO 结晶，C_2F、$C_3F(3CaO \cdot Fe_2O_3)$ 为结合相生长于 C_2S 和 C_3S 之间；仅有微量的 MF 存在。与终点渣相比，溅渣层的碱度有所提高，而低熔点矿物成分有所降低。

5.4.1.3　溅渣层与炉衬砖黏结机理

在溅渣初期，低熔点流动性强的富铁炉渣首先溅射到炉衬表面，渣中 FeO_n 和 C_2F 沿砖表面显微气孔和裂纹向镁炭砖表面脱碳层内扩散渗透，并与周围 MgO 颗粒烧结固溶在一起，形成以 MgO 结晶为主相，以 MF 为胶合相的烧结层。部分 C_2S 和 C_3S 也沿残砖表面气孔和裂纹流入砖内冷凝与 MgO 颗粒镶嵌在一起。

随着继续溅渣，颗粒状高熔点化合物（C_2S、C_3S 和 MgO 结晶）被气流溅到粗糙的炉衬表面，并在高速气流的冲击下镶嵌在炉衬表面的间隙内形成以镶嵌为主的机械结合。同时，富铁的低熔点炉渣包裹在耐火砖突出的 MgO 结晶颗粒或已经脱离的 MgO 结晶颗粒周围，形成以烧结为主的化学结合层。

随着进一步溅渣，大颗粒 C_2S、C_3S 和 MgO 颗粒溅到结合层表面与渣中 C_2F 和 RO 相结合冷凝后形成炉衬表面溅渣层。

溅渣层与炉衬的结合机理如图 5-2 所示。

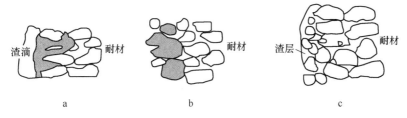

渣滴　　　　　　耐材　　　　　　　　　耐材　　　　　渣层　　　　　耐材

　　　a　　　　　　　　　　　b　　　　　　　　　　　c

图 5-2　溅渣层的黏结机理

a—烧结层；b—机械镶嵌化学结合层；c—冷凝溅渣层

图 5-2a 所示为烧结层。其黏结机理为溅渣过程的扬析作用，低熔点液态 C_2F 炉渣首先被喷溅在粗糙的镁炭砖表面，沿着 C 烧损后形成的孔隙向耐火材料基体内扩散，与周围高温 MgO 晶粒发生烧结反应形成烧结层。

图 5-2b 所示为机械镶嵌化学结合层。其黏结机理为气体携带的颗粒状高熔点 C_2S 和 MgO 结晶渣粒冲击在粗糙的耐火材料表面，并被镶嵌在渣砖表面上，进而与 C_2F 渣滴反应，烧结在炉衬表面上。

图 5-2c 所示为冷凝溅渣层。其黏结机理为以低熔点 C_2F 和 MgO 砖烧结层为纽带，以机械镶嵌的高熔点 C_2S 和 MgO 渣粒为骨架形成一定强度的渣-砖结合表面。在此表面上继续溅渣，沉积冷却形成以 RO 相为结合相，以 C_2S、C_3S 和 MgO 相颗粒为骨架的溅渣层。

5.4.1.4　溅渣层保护炉衬的机理

溅渣层对炉衬的保护作用有以下四个方面：

（1）对镁炭砖表面脱碳层的固化作用。吹炼过程中镁炭砖表面层碳被氧化，使

MgO 颗粒失去结合能力，在熔渣和钢液的冲刷下大颗粒 MgO 松动→脱落→流失，炉衬被蚀损。溅渣后，熔渣渗入并充填衬砖表面脱碳层的孔隙内，或与周围的 MgO 颗粒反应，或以镶嵌固溶的方式形成致密的烧结层。由于烧结层的作用，衬砖表面大颗粒的镁砂不再会松动→脱落→流失，从而防止了炉衬砖的进一步被蚀损。

（2）减轻了熔渣对衬砖表面的直接冲刷蚀损。溅渣后在炉衬砖表面形成了以 MgO 结晶，或以 C_2S 和 C_3S 为主体的致密烧结层，这些矿物的熔点明显高于转炉终点渣，在吹炼后期高温条件下不易软熔，也不易剥落，因而可有效抵抗高温熔渣的冲刷，大大减轻对镁炭砖炉衬表面的侵蚀。

（3）抑制了镁炭砖表面的氧化，防止炉衬砖受到严重的蚀损。溅渣后在炉衬砖表面形成的烧结层和结合层，质地均比炉衬砖脱碳层致密，且熔点高，这就有效地抑制了高温氧化渣、氧化性炉气向砖体内的渗透与扩散，防止镁炭砖基体内部的碳被进一步氧化，从而起到保护炉衬的作用。

（4）新溅渣层有效地保护了炉衬-溅渣层的结合界面。新溅渣层在每炉的吹炼过程中都会不同程度地被熔损，但在下一炉溅渣时又会重新修补起来，如此往复循环运行，其形成的溅渣层可对炉衬起到保护作用。

5.4.1.5　溅渣层的蚀损机理

溅渣层的蚀损包括三种形式：炉渣和钢水对溅渣层的机械冲刷，溅渣层的高温熔化脱落，熔渣对溅渣层的化学侵蚀。

在开吹 3~5min 的冶炼初期，熔池温度较低（1450~1500℃），碱度值低（$R \leqslant 2$），若 $w(MgO)$ 为 6%~7%，接近或达到饱和值时，熔渣主要矿物组成几乎全部为硅酸盐，即镁硅石 C_3MS_2（$3CaO \cdot MgO \cdot 2SiO_2$）和橄榄石 CMS（$CaO \cdot [Mg \cdot Fe \cdot Mn]O \cdot SiO_2$）等，有时还存在少量的铁浮氏体。溅渣层的碱度高（约 3.5），主要矿物为硅酸盐 C_3S，熔化温度较高，因此初期熔渣对溅渣层不会有明显的化学侵蚀。

吹炼终点的熔渣碱度值一般在 3.0~4.0，渣中 $w(TFe)$ 为 13%~25%，$w(MgO)$ 波动较大，多数控制在 10% 左右，已超过饱和溶解度，其主要矿物组成是粗大的板条状的 C_3S 和少量点球状或针状 C_2S，结合相为 C_2F 和 RO 等，约占总量的 15%~40%；MgO 结晶包裹于 C_2S 晶体中，或游离于 C_2F 结合相中。吹炼后期，溅渣层被蚀损主要是由于高温熔化和高 FeO_n 熔渣的化学侵蚀。因此，控制好终点熔渣成分和出钢温度才能充分发挥溅渣层保护炉衬的作用，这也是提高炉龄的关键所在。

终点渣碱度控制在 3.5 左右，$w(MgO)$ 达到或稍高于饱和溶解度值，降低 $w(TFe)$，这样可以使 CaO 和 SiO_2 富集于方镁石晶体之间，并生成 C_2S 和 C_3S 高温固相，从而减少晶界间低熔点相的数量，提高溅渣层的结合强度和抗侵蚀能力。但过高的（MgO）也没必要，应严格控制出钢温度不要过高。

5.4.2　溅渣护炉工艺

5.4.2.1　熔渣成分的调整

转炉采用溅渣护炉技术后，吹炼过程更要注意调整熔渣成分，要做到"初期渣早化，过程渣化透，终点渣做黏"；出钢后熔渣能 "溅得起，黏得住，耐侵蚀"。为此应控制合理的 $w(MgO)$，使终点渣适合于溅渣护炉的要求。

终点渣的成分决定了熔渣的耐火度和黏度。影响终点渣耐火度的主要组成是 MgO、TFe 和碱度 $w(CaO)/w(SiO_2)$；其中 $w(TFe)$ 波动较大，一般在 10% ~ 30% 范围内。为了溅渣层有足够的耐火度，主要应调整熔渣的 $w(MgO)$。表 5-4 为终点渣 $w(MgO)$ 推荐值。

表 5-4　终点渣 $w(MgO)$ 推荐值

终渣 $w(TFe)$/%	8 ~ 11	15 ~ 22	23 ~ 30
终渣 $w(MgO)$/%	7 ~ 8	9 ~ 10	11 ~ 13

根据理论分析与国外溅渣护炉实践来看，在正常情况下，转炉终点渣 $w(MgO)$ 应控制在表 5-4 所示的范围内，以使溅渣层有足够的耐火度。

溅渣护炉对终点渣 $w(TFe)$ 并无特殊要求，只要把溅渣前熔渣中 $w(MgO)$ 调整到合适的范围，$w(TFe)$ 无论高低都可以取得溅渣护炉的效果。如果终点渣 $w(TFe)$ 较低，渣中 C_2F 量少，RO 相的熔化温度就高。在保证足够耐火度情况下，渣中 $w(MgO)$ 可以降低些。终点渣 $w(TFe)$ 低的转炉溅渣护炉的成本低，也容易获得高炉龄。

调整熔渣成分有两种方式：一种是转炉开吹时将调渣剂随同造渣材料一起加入炉内，控制终点渣成分，尤其是 $w(MgO)$ 达到目标要求，出钢后不必再加调渣剂；倘若终点熔渣成分达不到溅渣护炉要求，则采用另一种方式，出钢后加入调渣剂，调整 $w(MgO)$ 含量达到溅渣护炉要求的范围。

常用的调渣剂有轻烧白云石、生白云石、轻烧菱镁球、冶金镁砂、菱镁矿渣和高氧化镁石灰等。调渣剂的作用主要是提高渣中 MgO 含量，选择调渣剂时，应首先考虑 MgO 的含量多少。综合考虑提出 MgO 质量分数的概念，用以比较调渣剂中 MgO 含量的高低。MgO 质量分数（%）的定义如下：

$$MgO 质量分数 = w(MgO)/[1 - w(CaO) + B \times w(SiO_2)] \qquad (5-1)$$

式中　　$w(MgO)$，$w(CaO)$，$w(SiO_2)$——分别为调渣剂的 MgO、CaO、SiO_2 实际含量；

B ——炉渣碱度，可取 $B = 3.5$。

根据 MgO 含量选择调渣剂，应以冶金镁砂、轻烧菱镁球、轻烧白云石和含镁石灰为宜（MgO 质量分数不小于 50%）。显然，从成本考虑时，调渣剂应选择价格便宜的；从以上这些材料对比来看，生白云石成本最低；轻烧白云石和菱镁矿渣粒价格比较适中；高氧化镁石灰、冶金镁砂、轻烧菱镁球的价格偏高。

5.4.2.2　合适的留渣量

合适的留渣数量就是指确保炉衬内表面形成足够厚度溅渣层，并能在溅渣后对装料侧和出钢侧进行摇炉挂渣。形成溅渣层的渣量可根据炉衬内表面积、溅渣层厚度和炉渣密度计算得出。溅渣护炉所需实际渣量可按溅渣理论渣量的 1.1 ~ 1.3 倍进行估算。炉渣密度可取 $3.5t/m^3$，公称吨位在 200t 以上的大型转炉，溅渣层厚度可取 25~30mm；公称吨位在 100t 以下的小型转炉，溅渣层的厚度可取 15~20mm。留渣量计算公式为：

$$Q_s = KABC \tag{5-2}$$

式中　　Q_s——留渣量，t/炉；

　　　　K——渣层厚度，m；

　　　　A——炉衬的内表面积，m^2；

　　　　B——炉渣密度，t/m^3；

　　　　C——系数，一般取 1.1~1.3。

不同公称吨位转炉的溅渣层重量见表 5-5。

根据国内溅渣的生产实践，合理的留渣量也可根据转炉的具体容量按式（5-3）计算：

$$Q_s = 0.301 W^n \quad (n = 0.583 \sim 0.650) \tag{5-3}$$

式中　　Q_s——转炉留渣量，t/炉；

　　　　W——转炉公称吨位，t。

表 5-5　不同吨位转炉溅渣层重量　　　　　　　　　　（t）

转炉吨位/t	溅渣层厚度/mm				
	10	15	20	25	30
40	1.8	2.7	3.6		
80		4.41	5.98		
140		8.08	10.78	13.48	
250			13.11	16.39	19.7
300			17.12	21.4	25.7

5.4.2.3　溅渣工艺

A　直接溅渣工艺

即以炼钢过程中调整炉渣为主，出钢后基本不再调渣，直接进行溅渣操作。直接溅渣工艺适用大型转炉，要求铁水等原材料条件比较稳定，吹炼平稳，终点控制准确，出钢温度较低。其操作程序是：

（1）吹炼开始在加入第一批造渣材料的同时，加入大部分所需的调渣剂；控制初期渣 $w(MgO)$ 在 8% 左右，可以降低炉渣熔点，并促进初期渣早化。

（2）在炉渣"返干期"之后，根据化渣情况，再分批加入剩余的调渣剂，以确保终点渣 $w(MgO)$ 达到目标值。

（3）出钢时，通过炉口观察炉内熔渣情况，确定是否需要补加少量的调渣剂；在终点碳、温度控制准确的情况下，一般不需再补加调渣剂。

（4）根据炉衬实际蚀损情况进行溅渣操作。并确定是否需要对炉衬上的特殊部位进行喷补，以保证溅渣护炉的效果和控制良好炉型。

微课-溅渣
护炉工艺
参数

课件-溅渣
护炉工艺
参数

B　出钢后调渣工艺

即在炼钢结束后，根据炉渣状况适当加入少量调渣剂用以降低炉渣过热度，提高炉渣黏度，然后进行溅渣。出钢后调渣工艺适用于中小型转炉。出钢后的调渣操作程序如下：

（1）终点渣 $w(MgO)$ 控制在 8%~10%。

（2）出钢时，根据出钢温度和炉渣状况，决定调渣剂加入的数量，进行炉后调渣。

（3）调渣后进行溅渣操作。

出钢后调渣的目的是使熔渣 MgO 含量达到饱和值，提高其熔化温度，同时由于加入调渣冷料吸热，从而降低熔渣的过热度，提高黏度，以达到溅渣的要求。

若单纯调整终点渣 $w(MgO)$，加调渣剂只调整 $w(MgO)$ 达到过饱和值，同时吸热降温稠化熔渣，达到溅渣要求；如果同时调整终点渣 $w(MgO)$ 和 $w(TFe)$，除了加入适量的含氧化镁调渣剂外，还要加一定数量的含碳材料，以降低渣中 $w(TFe)$，也利于 $w(MgO)$ 达到饱和。

5.4.2.4　溅渣工艺参数

（1）氮气压力与流量。一般来说，当氮气压力和流量与氧气工作压力和流量相接近时，可取得较好溅渣效果。如宝钢 300 转炉溅渣氮气压力为 0.6~0.9MPa，流量为 48000~53000m³/h。一般被溅起炉渣高度能达到炉口至烟罩下半部即可。若氮气流量过大，被溅起炉渣穿过烟罩进入倾斜的烟道内并且黏结在烟道壁上，易损坏烟道。若氮气流量过小，则达不到溅渣护炉的目的。

（2）枪位。当需要有更高的溅渣高度，同时减小炉底上涨趋势，则可采用低枪位操作，反之采用高枪位。一般来说，枪位可在 1~2.5m 之间变化。在生产中常采用变枪位操作，溅渣开始时，枪位较高，随着渣量、渣温度降低，可适当降低枪位，如图 5-3 所示。

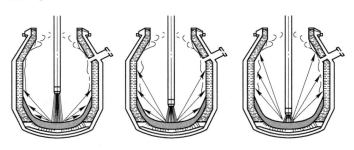

图 5-3　不同枪位下的溅渣部位

（3）溅渣时间。溅渣时间一般为 2.5~4min。溅渣时间过短，炉渣没有得到充分的冷却和混匀，炉渣条件比较差，即使溅到炉壁上，也不能很好地挂上，起不到护炉的作用。在渣况正常的条件下，溅渣时间越长，炉衬挂渣越多，但也易造成炉底上涨和黏枪。

（4）溅渣频率，即为合理溅渣的间隔炉数，可以概括为"前期不溅、中期两炉一溅、中后期炉炉溅"。一般应在炉役的前期就开始溅渣，可以两炉一溅，在炉衬厚度为 400mm 左右时应保持炉炉溅渣，力争炉衬厚度保持在 300~400mm 之间，形成动态平衡，有利于形成永久炉衬。

（5）喷枪及喷枪夹角。我国多数炼钢厂溅渣与吹炼使用同一支喷枪操作（最好采用溅渣专用喷枪）。溅渣用喷枪的出口马赫数应稍高一些。不同马赫数时氮气出口速度与动量见表 5-6。

表 5-6　不同马赫数氮气出口速度与动量

马赫数 Ma	滞止压力/MPa	氮气出口速度/m·s^{-1}	氮气出口动量/kg·m·s^{-1}
1.8	0.583	485.6	606.4
2.0	0.793	515.7	644.7
2.2	1.084	542.5	678.1
2.4	1.488	564.3	705.4

从总体来看，喷孔均匀分布的溅渣效果要比喷孔不均匀分布的要好。冷态模拟试验结果及许多厂家的经验表明，采用 12° 夹角比较理想，其溅渣效果明显好于 14.5° 的顶枪。在最佳的顶吹气体流量、留渣量、顶枪枪位条件下，前者溅渣密度（g/（m² · s））可比后者提高 60% 以上。

必须注意的是：氮气压力低于规定值，或炉内有未出净的剩余钢液时不得溅渣。

武钢二炼钢溅渣喷吹工艺操作参数为：（1）初始枪位 2.0m，过程枪位 0.8~1.2m；（2）供氮压力与氧压相同，0.85~0.90MPa；（3）溅渣时间（3±0.5）min。溅渣的典型枪位控制如图 5-4 所示，枪位曲线可按三段式操作。

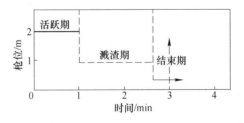

图 5-4　溅渣护炉喷吹枪位的变化

（1）喷吹初始阶段为炉渣活跃期。此时炉渣流动性较好，黏度较低。炉渣起溅需与氮气有一个混匀的过程。在 45s~1min 后，氮气将炉渣充分击碎并混合，炉渣开始起，在炉口可观察到飞溅的小渣滴。

（2）1~2.5min 为溅渣期。这时炉渣由于氮气的喷射温度、流动性下降，黏度提高；溅射到炉壁上的炉渣易于与炉壁黏结在一起，渣滴开始大量从炉口喷出，这时可通过进一步调整枪位，达到溅渣的最佳状态。

（3）2.5min 以后为结束期。这时由于炉内熔渣量减少温度降低，从炉口溅出的渣滴开始减少，渣进入结束期；这时可进一步调整、降低枪位，力求把留在炉内的熔渣最大限度地溅射到炉壁上去。

5.4.2.5 复吹转炉溅渣工艺

在复吹转炉溅渣过程中，由于底吹射流的介入，熔渣的搅动增强，底吹气体射流涌起熔渣高度与底吹气体射流搅拌能有关。顶枪枪位与顶吹、底吹气体流量之间应有良好的配合，使渣滴有一个合适的飞溅高度。

复吹转炉溅渣工艺要点：

(1) 调整好溅渣的熔渣成分。渣中$w(TFe)$过高，容易与底部供氧元件中的不锈钢管发生脱铬反应，损坏钢管；同时还容易与包裹在不锈钢管周围的镁炭砖发生脱碳反应，会加速底部供气元件的蚀损，所以要控制合适的$w(TFe)$。

(2) 选择合理的溅渣参数。溅渣过程要确定喷枪喷吹的最佳位置和底部供气流量，可以使底吹气体上升涌起的熔渣喷溅到耳轴部位。

(3) 控制炉底覆盖渣层厚度。溅渣过程随炉温下降容易在炉底供气元件上面形成有微细孔的透气覆盖渣层。要防止覆盖渣层过厚，同时底部应有足够供气强度，以避免供气元件堵塞；倘若溅渣时需加入镁质调渣剂，应先通入氮气随后再加入调渣剂，以免先加冷料裹住熔渣堆聚于炉底，影响底部供气。

(4) 掌握好溅渣时间。应根据炉温控制合适的溅渣时间。溅渣完成后，立即倒出剩余的熔渣，以免即将冷凝的熔渣堆积于炉底，引起炉底上涨。

(5) 疏通与维护好底部供气元件。

一般情况下，提高炉龄，耐火材料的单耗会相应降低，钢的成本随着降低，产量则随着增长，并有利于均衡组织生产。但是炉龄超过合理的限度之后，就要过多地依靠增加喷补次数、加入过量调渣剂稠化熔渣来维护炉衬，提高炉龄。这样会适得其反，不仅吨钢成本上升，由于护炉时间的增加，虽然炉龄有所提高，但会对钢产量产生影响。根据转炉炉龄与成本、钢产量之间的关系，材料综合消耗量最少、成本最低、产量最多，确保钢质量条件下确定的最佳炉龄就是经济炉龄。

经济炉龄不是固定的数值，而是随着条件变化相应变化，同时又是随着工艺管理的改进向前发展的。如图5-5所示，在目前复吹与长溅渣炉龄尚不能同步的前提下，选择图中D区域炉龄可使综合生产成本降至最低。

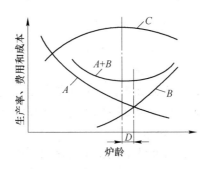

图5-5 生产率、成本与炉龄的关系

A—炉衬费用；B—喷补及无复吹合金消耗增加费用；

$A+B$—综合成本；C—炉子生产率；D—最佳炉龄

5.4.2.6　溅渣操作程序

普通转炉厂的溅渣护炉工艺操作程序如下：

(1) 转炉出钢时，炼钢工应密切注意炉内钢水状况及渣况，保证出净钢水，严禁炉内留有残钢（否则易引起溅渣黏枪及金属喷溅）；

(2) 转炉出钢过程中及结束后，炼钢工应观察炉渣的颜色及流动性，判断炉渣的温度、黏度等状况，决定是否加入调渣剂；

(3) 同时，炼钢工应观察炉衬的熔损状况（有条件的厂家可参考激光测距仪的扫描结果），决定是否对炉衬某些部位进行重点溅渣或喷补；

(4) 操作工将转炉摇至零位，如需调整渣况，则加入调渣剂；

(5) 操作工将氧枪降到预定的枪位，调节氮气流量（或压力）符合规程的要求；

(6) 操作工在溅渣的过程中，可适当改变枪位，以求得溅渣量的最大效果或固定某一枪位喷溅一个特定位置；

(7) 操作工观察溅渣炉况，如果在正常时间内炉口喷出小渣块，证明溅渣状况良好，可在规程规定的时间内结束溅渣；

(8) 溅渣即将结束前适当降低枪位，进一步提高溅渣量，结束溅渣，提枪，切断氮气；

(9) 在结束溅渣提枪的同时，观察氧枪是否黏枪；

(10) 在摇炉挂渣结束后，将剩余的炉渣倒入渣罐；

(11) 炼钢工观察炉衬，判断溅渣效果；

(12) 如果氧枪黏枪严重，应采取措施处理氧枪；

(13) 进行下一炉冶炼。

如果在复吹转炉上溅渣，应注意的问题如下：

(1) 注意在溅渣过程中的底吹气体流量的变化情况；

(2) 为保证底部供气元件的畅通，可在溅渣过程中适当提高底部供气强度；

(3) 在溅渣后，如果发现底部供气元件有堵塞现象，应立即采取复通措施。

5.4.2.7　复吹转炉底部供气元件的维护

A　"炉渣-金属蘑菇头"的形成与控制

为了实现底部供气元件的一次性寿命与炉龄同步，必须减小底部供气元件的熔蚀，进而使后期供气元件达到零侵蚀。武钢二炼钢厂研究开发出利用"炉渣-金属蘑菇头"保护底部供气元件的工艺技术，在整个炉役运行期间都能保证底部供气元件始终处于良好的通气状态，可以根据冶炼工艺要求在线调节底部供气强度。

a　"炉渣-金属蘑菇头"的快速形成

在炉役前期，由于底部供气元件不锈钢中的铬及耐火材料中的炭被氧化，底部供气元件的侵蚀速度很快，底部供气元件很快形成凹坑。武钢二炼钢厂通过黏渣涂敷使炉底挂渣，再结合溅渣工艺，能快速形成"炉渣-金属蘑菇头"，吹炼操作时，应化好过程渣，终点避免过氧化，使终渣化透并具有一定的黏度。终渣成分要求：

碱度 3.0~3.5，$w(MgO)$ 控制在 7%~9%，$w(TFe)$ 控制在 20% 以内。在倒炉测温、取样及出钢过程中，这种炉渣能较好地挂在炉壁上，再结合采用溅渣技术，可促进"炉渣-金属蘑菇头"的快速形成，因为：（1）溅渣时，炉内无过热金属，炉温低，有利于气流冷却形成"炉渣-金属蘑菇头"；（2）溅渣过程中顶吹 N_2 射流迅速冷却液态炉渣，降低了炉渣的过热度；（3）溅渣过程中大幅度提高底吹供气强度，有利于形成放射状气泡带发达的"炉渣-金属蘑菇头"。这种"炉渣-金属蘑菇头"具有较高的熔点，能抵抗侵蚀。

　　b　"炉渣-金属蘑菇头"的生长控制

　　采用溅渣工艺往往造成炉底上涨，容易堵塞底部供气元件，因此必须控制"炉渣-金属蘑菇头"的生长高度，并保证"炉渣-金属蘑菇头"的透气性，其技术关键是：控制"炉渣-金属蘑菇头"的生成结构，要具有发达的放射状气泡带；控制"炉渣-金属蘑菇头"的生长高度，其关键是控制炉底上涨高度，通常采用如下办法：

　　（1）控制终渣的黏度。终渣过黏，炉渣容易黏附在炉底，引起炉底上涨；终渣过稀，又必须调渣才能溅渣，这种炉渣容易沉积在炉底，也将引起炉底上涨。因此必须合理控制终渣黏度。

　　（2）终渣必须化透。终渣化不透，终渣中必然会掺有大颗粒未化透的炉渣，溅渣时 N_2 射流的冲击力不足以使这些未化透的炉渣溅起，这样，这种炉渣必然沉积在炉底，引起炉底上涨。

　　（3）调整溅渣频率。当炉底出现上涨趋势时，应及时调整溅渣频率，减缓炉底上涨的趋势。

　　（4）减少每次溅渣的时间。每次溅渣时，随着溅渣的进行，炉渣不断变黏，到了后期，溅渣时 N_2 的冲击力不足以使这些黏度变大的炉渣溅起，如果继续溅渣，这些炉渣将冷凝吸附在炉底，引起炉底上涨。

　　（5）及时倒掉剩余炉渣。

　　（6）调整冶炼钢种，尽可能冶炼超低碳钢种。

　　（7）采用顶吹氧洗炉工艺，当炉底上涨严重时，可采用该项技术，但要严格控制避免损伤底部供气元件。

　　（8）优化溅渣工艺，选择合适的枪位，提高 N_2 压力，均有利于控制炉底上涨。

　　c　"炉渣-金属蘑菇头"的供气强度控制

　　"炉渣-金属蘑菇头"通气能力的控制和调节是保证复吹转炉冶金效果的核心。要获得良好的复吹效果，必须保证从底部供气元件喷嘴出口流出的气体的压力大于熔池的静压力，这样才能使底部供气元件喷嘴出口流出的气体成为喷射气流状态。因此，在气包压力一定的情况下，控制"炉渣-金属蘑菇头"的生成结构与生长高度均有利于减少气流阻力损失，从而方便灵活地调节底吹供气强度，保证获得良好的复吹效果。另外，当"炉渣-金属蘑菇头"上覆盖渣层已有一定厚度时，底部供气元件的流量特性发生变化，此时除了采取措施降低炉底上涨高度以外，可提高底吹供气系统气包的压力，以提高从底部供气元件喷嘴出口流出气体的压力，从而保证其压力大于熔池的静压力，以获得良好的复吹效果。如提高底吹气包的压力，底吹供气强度仍然达不到要求，则说明底部供气元件的流量特性变坏，底部供气元件可能已部分堵塞，此时就必须采取复通技术。

B　底部供气元件的维护

为了保证底部供气正常，要做好底吹供气元件的维护工作。底吹供气系统常见故障如下：

（1）底吹元件侵蚀出现凹坑或漏钢。造成这种故障的原因可能是供气量过大，底吹供气元件耐火材料质量差或安装不当。当凹坑较浅时，可采用增加炉渣中（MgO）含量，使终渣黏稠，出钢后摇动炉体，使炉渣粘挂在炉衬上，起到填充凹坑和保护炉衬的作用。若凹坑侵蚀到一定深度或漏钢，则必须用耐火材料垫补炉底，并使补炉料厚度不超过 200mm；烧结补炉料时，底吹供气元件必须供入少量气体，以保证底吹元件气流畅通。

（2）供气元件堵塞。造成底吹元件堵塞的原因：一是由于炉底上涨严重后造成供气元件细管上部被熔渣堵塞；二是由于供气压力出现脉动使钢液被吸入细管；三是由于管道内异物或管道内壁锈蚀产生异物堵塞细管。

针对不同的堵塞原因，应采取不同方式及措施。为了防止炉底上涨导致复吹效果下降，应按相应的配套技术控制好炉型，使转炉零位控制在合适范围内。为了防止供气压力出现脉动，要在各供气环节保持供气压力与气量的稳定，气量的调节应遵循供气强度与炉役状况相适应的原则，调节气量时应防止出现瞬时较大起伏，同时也要保证气量自动调节设备及仪表的精度；为防止管内异物或管道内壁锈蚀产生的异物，应在砌筑过程中采取试气、防尘等措施，管道需定时更换，管道间焊接必须保证严密，要求采取特殊的连接件的焊接方式。

当底部供气元件出现堵塞迹象时，可以针对不同情况采取复通措施：

1）如炉底"炉渣-金属蘑菇头"生长高度过高，即其上的覆盖渣层过高，要采用顶吹氧气吹洗炉底。有的钢厂采用出钢后留渣进行渣洗炉底，或采用倒完渣后再兑少量铁水洗炉底，还有的钢厂采用加硅铁吹氧洗炉底。

2）适当提高底吹强度。

3）底吹氧化性气体，如压缩空气、氧气、CO_2 等气体。武钢第二炼钢厂采用底吹压缩空气的方法。当发现哪块底部供气出现堵塞迹象时，即将此块底部供气元件的底部供气切换成压缩空气，倒炉过程中注意观察炉底情况，一旦发现底部供气元件附近有亮点即可停业。

（3）供气系统漏气。供气系统漏气，使吹入炉内的气体减少，此时应停炉检修，检修完成后再继续供气吹炼。

C　提高供气元件寿命的措施

由于底部供气，熔池搅拌强烈，炉底面上钢水流动速度加快，会加剧耐火材料的损耗；同时元件周围温度变化也很激烈，开吹与停吹温度相差约 200~400℃，也影响耐火材料的寿命，所以炉底供气元件的寿命很难与炉衬寿命达到同步，有时不得不中途停止复吹工艺。因此，应从供气元件的设计、布置、选用的材质、元件制作、安装以及使用维护等方面着手提高底部供气元件的寿命。具体措施如下：

（1）供气元件设计、布置合理。

（2）选用温度急变抵抗性、抗剥落性好的优质镁炭质耐火材料，制作底部供气元件。

（3）确保元件的金属管无缺陷、不漏气；喷嘴式底部供气元件的金属管骨架连接要牢靠，并进行打压试验，确保无漏气现象。

（4）底部透气砖成型时布料要均匀，松紧程度要一致，填满填实，达到规定的体积密度、化学和物理指标。

（5）供气元件组装必须严格细致，以达到供气稳定、气量可调；外气室焊接后必须进行打压试验。

（6）吹炼过程要控制好底部供气量、造渣和热维护等操作，保持元件出口处的蘑菇体，以控制元件寿命；并尽可能缩短停吹与出钢时间，尽可能减小再吹率，有利于减轻底部供气元件的损耗。

（7）采用渣补技术时，可根据元件出口端炉底状况，决定留渣量、熔渣的流动性及渣补方法。熔渣偏稀时，可以加入调渣剂调整熔渣，通过转炉前后倾动进行渣补；也可以垂直喷吹溅渣补炉。渣补操作必须仔细认真。

（8）及时观察、测量炉衬各部位蚀损情况，尤其是对炉底深度的测量，针对情况确定修补方式，炉底及时垫补，要勤补、少补，并充分烧结。

（9）开新炉的底部供气量要合适，以确保底部供气元件及炉底处于良好的待用状态。

（10）每炉出钢结束，应及时吹扫供气元件，以防堵塞，也可以适时通入适量氧气或空气，以改善底部元件的畅通性。

▣ 课程思政

2018 年 10 月 23 日，港珠澳大桥正式开通，是世界上最长的跨海大桥，跨越伶仃洋东接香港，西接广东珠海和澳门，总长约 55 公里。在中国交通建设史上被称为"技术最复杂"的"世纪工程"，填补了世界空白，成为中国迈入桥梁强国的里程碑。钢铁材料是支撑起港珠澳大桥的核心材料，要求钢材必须可抗击每秒 51 米的风速，相当于抗御 16 级台风和 8 级地震，同时必须确保使用寿命达到120 年。这就对钢材的屈服强度、抗拉强度要求极高，也给冶炼、轧制等环节带来重重困难。我国鞍钢、河钢、宝武钢铁、华菱钢铁、太钢等钢铁企业做出了巨大贡献。其中，河钢提供了精品钢材，武钢提供桥梁钢，宝钢提供了冷轧搪瓷钢等。

港珠澳大桥体现了中国人民的奋斗精神。港珠澳大桥的建成通车，体现了中国人逢山开路、遇水架桥的奋斗精神，体现了中国综合国力、自主创新能力，体现了勇创世界一流的民族志气。这是一座圆梦桥、同心桥、自信桥、复兴桥。

请结合案例，感受我国伟大成就的同时，思考作为钢铁人，如何磨炼意志，练就本领，强化创新，为钢铁产业高端化发展贡献力量。

思　考　题

5-1　炉衬损坏的原因有哪些?

5-2　提高转炉炉龄的措施有哪些?

5-3　什么是溅渣层的分熔现象?

5-4　溅渣层与炉衬的黏结机理是怎样的?

5-5　溅渣层保护炉衬的机理是怎样的?

5-6　溅渣护炉对转炉终渣有哪些要求?

5-7　"炉渣-金属蘑菇头"是怎样形成的,如何维护?

5-8　什么是经济炉龄?

5-9　解释:综合砌炉。

模块六　转炉炼钢产品处理

学习目标

知识目标：
- 掌握转炉煤气净化系统的设备构成及工作原理。
- 熟悉转炉钢渣的处理系统及工艺。
- 了解转炉污水处理系统及工艺。

技能目标：
- 能够对比分析湿法除尘系统和干法除尘系统优缺点。
- 能够提出目前钢渣综合利用的措施及主要工艺。

素质目标：
- 养成绿色发展、可持续发展理念。
- 加强创新能力培养，践行"双碳"目标。

任务6.1　烟气净化及回收处理

6.1.1　转炉烟气烟尘的特征

在不同条件下转炉烟气和烟尘具有不同的特征，采用的处理方式不同，所得的烟气性质也不同。目前的处理方式有燃烧法和未燃法两种：

一是燃烧法。炉气从炉口进入烟罩时，令其与足够的空气混合，使可燃成分燃烧形成高温废气，经过冷却、净化后，通过风机抽引并放散到大气中。

二是未燃法。炉气排出炉口进入烟罩时，通过某种方法，使空气尽量少的进入炉气，因此，炉气中可燃成分CO只有少量燃烧。经过冷却、净化后，通过风机抽入回收系统中储存起来，加以利用。

6.1.1.1　烟气的特征

A　烟气的来源及化学组成

在吹炼过程中，熔池碳氧反应生成的CO和CO_2是转炉烟气的基本来源；其次是炉气从炉口排出时吸入部分空气，可燃成分有少量燃烧生成废气，也有少量来自炉料和炉衬中的水分，以及生烧石灰中分解出来的CO_2气体等。

冶炼过程中烟气成分是不断变化的，这种变化规律可用图6-1来说明。

转炉烟气的化学成分给烟气净化带来较大困难。转炉烟气的化学成分随烟气处理方法不同而异。燃烧法与未燃法两种烟气成分和含量差别很大，见表6-1。

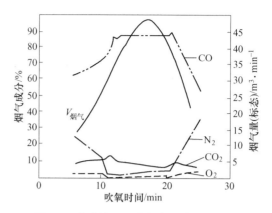

图 6-1　在吹炼过程中烟气成分变化曲线

表 6-1　未燃法与燃烧法烟气成分及其含量比较　　　（质量分数，%）

除尘方法	CO	CO_2	N_2	O_2	H_2	CH_4
未燃法	60~80	14~19	5~10	0.4~0.6		
燃烧法	0~0.3	7~14	74~80	11~20	0~0.4	0~0.2

B　转炉烟气的温度

未燃法烟气温度一般为 1400~1600℃，燃烧法废气温度一般为 1800~2400℃。因此，在转炉烟气净化系统中必须设置冷却设备。

C　转炉烟气的数量

未燃法平均吨钢烟气量（标态）为 60~80m³/t，燃烧法的烟气量为未燃法的4~6 倍。

D　转炉烟气的发热量

未燃法中烟气中 CO 在 60%~80% 时，其发热量波动在 7745.95~10048.8kJ/m³，燃烧的法废气仅含有物理热。

6.1.1.2　烟尘的特征

（1）烟尘的来源。在氧气流股冲击的熔池反应区内，"火点"处温度高达 2000~2600℃。一定数量的铁和铁的氧化物蒸发，形成浓密的烟尘随炉气从炉口排出。此外，烟尘中还有一些被炉气夹带出来的散状料粉尘和喷溅出来的细小渣粒。

（2）烟尘的成分。未燃法烟尘呈黑色，主要成分是 FeO，其含量在 60% 以上；燃烧法的烟尘呈红棕色，主要成分是 Fe_2O_3，其含量在 90% 以上，可见转炉烟尘是含铁很高的精矿粉，可作为高炉原料或转炉自身的冷却剂和造渣剂，未燃法和燃烧法烟尘的成分比较见表 6-2。

表 6-2　未燃法和燃烧法烟尘的成分比较　　　（质量分数，%）

烟气成分	金属铁	FeO	Fe_2O_3	SiO_2	MnO	P_2O_5	CaO	MgO	C
未燃法	0.58	67.16	16.20	3.64	0.74	0.57	9.04	0.39	1.68
燃烧法	0.4	2.3	92.00	0.8	1.60	—	1.6	1.6	—

（3）烟尘的粒度。通常把粒度在 5~10μm 之间的尘粒叫灰尘；由蒸气凝聚成的直径在 0.3~3μm 之间的微粒，呈固体的称为烟，呈液体的叫做雾。燃烧法尘粒小于 1μm 的约占 90% 以上，接近烟雾，较难清除；未燃法烟尘颗粒直径大于 10μm 的达 70%，接近于灰尘，其清除比燃烧法相对容易一些。

（4）烟尘的数量。氧气顶吹转炉炉气中夹带的烟尘量，约为金属装入量的 0.8%~1.3%，炉气（标态）含尘量 80~120g/m³。烟气中的含尘量一般小于炉气含尘量，且随净化过程逐渐降低。顶底复合吹炼转炉的烟尘量，一般比顶吹工艺少。

6.1.2　净化回收系统主要设备

微课-烟气净化与除尘系统

转炉烟气净化系统可概括为烟气的收集与输导、降温与净化、抽引与放散等三部分。烟气的收集有活动烟罩和固定烟罩。烟气的输导管道称为烟道。烟气的降温装置主要是烟道和溢流文氏管。烟气的净化装置主要有文氏管脱水器，以及布袋除尘器和电除尘器等。回收煤气时，系统还必须设置煤气柜和回火防止器等设备。

课件-烟气净化与除尘系统

转炉烟气净化方式有全湿法、干湿结合法和全干法三种形式。

（1）全湿法。烟气进入第一级净化设备就与水相遇，叫全湿法除尘系统。双文氏管净化即为全湿法除尘系统。在整个净化系统中，都是采用喷水方式来达到烟气降温和净化的目的。除尘效率高，但耗水量大，还需要处理大量污水和泥浆。

（2）干湿结合法。烟气进入次级净化设备与水相遇，称为干湿结合法净化系统，平-文净化系统即干湿结合法净化系统。此法除尘效率稍差些，污水处理量较少，对环境有一定污染。

（3）全干法。在净化过程中烟气完全不与水相遇，叫全干法净化系统。布袋除尘、静电除尘为全干法除尘系统。全干法净化可以得到干烟尘，无需设置污水、泥浆处理设备。

6.1.2.1　未燃全湿净化系统的主要设备

A　烟气的收集和冷却

a　烟罩

（1）活动烟罩。为了收集烟气，在转炉上面装有烟罩。烟气经活动烟罩和固定烟罩之后进入汽化冷却烟道或废热锅炉以利用废热，再经净化冷却系统进入除尘系统。这种能升降调节烟罩与炉口之间距离，或者既可升降又能水平移出炉口的烟罩称为"活动烟罩"。

OG 法采用未燃法处理烟气，也是当前采用较多的方法。其烟罩是裙式活动单烟罩和双烟罩。

图 6-2 所示为裙式活动单烟罩。烟罩下

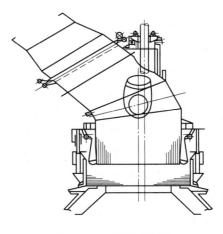

图 6-2　OG 法活动烟罩

部裙罩口内径略大于水冷炉口外缘，当活动烟罩下降至最低位置时，使烟罩下缘与炉口处于最小距离，约为 50mm，以利于控制罩口内外微压差，进而实行闭罩操作，这对提高回收煤气质量、减少炉下清渣量、实现炼钢工艺自动连续定碳均十分有利。

图 6-3 所示为活动烟罩双罩结构。从图可以看出它由固定部分（又称下烟罩）与升降部分（又称罩裙）组成。下烟罩与罩裙通过水封连接。固定烟罩又称上烟罩，设有两个散状材料投料孔、氧枪和副枪插入孔，压力温度检测、气体分析取样孔等。

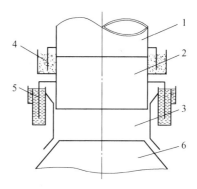

图 6-3　活动烟罩结构

1—上部烟罩（固定烟罩）；2—下部烟罩（活动烟罩固定段）；3—罩裙（活动烟罩升降段）；
4—沙封；5—水封；6—转炉

罩裙是用锅炉钢管围成，两钢管之间平夹一片钢板（又称鳍片），彼此连接在一起形成钢管与钢板相间排列的焊接结构，又称横列管型隔片结构。管内通温水冷却。

罩裙下部由三排水管组成水冷短截锥套（见图 6-3 中 3），以避免罩裙与炉体接触时损坏罩裙。罩裙的升降由 4 个同步液压缸驱动。

上部烟罩也是由钢管围成，只不过是纵列式管型隔片结构。上部烟罩与下部烟罩都是采用温水冷却，上下部烟罩通过沙封连接。

（2）固定烟罩。固定烟罩装于活动烟罩与汽化冷却烟道或废热锅炉之间，也是水冷结构件。固定烟罩上开有散状材料投料孔、氧枪和副枪插入孔，并装有水套冷却。

b　烟气的冷却设备

国内早期投产的转炉多采用水冷烟道，近期新建成的转炉均采用汽化冷却烟道。汽化冷却就是冷却水吸收的热量用于自身的蒸发，利用水的汽化潜热带走冷却部件的热量。汽化冷却装置是承压设备，因而投资费用大，操作要求也高。

（1）汽化冷却烟道。汽化冷却烟道是用无缝钢管围成的筒形结构，其断面为方形或圆形，如图 6-4 所示。钢管的排列有水管式、隔板管式和密排管式，如图 6-5 所示。

水管式烟道容易变形，隔板管式加工费时，焊接处容易开裂且不易修复；密排管式不易变形，加工简单，更换方便。

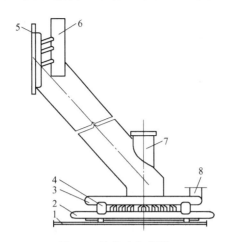

图 6-4　汽化冷却烟道

1—排污集管；2—进水集箱；3—进水总管；4—分水管；5—出口集箱；
6—出水（汽）总管；7—氧枪水套；8—进水总管接头

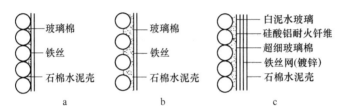

图 6-5　烟道管壁结构

a—水管式；b—隔板式；c—密排管式

汽化冷却用水是经过软化处理和除氧处理的。图 6-6 所示为汽化冷却系统流程。

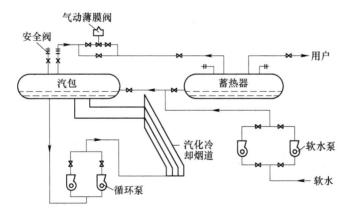

图 6-6　汽化冷却系统流程

（2）废热锅炉。无论是未燃法还是燃烧法都可采用汽化冷却烟道。只不过燃烧法的废热锅炉在汽化冷却烟道后面增加了对流段，可进一步回收烟气的余热，以产生更多的蒸汽。对流段通常是在烟道中装设蛇形管，蛇形管内冷却水的流向与烟气流向相反，通过烟气加热蛇形管内的冷却水，再作为汽化冷却烟道补充水源，这样就进一步利用了烟气的余热，也增加了回收蒸汽量。

  B 文氏管净化器

  文氏管净化器是一种湿法除尘设备，也兼有冷却降温作用。文氏管是当前效率较高的湿法净化设备。文氏管净化器由雾化器（碗形喷嘴）、文氏管本体及脱水器等三部分组成，如图6-7所示。文氏管本体由收缩段、喉口段、扩张段三部分组成。

  烟气流经文氏管收缩段到达喉口时气流加速，高速的烟气冲击喷嘴喷出的水幕，使水二次雾化成小于或等于烟尘粒径100倍以下的细小水滴。喷水量（标态）一般为 $0.5 \sim 1.5 L/m^3$（液气比）。气流速度（ $60 \sim 120 m/s$ ）越大，喷入的水滴越细，在喉口分布越均匀，二次雾化效果越好，越有利于捕集微小的烟尘。细小的水滴在高速紊流气流中迅速吸收烟气的热量而汽化，一般在 $1/150 \sim 1/50s$ 内使烟气从 $800 \sim 1000℃$ 冷却到 $70 \sim 80℃$ 。同样在高速紊流气流中，尘粒与液滴具有很高的相对速度，在文氏管的喉口段和扩张段内互相撞击而凝聚成较大的颗粒。经过与文氏管串联气水分离装置（脱水器），使含尘水滴与气体分离，烟气得到降温与净化。

  按文氏管的构造可分成定径文氏管和调径文氏管。在湿法净化系统中采用双文氏管串联，通常以定径文氏管作为一级除尘装置，并加溢流水封；以调径文氏管作为二级除尘装置。

  a 溢流文氏管

  在双文氏管串联的湿法净化系统中，喉口直径一定的溢流文氏管（图6-8）主要起降温和粗除尘的作用。

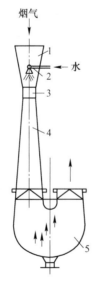

图6-7 文氏管除尘器的组成
1—文氏管收缩段；2—碗形喷嘴；3—喉口；
4—扩张段；5—弯头脱水器

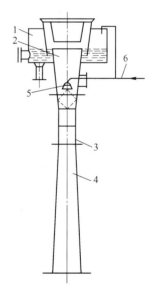

图6-8 定径溢流文氏管
1—溢流水封；2—收缩段；3—腰鼓形
喉口（铸件）；4—扩张段；5—碗形
喷嘴；6—溢流供水管

　　b　调径文氏管

在喉口部位装有调节机构的文氏管称为调径文氏管，主要用于精除尘。

调径文氏管的喉口处安装米粒形阀板，即圆弧形-滑板（R-D），用以控制喉口开度，可显著降低二级文氏管阻损，如图 6-9 所示。

　　c　脱水器

（1）重力脱水器如图 6-10 所示，烟气进入脱水器后流速下降，流向改变，靠含尘水滴自身重力实现气水分离，适用于粗脱水，如与溢流文氏管相连进行脱水。

（2）弯头脱水器。含尘水滴进入脱水器后，受惯性及离心力作用，水滴被甩至脱水器的叶片及器壁，沿叶片及器壁流下，通过排污水槽排走。弯头脱水器按其弯曲角度不同可分为 90° 和 180° 弯头脱水器两种，如图 6-11 所示为 90° 弯头脱水器，图 6-7 中 5 为 180° 弯头脱水器。

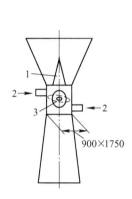

图 6-9　圆弧形-滑板调节（R-D）文氏管
1—导流板；2—供水；3—可调阀板

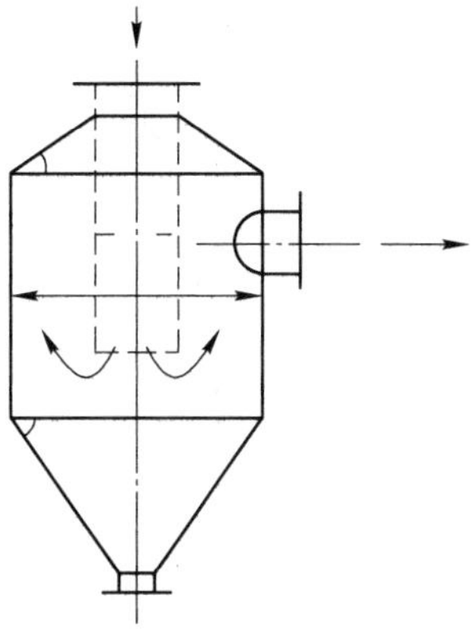

图 6-10　重力脱水器

（3）丝网脱水器。用以脱除雾状细小水滴，如图 6-12 所示。由于丝网的自由体积大，气体很容易通过，烟气中夹带的细小水滴与丝网表面碰撞，沿丝与丝交叉结扣处聚集逐渐形成大液滴脱离而沉降，实现气水分离。

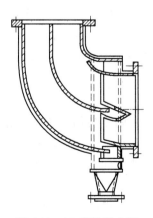

图 6-11　90° 弯头脱水器

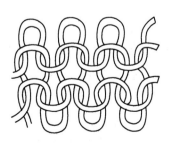

图 6-12　丝网脱水器

6.1.2.2　静电除尘系统主要设备

静电除尘器工作原理如图 6-13 所示。以导线作放电电极（也称电晕电极），为负极；以金属管或金属板作集尘电极，为正极。在两个电极上接通数万伏的高压直流电源，两极间形成电场，由于两个电极形状不同，故形成不均匀电场。在导线附近，电力线密集，电场强度较大，使正电荷束缚在导线附近，因此，空间中电子或负离子较多。于是通过空间的烟尘大部分捕获电子，带上负电荷，得以向正极移动。带负电荷的烟尘到达正极后，即失去电子而沉降到电极板表面，达到气与尘分离的目的。定时将集尘电极上的烟尘振落或用水冲洗，烟尘即可落到下部的积灰斗中。

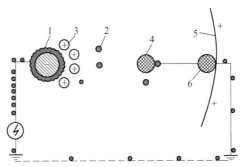

图 6-13　静电除尘器的工作原理

1—放电电极；2—烟气电离后产生的电子；3—烟气电离后产生的正离子；
4—捕获电子后的尘粒；5—集尘电极；6—放电后的尘粒

目前，国外有的厂家已经将静电除尘系统应用于转炉生产，从长远来看，干法静电除尘系统是一种较好的烟气净化方法。

6.1.2.3　煤气回收系统的主要设备

转炉煤气回收设备主要是指煤气柜和水封式回火防止器。

A　煤气柜

煤气柜是储存煤气之用，以便于连续供给用户成分、压力、质量稳定的煤气，是顶吹转炉回收系统中重要设备之一。它犹如一个大钟罩扣在水槽中，随煤气进出而升降；通过水封使煤气柜内煤气与外界空气隔绝煤气柜自动放散装置示意图如图 6-14 所示。

B　水封器

水封器的作用是防止煤气外逸或空气渗入系统；阻止各污水排出管之间相互串气；阻止煤气逆向流动；也可以调节高温烟气管道的位移；还可以起到一定程度的泄爆作用和柔性连接器的作用。根据其作用原理分为正压水封、负压水封和连接水封等。

逆止水封器是转炉煤气回收管路上防止煤气倒流的部件。其工作原理如图 6-15 所示。当气流 $p_1 > p_2$ 时，必须冲破水封从排气管流出；当 $p_1 < p_2$ 时，水封器水

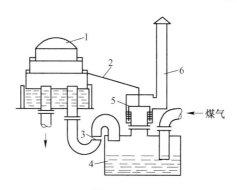

图 6-14　煤气柜自动放散装置

1—煤气柜；2—钢绳；3—正压连接水封；4—逆止水封；5—放散阀；6—放散烟囱

液面下降，水被压入进气管中阻止煤气倒流。当前在煤气回收系统中安装的水封逆止阀工作原理与逆止水封一样，其结构如图 6-16 所示。

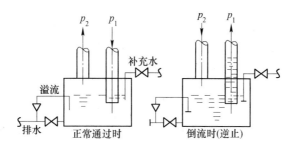

图 6-15　逆止水封器

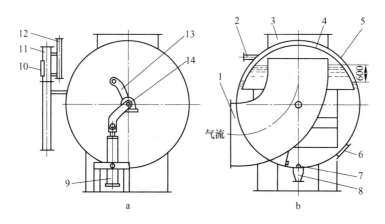

图 6-16　水封逆止阀

a—外形图；b—剖面图

1—煤气进口；2—给水口；3—煤气出口；4—阀体；5—外筒；6—人孔；7—冲洗喷嘴；8—排水口；
9—气缸；10—液面指示器；11—液位检测装置；12—水位报警装置；13—曲柄；14—传动轴

　　烟气放散时，半圆阀体 4 由气缸推起，切断回收，防止煤气柜的煤气从管 3 倒流和放散气体进入煤气柜；回收煤气时阀体 4 拉下，回收管路打开，煤气可从煤气进口 1 通过水封后从煤气出口 3 进入煤气柜。

V 形水封置于水封逆止阀之后。在停炉检修时充水切断该系统煤气，以防止回收总管煤气倒流。

C　煤气柜自动放散装置

图 6-14 所示为 $10000m^3$ 煤气柜的自动放散装置示意图。它是由放散阀、放散烟囱、钢绳等组成。

6.1.3　净化回收系统简介

6.1.3.1　OG 净化回收系统

图 6-17 所示为 OG 净化回收系统流程，其是当前世界上未燃法全湿系统净化效果较好的一种净化回收系统。其主要特点为：

（1）净化系统设备紧凑。净化系统由繁到简，实现了管道化，系统阻损小，且不存在死角，煤气不易滞留，利于安全生产。

（2）设备装备水平较高。通过炉口微压差来控制二级文氏管的开度，以适应各吹炼阶段烟气量的变化和回收放散的转换，实现了自动控制。

（3）节约用水量。烟罩及罩裙采用热水密闭循环冷却系统，烟道用汽化冷却，二级文氏管污水返回一级文氏管使用，可明显减少用水量。

（4）烟气净化效率高。排放烟气（标态）的含尘浓度可低于 $100mg/m^3$，净化效率高。

（5）系统安全装置完善。设有 CO 与烟气中 O_2 含量的测定装置，以保证回收与放散系统的安全。

（6）实现了煤气、蒸汽、烟尘的综合利用。

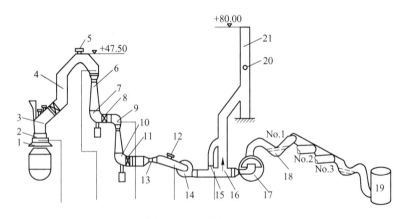

图 6-17　OG 系统流程

1—罩裙；2—下烟罩；3—上烟罩；4—汽化冷却烟道；5—上部安全阀（防爆门）；6—一级文氏管；
7—一级文氏管脱水器；8，11—水雾分离器；9—二级文氏管；10—二级文氏管脱水器；
12—下部安全阀；13—流量计；14—风机；15—旁通阀；16—三通阀；17—水封逆止阀；
18—V 形水封；19—煤气柜；20—测定孔；21—放散烟囱

6.1.3.2　静电除尘干式净化系统

图 6-18 所示为德国萨尔茨吉特钢铁公司 1 座 200t 氧气顶吹转炉采用的静电除

尘干式净化系统。其工艺流程是：

炉气与空气在烟罩和自然循环锅炉2内混合燃烧并冷却，烟气冷却至1000℃左右，进入喷淋塔3后冷却到约200℃，喷入的雾化水全部汽化；烟气再进入三级静电除尘器4；通过敲击清除集尘极板上的烟尘，并由螺旋输送机7送走；净化后的烟气从烟囱6点燃后放散。

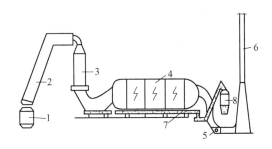

图6-18 静电除尘系统流程示意图

1—转炉；2—自然循环锅炉；3—喷淋塔；4—三级卧式干法静电除尘器；5—风机；
6—带电点火器的烟囱；7—烟尘螺旋运输机；8—烟尘积灰仓

6.1.4 转炉煤气回收工艺技术操作

（1）回收前准备：

1）转炉炉前操作室煤气回收控制台、风机房、液压站及气柜之间的电信、声光等联系信号及仪表正常。

2）除尘及煤气回收设备、计器仪表运行正常，活动烟罩、二级文氏管喉口操作机构和三通阀切换灵活可靠，阀位与信号应保持一致准确，各种连锁有效。

3）汽化烟道及风机管道无泄漏现象。

4）氮气总管压力不小于0.3MPa，各种氮封（氧枪氮封、溜槽氮封、汇总氮封）应保持正常工作。

5）出钢口必须堵好，炉口积渣应及时处理，以保证降罩到位。

6）调度全面确认具备回收条件后，向炉前和风机房下达煤气回收指令。

（2）回收条件：

1）转炉处于吹炼期。

2）煤气中CO含量大于35%（降罩时），煤气中O_2含量小于2%。

3）三通阀、水封阀未报警，旁通阀关。

4）水封水位在安全限以上。

5）三通阀允许动作（保护时间已过）以及阀后压力小于5000Pa。

6）煤气柜允许回收。

7）烟气分析仪正常工作。

8）煤气工况流量24000m^3/h以上（以流量计为准）。

9）以上条件之一不满足，三通阀自动转向放散侧；条件全部满足，三通阀自动转向回收侧。

（3）回收操作：

1）炉前在接到煤气回收指令后，下枪吹炼，并在开吹点火后 1min 内按"降罩"按钮降罩到位（一般距炉口 50mm），待回收条件满足后，即开始煤气回收。在吹炼到 13min 时按"升罩"按钮缓慢提罩，停止煤气回收。

2）异常情况下点火 2min 以上降罩，异常指：①炉内铁水等待较长时间后的开吹；②事故提枪后的再次开吹；③开吹后炉口冒烟较大，而一级文氏管和风门调节无效。

3）转炉不在垂直位置不许降罩。

4）烟罩在上极限位置时，转炉方可倾动。

5）炉口黏渣、黏钢要及时清理，以保证烟罩的正常升降。

6）在活动烟罩下降之际，一边观察炉口的状况，一边使之下降，注意勿使炉口附着的钢渣与活动烟罩接触。

7）二次点吹期间不进行煤气回收。

（4）以下情况不回收煤气：

1）新开炉 1~5 炉。

2）铁水装入量非常小。

3）大补炉后的第一炉。

4）烟罩或氧枪漏水严重时。

5）当煤气回收的专用仪表及操作器失灵，电信及声光联系信号设施失灵，造成不能确保煤气安全回收时。

6）工作氧压低于 0.7MPa。

7）炉口微压差系统失灵（如无显示等）。

8）R-D 阀发生故障，无法操作、控制。

9）三通蝶阀发生故障或动作异常（如频繁动作）。

6.1.5 转炉车间的除尘

车间的除尘包括二次除尘及厂房除尘。

6.1.5.1 二次除尘系统

二次除尘又称局部除尘。局部除尘可根据扬尘地点与处理烟气量大小分为分散除尘系统与集中除尘系统两种形式。图 6-19 所示为局部集中除尘系统形式。

局部除尘装置使用较多的是布袋除尘器。布袋除尘器是一种干式除尘设备。含尘气体通过织物过滤而使气与尘粒分离，达到净化的目的。过滤器实际上就是袋状织物，整个除尘器是由若干个单体布袋

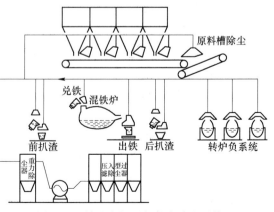

图 6-19 转炉车间局部集中除尘系统

组成。

布袋一般是用普通涤纶制作的，也可用耐高温纤维或玻璃纤维制作滤袋。它的尺寸直径在 50~300mm 范围，最长在 10m 以内。应根据气体含尘浓度和布袋排列的间隙，具体选择确定布袋尺寸。

由于含尘气体进入布袋的方式不同，布袋除尘分为压入型和吸入型两种，如图 6-20 所示。

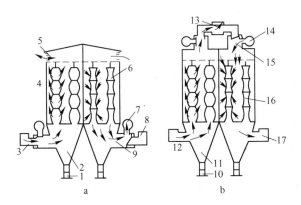

图 6-20　布袋除尘器构造

a—压入型；b—吸入型

1，10—灰尘排出阀；2，11—灰斗；3，8，12—进气管；4—布袋过滤；5—顶层巷道；6，16—布袋逆流；
7，14—反吸风管；9，15—灰尘抖落阀；13—排出管道；17—输气管道

6.1.5.2　厂房除尘

局部除尘系统是不能把转炉炼钢车间产生的烟尘完全排出的，只能抽走冶炼过程产生烟气量的 80%，剩余 20% 的烟气逸散在车间里，而遗留下来的微尘大多是粒径小于 2μm 的，这种烟尘粒度对人体危害最大，因此在国际上采用厂房除尘来解决。厂房除尘还有利于整个车间进行换气降温，从而改善车间作业环境。但厂房除尘不能代替局部除尘，只有二者结合起来，才能对车间除尘发挥更好的效果。

厂房除尘要求厂房上部为密封结构。一般利用厂房的天窗吸引排气，如图 6-21 所示。

图 6-21　厂房除尘

由于含尘量较少，一般采用大风量压入型布袋除尘器。

经过厂房除尘，车间空气（标态）中的尘含量可以降到 $5mg/m^3$ 以下，与一般环境中空气的含尘量相近。

6.1.6　烟气及烟尘的综合利用

氧气顶吹转炉每生产 1t 钢可回收含 CO 为 60% 的煤气（标态）$60\sim120m^3$，铁含量约为 60% 的氧化铁粉尘约 $10\sim12kg$，蒸汽 $60\sim70L$，可回收利用。

6.1.6.1　回收煤气的利用

转炉煤气的应用较广，可做燃料或化工原料。

A　燃料

转炉煤气的含氢量少，燃烧时不产生水汽，而且煤气中不含硫，可用于混铁炉加热、钢包及铁合金的烘烤、均热炉的燃料等，同时也可送入厂区煤气管网，供用户使用。

转炉煤气（标态）的最低发热值也在 $7745.95kJ/m^3$ 左右。我国氧气转炉未燃法工艺每炼 1t 钢可回收 CO 含量为 60% 的转炉煤气（标态）$60\sim70m^3$，而日本转炉煤气吨钢回收量（标态）达 $100\sim120m^3/t$。

B　化工原料

（1）制甲酸钠。甲酸钠是染料工业中生产保险粉的一种重要原料。以往均用金属锌粉做主要原料。为节约金属，工业上曾用发生炉煤气与氢氧化钠合成甲酸钠。1971 年有关厂家试验用转炉煤气合成甲酸钠制成保险粉，经使用证明完全符合要求。

用转炉煤气合成甲酸钠，要求煤气中的 CO 至少为 60% 左右，氮含量小于 20%。

每生产 1t 甲酸钠需用 $600m^3$ 转炉煤气（标态）。

（2）制合成氨。合成氨是我国农业普遍需要的一种化学肥料。由于转炉煤气的 CO 含量较高，所含磷、硫等杂质很少，因而是一种很好的生产合成氨的原料。其原理是利用煤气中的 CO 在触媒作用下使蒸汽转换成氢，氢又与煤气中的氮在高压（15MPa）下合成为氨。

生产 1t 合成氨需用转炉煤气（标态）$3600m^3$，以 30t 转炉为例，每回收一炉煤气可生产 500kg 左右的合成氨。

利用合成氨还可制成多种氮肥，如氨分别与硫酸、硝酸、盐酸、二氧化碳作用，可以获得硫酸铵、硝酸铵、氯化铵、尿素或碳酸氢铵等。

6.1.6.2　烟尘的利用

在湿法净化系统中得到的烟尘是泥浆。泥浆脱水后可以成为烧结矿和球团矿的原料，烧结矿为高炉的原料；球团矿可作为转炉的冷却剂；还可以与石灰制成合成渣，用于转炉造渣，能提高金属收得率。

6.1.6.3 回收蒸汽

炉气的温度一般在 1400~1600℃；经炉口燃烧后温度更高，可达 1800~2400℃。通过废热锅炉或汽化冷却烟道，能回收大量的蒸汽。如汽化冷却烟道每吨钢产汽量为 60~70L。

任务 6.2 钢渣处理与操作

6.2.1 钢渣处理系统

钢渣占金属量的 8%~10%，最高可达 15%。长期以来，钢渣被当成废物弃于渣场，通过近些年的试验研究，钢渣可以进行多方面的综合利用。

6.2.1.1 钢渣水淬

用水冲击液体炉渣得到直径小于 5mm 的颗粒状的水淬物，如图 6-22 所示。

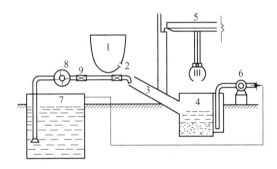

图 6-22 水淬钢渣

1—渣罐；2—节流器；3—淬渣槽；4—沉渣室；5—抓斗吊车；6—排水泵；
7—回水池；8—抽水泵；9—阀门

6.2.1.2 用返回渣代替部分造渣剂

返回渣可以代替部分造渣材料用于转炉造渣，也是近年来国内外试验的新工艺。用返回渣造渣，成渣快、炉渣熔点低、去磷效果好，并可取代部分或全部萤石，减少石灰用量，降低成本，尤其是在白云石造渣的情况下，对克服黏枪有一定效果，并有利于提高转炉炉龄。

生产流程：炼钢渣罐运至中间渣场后，将返回渣热泼于地面热泼床上，自然冷却 20~30min，当渣表面温度降到 400~500℃，再用人工打水冷却，使热泼渣表面温度降到 100~150℃。用落锤砸碎结壳渣块及较厚渣层，经磁选，分离废钢后，破碎成粒度为 10~50mm 的渣块备用。

返回渣既可以在开吹一次加入，也可以在吹炼过程中与石灰等造渣材料同时加入，吨钢平均加入量为 15.4~28kg/t。

6.2.1.3　新型钢渣处理工艺

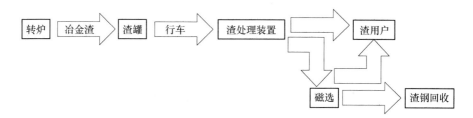

转炉车间产生的高温钢渣，经渣罐倒入旋转着的新型渣处理装置，在此快速完成冷却、固化、破碎和渣钢分离，形成颗粒均匀的成品渣，经汽车直接送至用户，或经磁选回收渣钢后再送用户；过程中产生的蒸汽由烟囱集中排放。

6.2.2　钢渣处理工艺技术操作

（1）渣场操作：

1）接班时，要检查渣斗、抓钩、钢丝绳、链子钩等，不符合安全规定的禁止使用。

2）渣斗喷涂时，要均匀，防止局部浆多，造成放炮事故。

3）当转炉渣车开进渣场后，地面人员马上指挥天车吊重渣斗。要求天车抓平、抓稳后方可动车，防止稀渣溢到斗外，发生意外事故。待确认重渣斗放到指定位置后，指挥另一部天车将空斗坐到渣车上。

4）翻斗作业时，要确认吊钩已经挂好，并撤离到安全位置方可指挥天车进行翻斗作业。

5）液体渣翻斗时，不准接触潮湿物；雨雪天翻斗时，指挥天车缓慢升小钩，液体渣要小流倒出；当出现结盖时，先处理再翻斗，防止发生意外。

6）倒垛和冬季操作时，蒸汽较大，影响天车工视线，吊斗或挂钩时上下联系好，确保安全作业。

7）送往厂房内的渣斗要保持干燥。

8）倒垛第一天应尽量把渣垛堆高，防止最后渣子无处倒，影响天车工的安全，确保四天倒垛顺利进行。

（2）铲车操作：

1）铲车进入转炉炉下作业时：

①要有专人指挥，并和炉前联系好，停止吹炼，转炉垂直，严禁动炉或往炉下扔东西。

②侧墙、炉身有活动浮渣时，严禁到炉下推渣。

③铲车推渣时，要先鸣喇叭，铲斗放平，贴紧地面，防止铲空后顶坏铁道和碰坏车辆油箱或其他部位。在有红渣过多过厚的情况下，不能从里往外推。

2）铲车在渣场作业时：

①作业时铲斗放平，紧贴地面，注意周围行人和车辆。

②铲车行走过程中，要把地面杂物推开，防止扎带。

③遇有大块不能硬铲，应用天车把大块吊走后，才能铲渣，避免损坏车辆。

④铲料过程中，应注意天车倒渣斗或砸废钢的铃声，做到安全作业。

3）铲车磁选作业：

①铲料时，听从料口工指挥，干、湿渣搭配铲。

②往料口上料时，高度要适当，防止铲斗下落时碰撞车底帮和料口。

③往车上装筛上物时，速度要平稳，不准碰撞汽车。

④及时把小块金属料铲到滚筒边上，进行二次处理。

（3）磁选操作。

1）钢渣的要求：

①除钢渣外，其他废物一律不得上磁选。

②渣场倒垛后，打水工往渣垛上打水，要求水的分布均匀，保证粉化效果。

③渣场1号天车应把渣垛中的大块金属料吸走，大块渣用落锤砸碎。

2）开车前的准备：

①各岗位应对皮带机、电振、振动筛的机械、电器进行认真检查，确认正常及无人后，才能开机。

②开机前必须响铃。

③开机顺序：2号、3号皮带→振动筛→1号皮带→电振。

④生产所用吊具和工具不符合安全规定的禁止使用。

3）正常操作：

①料口工指挥铲车铲渣子时，做到干湿搭配。

②料口工对转炉炉下来的干料适当喷水，防止现场粉尘过大，污染环境。

③发现料口筛堵塞时，料口工及时处理。

④组长应及时指挥渣场1号天车把渣垛中的大块金属料吊走。

⑤1号皮带布料必须均匀，防止金属料流失。

⑥电振工要经常检查出料口，发现堵塞和卡住时要立即停车处理。

⑦设备出现故障时，立即拉1号皮带事故开关（机旁铁丝），通知维修人员马上处理。

⑧筛上物按生产技术科指令外排，大块废钢经处理合格后，装汽车过称送到转炉废钢场地。

⑨渣粉料按照生产技术科指令送往烧结或外排。

⑩组长应及时让铲车把小块废钢送到滚筒作业场地，经二次处理后，装汽车过称送到转炉废钢场地。

⑪皮带上的渣子必须处理完后，才能停车，防止停车后钢渣倒流到坑内。

4）遇下列情况之一需紧急停车：

①当皮带撕坏和有损坏皮带的危险或皮带严重跑偏时。

②振动筛堵塞严重时。

③当发生设备及安全事故时。

5）保证渣粉粒度小于10mm的>90%。

6）渣垛过大时，要适当延长作业时间，确保4天准时倒垛。

7）停机操作：

①停机前，必须把料仓内的料放完，尤其是冬天，防止将料冻在仓内，影响生产。

②停机程序：当料斗内和各皮带上均无料时，停电振，1 号皮带，振动筛，2 号、3 号皮带。

③停机后，处理滚筒和托辊、振动筛上的黏料，清理作业现场卫生。

任务 6.3　含尘污水处理系统

氧气转炉的烟气在全湿净化系统中形成大量的含尘污水，污水中的悬浮物经分级、浓缩沉淀、脱水、干燥后将烟尘回收利用。去污处理后的水，还含有 500 ~ 800mg/L 的微粒悬浮物，需处理澄清后再循环使用。其流程如图 6-23 所示。

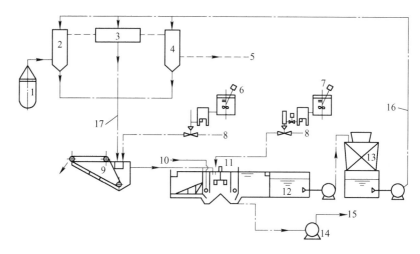

图 6-23　含尘污水处理系统

1—转炉；2~4—烟气冷却净化系统；5—净化后的烟气；6—苛性钠注入装置；7—高分子凝聚剂注入装置；8—压力水；9—粗颗粒分离器；10—压缩空气；11—沉淀池；12—清水池；13—冷却塔；14—泥浆泵；15—真空过滤机；16—净水返回；17—净化系统排出污水

从净化系统 17 排出的污水，悬浮着不同粒度的烟尘，沿切线方向进入粗颗粒分离器 9，通过旋流器大颗粒烟尘被甩向器壁沉降下来，落降在槽底，经泥浆泵送走过滤脱水；悬浮于污水中的细小烟尘，随水流从顶部溢出流向沉淀池 11；沉淀池中烟尘在重力作用下慢慢沉降于底部，为了加速烟尘的沉降，可向水中投放硫酸铵或硫酸亚铁或高分子微粒絮凝聚剂聚丙烯酰胺；澄清的水从沉淀池顶部溢出流入 12，补充部分新水仍可循环使用；沉淀池底部的泥浆经泥浆泵 14 送往真空过滤机脱水，脱水后的泥饼仍含有约 25% 的水分，烘干后供用户使用。

📖 课程思政

党的二十大报告指出：我们坚持绿水青山就是金山银山的理念，坚持山水林田湖草沙一体化保护和系统治理，全方位、全地域、全过程加强生态环境保护，生态文明制度体系更加健全，污染防治攻坚向纵深推进，绿色、循环、低碳发展迈出坚实步伐，生态环境保护发生历史性、转折性、全局性变化，我们的祖国天更蓝、山更绿、水更清。

中国式现代化是人与自然和谐共生的现代化。人与自然是生命共同体，无止境地向自然索取甚至破坏自然必然会遭到大自然的报复。我们坚持可持续发展，坚持节约优先、保护优先、自然恢复为主的方针，像保护眼睛一样保护自然和生态环境，坚定不移走生产发展、生活富裕、生态良好的文明发展道路，实现中华民族永续发展。

钢铁厂的环境保护与治理钢铁工业是高耗能行业，也是资源、能源密集型产业，更是我国新型工业化进程中的基础产业和重要支柱产业。钢铁行业绿色发展要求要以清洁生产为基础，重点抓好资源高效利用和节能减排，全面实现钢铁产品制造、能源转换、废弃物处理-消纳和再资源化等功能，具有低碳特点，能与其他行业和社会生活实现生态链接，从而形成良好的经济、环境和社会效益的发展模式。

作为钢铁人，我们要深入贯彻新发展理念，按照推进生态文明建设要求谋划"双碳"目标的实现路径，坚定不移推进绿色发展，持续不断治理环境污染，加强资源循环利用，推动可持续发展。

思 考 题

6-1 什么是烟气、炉气和烟尘？

6-2 什么是燃烧法、未燃法，不同的处理方式产生的烟气与烟尘各有什么特点？

6-3 未然全湿法净化系统的主要设备有哪些？

6-4 烟罩和烟道的作用是什么，烟罩的结构是怎样的？

6-5 文氏管的结构是怎样的，其工作原理是什么？

6-6 溢流文氏管溢流水封的作用是什么，可调文氏管的作用是什么？

6-7 脱水器的作用是什么，有哪几种类型？

6-8 静电除尘的基本原理是怎样的？

6-9 未燃烟气干式净化、回收系统流程是怎样的？

6-10 煤气回收系统的主要设备有哪些？

6-11 车间的除尘都包括哪些内容？

课程思政

习近平总书记在党的二十大报告中寄语新时代青年：青年强，则国家强。当代中国青年生逢其时，施展才干的舞台无比广阔，实现梦想的前景无比光明。全党要把青年工作作为战略性工作来抓，用党的科学理论武装青年，用党的初心使命感召青年，做青年朋友的知心人、青年工作的热心人、青年群众的引路人。广大青年要坚定不移听党话、跟党走，怀抱梦想又脚踏实地，敢想敢为又善作善成，立志做有理想、敢担当、能吃苦、肯奋斗的新时代好青年，让青春在全面建设社会主义现代化国家的火热实践中绽放绚丽之花。

当代中国青年生逢其时，施展才干的舞台无比广阔，实现梦想的前景无比光明。广大青年要坚定不移听党话、跟党走，立大志、明大德、成大才、担大任。要志存高远，胸怀忧国忧民之心、爱国爱民之情，把自己的理想同祖国的前途、把自己的人生同民族的命运紧密联系在一起，扎根人民，奉献国家。要增强文化自信自强，自觉用中华优秀传统文化、革命文化、社会主义先进文化培根铸魂、启智润心，自觉践行社会主义核心价值观，不断养成高尚品格，带头倡导良好社会风气。要增强学习紧迫感，努力掌握科学知识，突破瓶颈、敢为人先，锤炼过硬本领，在科技创新等领域形成强大国际竞争优势。要发扬斗争精神，保持"初生牛犊不怕虎"的刚健勇毅，涵养"越是艰险越向前"的英雄气概，在斗争中经风雨、见世面，坚定斗争意志，练就斗争本领，增强志气、骨气、底气，依靠顽强斗争打开事业发展新天地。

红日初升，其道大光。全国广大青年要更加紧密团结在以习近平同志为核心的党中央周围，牢记领袖嘱托，深入学习贯彻落实党的二十大精神，以青春之我、奋斗之我投身于伟大事业，撸起袖子加油干，一棒接着一棒跑，在火热实践中展现担当作为、施展抱负才华，为全面建设社会主义现代化国家作出新的贡献。

参 考 文 献

[1] 冯捷. 转炉炼钢生产 [M]. 北京：冶金工业出版社. 2009.

[2] 冯捷. 转炉炼钢实训 [M]. 北京：冶金工业出版社，2004.

[3] 冯聚和. 氧气顶吹转炉炼钢 [M]. 北京：冶金工业出版社，1995.

[4] 郑沛然. 炼钢学 [M]. 北京：冶金工业出版社，1996.

[5] 王雅贞，等. 转炉炼钢问答 [M]. 北京：冶金工业出版社，2004.

[6] 王雅贞，等. 氧气顶吹转炉炼钢工艺与设备 [M]. 2版. 北京：冶金工业出版社，2001.

[7] 朱苗勇. 现代冶金学（钢铁冶金卷）[M]. 北京：冶金工业出版社，2005.

[8] 陈家祥. 钢铁冶金学（炼钢部分）[M]. 北京：冶金工业出版社，1995.

[9] 刘根来. 炼钢原理与工艺 [M]. 北京：冶金工业出版社，2004.

[10] 高泽平. 钢冶金学 [M]. 北京：冶金工业出版社，2016.

[11] 王社斌. 转炉炼钢生产技术 [M]. 北京：化学工业出版社，2008.

[12] 戴云阁. 现代转炉炼钢 [M]. 北京：冶金工业出版社，1998.

[13] 黄希祜. 钢铁冶金原理 [M]. 北京：冶金工业出版社，2002.

[14] 冯捷. 炼钢基础知识 [M]. 北京：冶金工业出版社，2005.

[15] 罗莉萍. 炼钢生产 [M]. 北京：冶金工业出版社，2016.

[16] 雷亚. 炼钢学 [M]. 北京：冶金工业出版社，2010.